全国水利行业"十三五"规划教材
"十四五"时期水利类专业重点建设教材

水利水电工程 CAD 技术（第2版）

徐明毅　陈敏林　编著

中国水利水电出版社
www.waterpub.com.cn
·北京·

内 容 提 要

本书为高等学校水利水电专业及土木工程类专业计算机辅助设计的通用教材，基于目前占市场主导地位的计算机绘图软件 AutoCAD 系统，较为全面地讲授计算机绘图技术的基本应用知识，包括二维绘图和三维绘图以及图形管理的内容，并结合水利水电工程中建筑物的结构和构造设计要求，较为详细地给出了绘制多个工程实例的具体步骤，便于设计者将 AutoCAD 系统的绘图技巧应用于专业工程领域。

图书在版编目（CIP）数据

水利水电工程CAD技术 / 徐明毅，陈敏林编著. -- 2版. -- 北京：中国水利水电出版社，2023.4
 全国水利行业"十三五"规划教材 "十四五"时期水利类专业重点建设教材
 ISBN 978-7-5226-0855-6

Ⅰ.①水… Ⅱ.①徐… ②陈… Ⅲ.①水利水电工程－计算机辅助设计－AutoCAD软件－高等学校－教材 Ⅳ.①TV222.2

中国版本图书馆CIP数据核字(2022)第125336号

书　名	全国水利行业"十三五"规划教材 "十四五"时期水利类专业重点建设教材 **水利水电工程 CAD 技术（第 2 版）** SHUILI SHUIDIAN GONGCHENG CAD JISHU
作　者	徐明毅　陈敏林　编著
出版发行	中国水利水电出版社 （北京市海淀区玉渊潭南路1号D座　100038） 网址：www.waterpub.com.cn E-mail：sales@mwr.gov.cn 电话：（010）68545888（营销中心）
经　售	北京科水图书销售有限公司 电话：（010）68545874、63202643 全国各地新华书店和相关出版物销售网点
排　版	中国水利水电出版社微机排版中心
印　刷	天津嘉恒印务有限公司
规　格	184mm×260mm　16开本　13印张　316千字
版　次	2009年1月第1版第1次印刷 2023年4月第2版　2023年4月第1次印刷
印　数	0001—3000 册
定　价	**39.00 元**

凡购买我社图书，如有缺页、倒页、脱页的，本社营销中心负责调换
版权所有·侵权必究

第 2 版前言

从 20 世纪 80 年代开始，特别是进入 21 世纪以来，计算机技术的普及和发展给工程设计技术带来了一场史无前例的变革。我国水利水电建设走在世界前列，为适应信息时代和智能时代的发展，水利水电工程专业的学生需要更好地掌握新知识、新技术、新工具，成为水利水电行业的新一代建设和管理人才。

本书编者结合 20 余年来"计算机辅助设计基础"课程的教学实践，对《水利水电工程 CAD 技术》（中国水利水电出版社，2009）进行了较大改编，主要更新内容如下：

（1）基于 AutoCAD 2022 中文版，对原有命令和使用界面进行了全面更新，同时保留了用户已经熟悉的使用习惯，使得用户花费较少的学习时间就能顺利过渡到功能更强的新版本上。

（2）结合 AutoCAD 2022 的强大功能，增加了工程设计中经常使用的最新内容，如表格绘制、工具选项板使用、二维图形参数化设计、三维观察和建模的新增命令、三维模型的快速渲染出图等，使用户能利用 AutoCAD 系统的最新功能更加快捷地完成计算机绘图工作。

（3）修订并扩充了与水利水电工程及房屋建筑有关的二维图形和三维图形的绘制示例及详细步骤，增加了工程实例数目，以帮助用户更好地选用适合自身所学专业的内容。

本书为水利水电工程专业"计算机辅助设计基础"课程的教学用书，也可供其他水利水电工程类或土木工程类专业师生和工程技术人员参考。

本书在修订过程中，得到了中国水利水电出版社的大力支持和协助，并参考了国内的相关专著与教材，编者在此一并致谢。同时感谢武汉大学水利水电学院提供的宝贵教学实践机会。

本书难免有疏漏和不妥之处，恳请同行专家及广大读者不吝赐教，以便继续改进。

编 者
2022年3月于武汉

第1版前言

20世纪80年代以来，计算机技术的普及和发展，给工程设计技术带来了一场史无前例的变革。与此同时，目前我国水利水电建设规模之大，速度之快，创新之多，令世界水利水电同行注目。水利水电工程建设的迅速发展，需要更多的建设人才。为适应计算机时代的发展，作为教师有责任有义务，尽自己所能编写出与时俱进的新教材，以利于学生更好地掌握新知识、新技术，适应新时代的要求。

编者通过近10年来"计算机辅助设计基础"课程的教学实践，对原有的《水利水电工程CAD技术》（武汉大学出版社，2004）教材进行了重新改编，新编教材的主要特色为：

（1）根据计算机辅助绘图技术的特点，对手工绘图和计算机辅助绘图之间的关系及区别做出了全面的解释和说明，明确地阐述了图形界限、绘图单位、绘图比例、打印输出图形的实际比例及图纸比例的表达方式等概念。

（2）基于目前流行的图形支撑软件AutoCAD系统之上，简洁明了、较为全面地讲授计算机绘图技术的基本应用知识，并在第二章的每一节后面附有练习题和思考题，有助于设计者更好地理解和掌握AutoCAD系统的应用技术。

（3）根据水利水电工程设计的特殊要求，增加了在图形绘制过程中，启动AutoCAD系统的计算功能、在线进行数值计算和几何计算的内容，实现了设计者在一个软件环境下进行多种类型工作的目的。

（4）根据水利水电工程设计中图形绘制的复杂性、图形文件交换传阅的经常性和设计报告编写要求的全面性，增加了绘图过程中复杂公式的输入、文字乱码的处理、AutoCAD系统和Microsoft Word文档之间的图形及文字信息的输出与输入传递方法等内容,有助于设计者方便、快捷地进行设计工作。

(5) 结合水利水电工程中建筑物的结构及构造设计要求,编写了与水利水电工程中建筑物有关的二维图形和三维图形的绘制示例及详细步骤,以帮助设计者更好地掌握 AutoCAD 系统的绘图技巧。

本书为水利水电工程专业"计算机辅助设计基础"课程的教学用书,还可供其他水利水电工程类专业师生和工程技术人员参考。

本书在编写的过程中,参考了国内的相关专著与教材,编者在此一并致谢。

由于编者的能力有限,编写过程中难免有疏漏和不妥之处,请同行专家及广大读者不吝赐教,以便纠正和改进。

编 者

2008 年 11 月于武汉

数 字 资 源 清 单

资源编号	资源名称	资源页码
视频 2-2-1	设置经典界面	12
视频 2-2-2	调整界面背景	13
视频 2-2-3	文本窗口操作	16
视频 2-2-4	状态条操作	16
视频 2-2-5	调用命令	17
视频 2-3-1	二维图形观察	22
视频 2-3-2	二维图形观察——鼠标控制	23
视频 2-4-1	点的样式	25
视频 2-4-2	样条曲线	28
视频 2-4-3	圆弧	29
视频 2-4-4	椭圆	30
视频 2-4-5	正多边形	30
视频 2-4-6	图案填充	33
视频 2-4-7	生成边界	34
视频 2-5-1	选取对象	36
视频 2-5-2	删除对象	39
视频 2-5-3	旋转对象	39
视频 2-5-4	复制对象	40
视频 2-6-1	用户坐标系	49
视频 2-6-2	栅格	51
视频 2-6-3	对象捕捉	52
视频 2-6-4	极轴追踪	54
视频 2-6-5	自动追踪	55
视频 2-6-6	动态输入	55
视频 2-7-1	图层特性管理器	57
视频 2-7-2	图层工具栏	59
视频 2-7-3	线型设置	59

续表

资源编号	资源名称	资源页码
视频2-7-4	颜色设置	60
视频2-7-5	线宽设置	61
视频2-8-1	文字样式	62
视频2-8-2	单行文字	63
视频2-8-3	倾斜文字	63
视频2-8-4	多行文字	64
视频2-8-5	其他符号文本	64
视频2-8-6	公式输入	67
视频4-1-1	三维动态观察	115
视频4-1-2	三维快捷观察	117
视频5-2-1	中国结的绘制	141
视频5-2-2	齿轮的绘制	141
视频5-2-3	铁艺门的绘制-1	142
视频5-2-4	铁艺门的绘制-2	142
视频5-2-5	弧形闸门的绘制-1	143
视频5-2-6	弧形闸门的绘制-2	144
视频5-2-7	弧形闸门的绘制-3	144
视频5-3-1	三维轴承的绘制-1	168
视频5-3-2	三维轴承的绘制-2	168
视频5-3-3	实体非溢流重力坝组合绘制（方法一）	170
视频5-3-4	实体非溢流重力坝拉伸绘制（方法二）	171
视频5-3-5	正四面体桁架梁的绘制-1	171
视频5-3-6	正四面体桁架梁的绘制-2	172

目　录

第 2 版前言

第 1 版前言

数字资源清单

第一章　概述 ………………………………………………………………… 1
第一节　CAD 技术综述 ………………………………………………… 1
第二节　水利水电工程 CAD 现状和发展 ……………………………… 7

第二章　AutoCAD 基础绘图 ……………………………………………… 11
第一节　AutoCAD 系统的特点 ………………………………………… 11
思考题 …………………………………………………………………… 12
第二节　AutoCAD 系统的界面 ………………………………………… 12
练习题 …………………………………………………………………… 21
思考题 …………………………………………………………………… 21
第三节　二维图形的显示控制 …………………………………………… 22
练习题 …………………………………………………………………… 24
思考题 …………………………………………………………………… 24
第四节　二维绘图命令 …………………………………………………… 24
练习题 …………………………………………………………………… 35
思考题 …………………………………………………………………… 35
第五节　编辑和修改图形 ………………………………………………… 36
练习题 …………………………………………………………………… 47
思考题 …………………………………………………………………… 48
第六节　精确绘图 ………………………………………………………… 49
练习题 …………………………………………………………………… 56
思考题 …………………………………………………………………… 57
第七节　图层的创建和使用 ……………………………………………… 57

练习题	62
思考题	62
第八节　文字和表格	62
练习题	70
思考题	71
第九节　尺寸标注	71
练习题	80
思考题	81

第三章　AutoCAD 图形管理 …… 82

第一节　打印输出图形	82
思考题	86
第二节　获取图形环境数据	86
练习题	91
思考题	92
第三节　使用图块和外部参照	92
练习题	102
思考题	102
第四节　图形数据交换	103
练习题	107
思考题	108
第五节　二维参数化绘图	108
练习题	112
思考题	112

第四章　AutoCAD 三维绘图 …… 113

第一节　三维图形的显示控制	113
练习题	118
思考题	118
第二节　绘制和编辑三维表面	118
练习题	125
思考题	125
第三节　三维实体造型和编辑	125
练习题	133
思考题	133
第四节　三维模型渲染	134
练习题	138
思考题	138

第五章　AutoCAD 绘图应用 ………………………………………………… 139
第一节　水利水电工程 CAD 制图规定 ………………………………… 139
第二节　二维图形绘制示例 ……………………………………………… 140
第三节　三维图形绘制示例 ……………………………………………… 167

附录 ………………………………………………………………………………… 188

参考文献 …………………………………………………………………………… 194

第一章

概 述

第一节 CAD 技术综述

一、CAD 技术的主要内容

计算机辅助设计（Computer - Aided Design，CAD）是利用计算机高速而精确的计算能力、大容量存储能力和数据处理能力，结合工程师的综合分析、逻辑判断、创造性劳动，进行高质量工程设计的一种专门技术手段。计算机辅助设计可以加快工程设计进度，缩短工程设计周期，提高工程设计质量。

传统的工程设计，一般是人工综合一个初始方案，然后进行结构分析，通过对结构分析的结果进行优劣评判，进而改进设计方案，最后提交设计成果。在改进设计方案的工作阶段，在许多情况下，只能依靠设计者的经验来完善修改设计方案，不免存在着主观性、随意性，而且由于改进设计方案的工作量大，方案比较的周期长，工程设计往往难以达到最优方案。因此工程师们希望摆脱费时费力的手工绘图和烦琐冗长的计算工作，加快设计进度，获得理想的设计方案。

使用 CAD 技术，就可以利用计算机去完成工程设计过程中机械、烦琐的工作，如结构受力计算，设计参数优化，文件存储和查询及设计图纸绘制、修改、输出等，即利用计算机辅助完成工程设计中的方案建立、计算分析、修改和优化设计参数，以及成果输出等方面的工作，达到方便快捷的目的。

二、CAD 技术的发展阶段

CAD 技术的发展主要经历了以下 7 个阶段。

（1）20 世纪 60 年代，开始有了极为简单的 CAD 系统，此时出现的三维 CAD 系统只是极为简单的线框式系统。这种初期的线框造型系统只能表达基本的几何信息，不能有效表达几何数据间的拓扑关系。由于缺乏形体的表面信息和实体信息，计算机辅助制造（Computer - Aided Manufacturing，CAM）及计算机辅助工程（Computer - Aided Engineering，CAE）均无法实现。

（2）20 世纪 70 年代，CAD 技术主要应用在军用工业，逐步形成以表面模型为特点的自由曲面造型技术。受此项技术的吸引，一些民用工业，如汽车制造业也开始摸索开发一些曲面系统为自己服务，如福特汽车公司、雷诺汽车公司、丰田汽车公司、通用汽车公司等都开发了自己的 CAD 系统。由于开发经费及经验均不足，其开发出来的软件商品化程度都较低，功能覆盖面和软件水平亦相差较大，但曲面造型系统带来的技术革新，使汽车开发手段比旧的模式有了质的飞跃，给使用者带来了巨大的好处及颇丰的收益。

（3）20 世纪 70 年代末至 80 年代初，美国 SDRC 公司于 1979 年发布了世界上第一个完全基于实体造型技术的大型 CAD、CAE 软件——I-DEAS。由于实体造型技术能够精确表达零件的全部属性，在理论上有助于统一 CAD、CAE、CAM 的模型表达，完全基于实体造型的 CAD 技术日渐成熟，给工程设计带来了惊人的方便性。但当时 CAD 系统的价格依然令一般企业望而却步，这使得 CAD 技术无法拥有更广阔的市场。

（4）20 世纪 80 年代中期至 80 年代末，计算机技术迅猛发展，硬件成本大幅度下降，一个更加广阔的 CAD 市场呈现出来，很多中小型企业也开始有能力使用 CAD 技术。中小型企业由于设计的工作量并不大，零件形状也不复杂，更重要的是无力投资大型高档软件，因此很自然地把目光投向了中低档的 CAD 软件，使 CAD 软件发展出现百花齐放的局面。

（5）20 世纪 90 年代初期，参数化技术变得逐渐成熟起来，充分体现出其在许多通用件、零部件设计上存在的简便易行的优势。参数化技术的成功应用，使得它迅速成为 CAD 业界的标准，许多 CAD 软件厂商纷纷起步追赶。但是技术理论上的认可，并非意味着实践上的可行性。重新开发一套完全参数化的造型系统困难很大，因为这样做意味着必须将软件全部重新改写，何况参数化技术并没有完全解决所有问题。因此 CAD 软件厂商采用的参数化系统基本上都是在原有模型技术的基础上进行局部、小块的修补。考虑到这种"参数化"的不完整性以及需要很长时间的过渡时期，许多 CAD 软件厂商在推出自己的参数化技术以后，均宣传自己采用复合建模技术。一旦所设计的零件形状过于复杂时，面对满屏幕的尺寸数据，如何改变这些尺寸以达到所需要的形状就很不直观；再者，如在设计中，关键形体的拓扑关系发生改变，失去了某些约束的几何特征也会造成系统数据混乱。因此参数化技术是在实践中逐渐完善起来的，并非一蹴而就。

（6）20 世纪 90 年代中后期，CAD 软件厂商以参数化技术为蓝本，提出了一种比参数化技术更为先进的实体造型技术——变量化技术，形成了一整套独特的变量化造型理论及软件开发方法。变量化技术既保持了参数化技术原有的优点，同时又克服了它许多不利之处，它的成功应用为 CAD 技术的发展提供了更大的空间和机遇。

（7）进入 21 世纪，CAD 软件从单纯的绘图向设计全方位扩展，使用也越来越便利。如建筑信息模型（Building Information Modeling，BIM）软件以建筑工程项目的各项相关信息数据作为模型的基础，进行建筑模型的建立，通过数字仿真模拟建筑物所具有的真实信息，具有信息完备性、信息相关性、信息一致性等特点，其中以 Autodesk 公司的 Revit 软件为代表。BIM 软件应用也逐渐从建筑行业扩展到土木工程、矿山工程等，对一些专业相近的工程设计提供全方位、集成化的支持，不再有数据冲突、过程烦琐的弊病，提高了设计效率。

以史为鉴，可知兴衰。CAD 技术基础理论的每次重大进展，无一不带动了 CAD、CAE、CAM 整体技术的提高以及制造手段的更新。技术发展，永无止境，CAD 技术一直处于不断的发展与探索之中。正是这种此消彼长的互动与交替，造就了今天CAD技术的兴旺与繁荣，促进了工业的高速发展。现在，越来越多的人认识到CAD技术是一种巨大的生产力，并不断加入用户行列中来。

三、CAD技术的优势和案例

世界上许多国家将CAD技术作为现代化工程设计的方法和手段，称为工程设计技术起飞的"引擎"。CAD技术仍处于不断发展的过程中。有人认为利用计算机进行科学计算，就是CAD技术，或者认为CAD技术就是应用计算机绘图，实际上，CAD系统应该支持工程设计过程的各个阶段，即工程设计方案的建立、设计参数的选取和优化、施工详图设计及绘制等。根据工作性质来划分，工程设计过程主要包括两个方面的工作：

（1）规范化、标准化、设计理论明确的工作，这些工作应依靠计算机辅助完成。

（2）新的设计思想、初始设计方案的建立及对设计参数的合理性进行判断等，属于人的创造性劳动，应采用人机紧密结合的交互式方式实现。

计算机辅助设计的基本流程如图1-1所示。

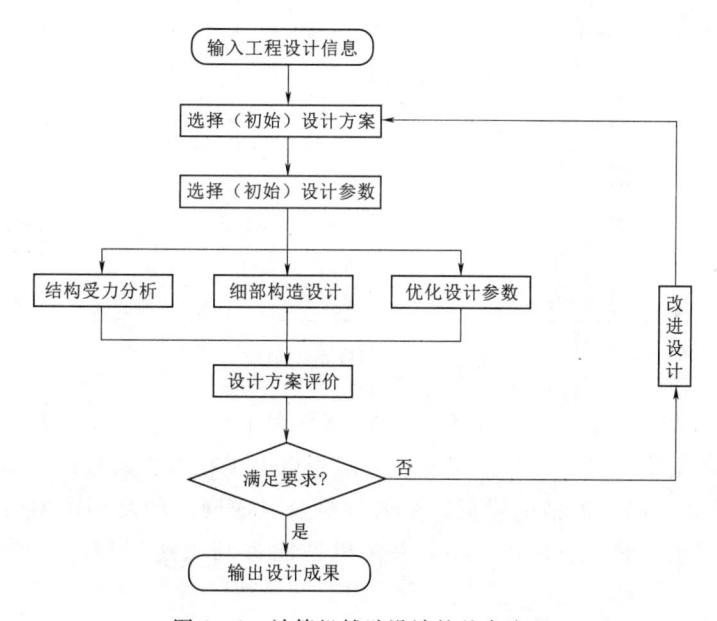

图1-1 计算机辅助设计的基本流程

CAD技术是一种新的现代设计方法，已带来设计技术的变革。例如：波音777及波音787的设计系统，采用了法国达索公司的计算机辅助3D界面应用软件（Computer Aided Tri-Dimensional Interface Application，CATIA）：

（1）设计过程不再用传统的全尺寸实物模型，而是采用计算机三维设计系统进行装配仿真。

（2）提供了有效的通信网络工具，免去纸质文本传阅过程，同期评审加快了设计流程。

（3）缩短了设计周期，为设计成果的快速更改提供了基础。

美国短跑名将刘易斯的钉鞋的设计采用了日本 Mijuno 公司的 CAD 系统：

（1）建立刘易斯的人体数字模型，重现其脚足和肌肉形状及奔跑时对钉鞋产生的压力。

（2）1988 年刘易斯与 Mijuno 公司签订合同，1991 年试用，在东京世界田径锦标赛上取得 100m/9.86s 的成绩。

中国坝高 289m 的白鹤滩水电站建设中应用了三维 CAD 技术：

（1）建立椭圆双曲拱坝的三维模型，精确展现拱圈外部结构与上下游拱圈的交线，与数学求解方法所得完全一致，确定了精确的大坝施工数据。

（2）建立坝址所在地形和施工场地的三维数字模型并进行可视化展示，对大坝施工进行全流程监控，协调施工流程，避免了施工冲突。水电站于 2021 年 4 月下闸蓄水，6 月 28 日首批机组投产发电。

CAD 技术已广泛应用在车辆冲撞模拟分析、动画、广告、服装设计、机械制造、土木建筑、水利水电、航空航天等行业。

四、CAD 系统的硬件

CAD 系统由硬件和软件两大部分组成，如图 1-2 所示。

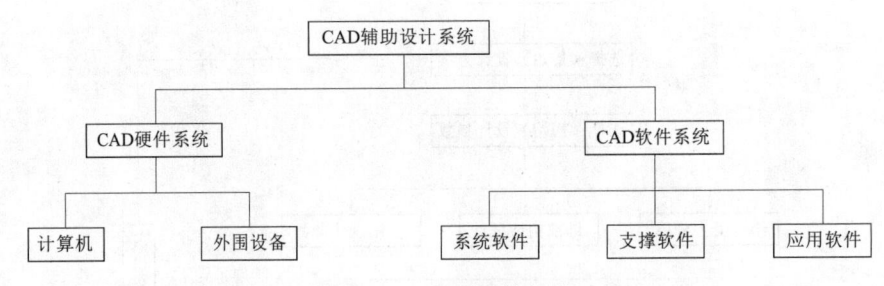

图 1-2　CAD 系统组成

20 世纪 80 年代，中型机、小型机（VAX）和工作站（SUN、HP、IBM）为支持 CAD/CAM 系统的主要硬件。90 年代，随着微电子技术突破性的发展，个人微机功能的增加、普及以及价格的降低，个人微机及联成网络的高档微型机已逐步成为 CAD 硬件的主流。进入 21 世纪，个人微机性能得到飞速发展，主要表现在以下方面：

（1）中央处理器（Central Processing Unit，CPU）的运行频率已达到 5.0GHz，包括运算器和控制器两部分。运算器负责执行指令所规定的算术运算和逻辑运算；控制器负责解释指令，并控制指令的执行顺序等操作。

（2）存放程序和数据的内存储器性能逐步递增。SDRAM 内存已进化到 DDR5，单条内存储器容量达 8GB 或更大。外置的机械硬盘的容量已超过 10TB，主要用作数据存储，而固态硬盘速率高，一般用于加速程序启动过程。

（3）阴极射线管图形显示器从原来的 4 色的 CGA，发展到 1024×768px 的 SVGA 和 1600×1200px 的 XGA 及较高的刷新频率。液晶显示器（Liquid Crystal Display，LCD）具有体积小、重量轻、耗电量省、不反光以及无辐射等优点，分辨率已经达到 1920×1080px 或更高，图像显示越来越精美。

（4）显示技术从二维向三维发展。一般通过佩戴 3D 眼镜，可以观看栩栩如生的立体电影，并进一步开发裸眼 3D 技术，以摆脱眼镜的束缚。可以通过多种传感设备，同时提供视、听、触等直观而自然的实时感知，使参与者沉浸于虚拟环境中，即虚拟现实（VR）或虚境（灵境）技术。还可以将虚拟环境和真实环境融合交互，即增强现实（AR）技术。结合人工智能的辅助，可使工作、学习达到轻松切换、自如高效的理想程度。

（5）图形显示卡的性能越来越强，单独的显示内存达到 8GB 或更多，已经能够较为流畅地完成实时光线追踪渲染，使显示图像与真实图像相差无几。除此之外，显示卡还能用于一般的并行计算，扩大了使用范围，使之成为高性能显示和计算的有力工具。

五、CAD 系统的软件

CAD 系统的软件可分为三个层次。

1. 系统软件（一级软件）

系统软件用来进行计算机的管理、维护、控制和运行。

（1）操作系统，如 DOS、UNIX、Windows 等，是用于对计算机系统的资源（硬件、软件）进行管理和控制的程序，是用户与计算机的接口。UNIX 是美国斯坦福大学开发出来的工作站操作系统，曾经风靡一时，但由于操作复杂，系统维护困难，配套的应用软件匮乏等，限制了其进一步发展。微软的 Windows 操作系统已成功地占据了大部分个人计算机市场。Windows 系列产品具有良好的用户界面，性能稳定，价格低廉，有丰富的应用软件资源，体现着其生气勃勃的生命力，也确立了其操作系统的主流地位。

Windows 是一个能够支持多种输入、输出，内存管理和多任务的操作系统，包含以下三个核心模块：①GDI.EXE，图形设备接口、图形图像输出、调色板管理；②USER.EXE，窗口、图标、光标管理；③KERNAL.EXE，程序及内存管理任务调度。

（2）语言处理系统，如 Fortran、BASIC、C、C++、Java 等多种编程语言服务程序，能够将编程语言翻译为直接运行的机器语言，还包含常用的数学库、错误诊断、检查程序等辅助功能。

2. 支撑软件（二级软件）

支撑软件是 CAD 系统的核心软件和开发应用软件的基础。

（1）几何建模系统：如 ADINA、ANSYS 等商用软件，能应用一定的数据结构描述工程结构物的几何模型，通过计算机运算形成各种所需的计算信息，如三维实体参数，有限元分析的单元信息、结点信息等。

（2）图形软件系统：是 CAD 系统的重要支撑软件，主要为面向应用的图形程序包，有已经成为国际标准的 GKS、PHIGS；还有以各种图形程序包为基础构成的面向用户的交互式图形软件系统，如 AutoCAD、MicroStation 等。

（3）计算分析软件系统：CAD 系统应能进行复杂结构的受力分析，包括常规计算，有限单元法计算以及数学规划法的几何模型尺寸优化，设计变量的寻优计算。这是一个不断改进、完善、寻找最优设计方案和最优设计参数的过程。ADINA、ANSYS等商用软件除具有几何建模功能，更重要的是它们还是融结构、热、流体、电磁分析等于一体的大型有限元分析系统，可用于机械制造、航天航空、土木工程等方面的科学研究，其产品为工程界广泛接受，具有一定的权威性。

（4）工程数据库及管理软件系统：能对大量设计信息、计算成果进行存储、查找、加工和处理，还能对设计成果进行评价和分析，如Visual FoxPro、Access、Oracle等。

工程制图历来是工程设计中一项耗费大、效率低的工作，实现计算机制图是把设计者从烦琐的重复劳动中解放出来的有效途径。将各种常用的图形输入计算机形成图形零件库，可由设计者随时调用，并由计算机控制打印机或绘图仪出图，从而大大提高工作效率和绘图质量。因此，计算机辅助图形设计是CAD技术的一个重要组成部分，目前流行的图形支撑软件如下：

（1）Autodesk公司推出的AutoCAD系统。
（2）Intergraph公司推出的MicroStation系统。
（3）北京北航海尔软件有限公司推出的CAXA电子图板。

三大软件系统的功能有图形的生成、显示和输出，图形的变换和裁剪及图形管理、二次开发技术等，其中AutoCAD是目前国内外应用最为广泛的CAD软件。

AutoCAD系统可通过键盘和鼠标等来完成绘图工作，它类似于手工绘图所使用的铅笔直尺、圆规、曲线板和橡皮擦，使设计者能按自己的设想绘图，这一切都在计算机构筑的虚拟世界里进行。在计算机里将绘图工作完成后，通过绘图仪或打印机输出到图纸或描图纸上，就可以形成工程图纸或平面底图。

从事工程设计的人都清楚，许多设计图纸都是在原有图纸的基础上修改得到的。过去设计者设计一张图纸时，很多情况下是将原来的图纸进行复印，然后进行拼剪，再用透明胶将之粘贴在一块，在此基础上再进行适当的修改、补充和标注尺寸，最后将这份拼接的图纸交给描图员进行描图。可以想象用这种方法设计出的图纸在质量和时间方面的欠缺。

如果用AutoCAD系统来进行设计，只需要将原有的图形文件调出来，在屏幕上直接修改，这样速度会快很多。特别是当一个设计有几个方案时，需进行比较，如果手工来绘制，工作量会很大，而用AutoCAD系统处理就非常方便了。虽然AutoCAD系统的二维计算机绘图技术只能通过键盘和鼠标绘图，用传统的三视图方法来表达工程结构，以图纸为媒介进行技术交流，但这已经远比手工绘图更快捷和方便，因此CAD技术优先在工程绘图领域得到应用。

AutoCAD系统除了用于二维绘图，还可用于三维绘图。此外，SolidWorks、Pro/Engineer、UniGraphics、CATIA等软件侧重于参数化、变量化的三维绘图，并不断融合CAD/CAE/CAM等集成功能，使CAD技术从辅助绘图扩展到支持整个工程设计过程。

3. 应用软件（三级软件）

应用软件是用户根据本专业工程设计规范和要求，利用系统软件和支撑软件开发的专用软件，使用方便，但适用面较窄。

六、CAD 图形交换及标准化

各 CAD 软件厂商正在大力发展 CAD/CAE/CAM 系统，以降低产品投入市场时间，改进设计质量，来达到提高产品的市场竞争力的目的。

每一个 CAD 系统都有自己的数据格式，各个 CAD 系统内部的数据格式一般不同，由于用户使用的需要，就出现了数据交换文件的概念。图形交换标准为不同工程图形软件所生成的图形之间的相互转换及调用提供了方便。

目前，在不同的 CAD 系统中进行产品数据交换主要有两种方法：第一种是直接识别；第二种是通过中性文件进行翻译。在第二种方法中，首先在预处理器里形成中性格式，然后由后处理器接收并转换成 CAD 系统能够识别接受的内部格式。现在应用中性 CAD 格式的有 STEP、IGES、DXF 等。

IGES 是应用最广泛的国际标准的数据交换格式，有专门的文件格式要求。

DXF 是 AutoCAD 系统的数据交换格式文件，可以实现不同的 CAD 系统之间的图形格式交换，以及 CAD 系统与高级语言编写的程序的连接。DXF 格式文件是图形数据的 ASCII 文件，便于阅读及接口程序处理，目前已成为世界上不同 CAD 系统之间交换数据的事实标准。例如，用 AutoCAD 系统生成的 DWG 文件，为了能在 MicroStation 系统中使用，首先应将 AutoCAD 系统生成的 DWG 文件转化为 DXF 格式文件，然后就可以在 MicroStation 系统中调用出来，并可将 DXF 格式文件转化为 MicroStation 系统能处理的 DGN 文件。

第二节　水利水电工程 CAD 现状和发展

一、水利水电工程 CAD 现状

20 世纪 70 年代以前，水电专业领域的工程师们只能用算盘和计算尺作为计算工具。用拱梁分载法进行拱坝的设计计算，一般需要半年时间；用圆弧滑动法分析土坝的坝坡稳定，一般一天只能计算一个假设圆弧上土体的安全系数，而要找出最危险的滑动弧，往往要计算数十个甚至上百个圆弧；水电站的调压井的水位震荡过程，一个人要算上几十天……对于这样的计算效率，当年的工程技术人员都深有体会。在水利水电工程设计中类似的烦琐计算还可以举出很多，直至今日，这些计算项目在工程设计中还是必不可少的。

工程设计图是工程师的语言，其中复杂繁多的线条凝结着工程技术人员的艰苦劳动，特别在绘制枢纽总平面布置图时，牵一线而动全局。在手工绘图的年代，改动一次设计方案就要重新绘制一次图，原来图纸只有作废。所以，从烦琐的计算和绘图中解放出来，把更多的精力用于工程的优化，一直是水利水电工程师的愿望。水利水电工程不但需要在分析计算上采用先进的计算手段，更需要在工程绘图上采用计算机辅助绘图手段。

我国水利水电工程 CAD 技术开发与研制工作始于 20 世纪 70 年代中期。进入 80 年代，水利水电系统的各大设计研究院在美国原 Calma 公司的 DDM 软件支撑环境下，分别在 Apollo 工作站上开发了水利水电工程的 CAD 软件，如中国电建集团中南勘测设计研究院开发的拱坝 CAD 系统、中国电建集团华东勘测设计研究院开发的重力坝 CAD 系统等。

随着个人微型机的迅猛发展，由网络和服务器构成的客户/服务器结构体系比小型机、中型机更灵活方便，且个人微型机基本上能实现原 Apollo 工作站上开发软件的功能，因此一批微型机水工 CAD 软件陆续推出，如天津勘测设计研究院的电站厂房 CAD 系统、中南勘测设计研究院的隧洞 CAD 系统、东北勘测设计院的水工结构设计分析集成系统 HSIDS 等。

依据 BIM 软件的架构，水利水电部门也开发了一些专业集成软件，如中交水运规划设计院的船闸设计系统 ShipLock Designer，华东勘测设计研究院的桥梁正向设计软件 BD Station，浙江省交通规划设计院的隧道智能设计师，甘肃交通规划勘察设计院的波形腹板钢-混凝土组合梁设计系统等。

由于水利水电工程的多样性，应用条件千变万化，程序编制者很难一次预见到所有的工程条件，经常要对程序做某种修改，有一个逐步完善的过程。目前水利水电工程 CAD 软件存在的问题主要有：输入信息量大，速度慢；人机对话界面复杂，不易为普通设计人员掌握；可供选择的建筑物类型较少。同时这些开发成果在归属问题上没有明确的说法，各大设计研究院也不愿无偿提供自己开发的软件，所以没能进行商业化发展，最后只有本院独享。而没有软件的设计院，只有重复开发，但这个开发过程还是逐步提高了我国的水利水电工程设计水平。

水利水电工程 CAD 技术开发和应用已使水利水电设计工作发生了根本性变革。目前设计中的计算工作量已基本由计算机完成，设计图已完全告别手工绘图的图板，而且逐渐从二维绘图进入三维绘图阶段。

在水利水电工程设计中常采用 AutoCAD 和 MicroStation，两大软件系统各具有特色。MicroStation 系统是从小型机工作站移植到微型机上的二维、三维交互式图形设计软件包，具有与 AutoCAD 系统相当的功能。但由于 AutoCAD 系统在我国更具有广泛的应用基础，有更多的第三方专业软件，所以水利水电部门普遍使用 AutoCAD 系统作为主流工程图形基础应用软件。

二、水利水电工程 CAD 技术内容

水利水电工程是功在当代，利在千秋的事业。与其他工程设计部门相比较，水利水电工程设计更具工程的多样性，涉及的学科多，内容广泛，不但计算工作量大，而且一个工程一个式样，这更增加了水利水电工程 CAD 的难度。每一项工程几乎都需要水文、水能、测量、地质、机械、电力等专业的配合，在水工专业内部也需要结构、坝工（土石坝、重力坝、拱坝等）、概预算等专业的合作。

针对水电工程的建设各设计阶段不同的特点，用于各设计阶段的 CAD 软件侧重点应有不同。

(1) 前期勘测规划阶段，CAD 软件主要用于收集工程的地形、地质、气象等资料，输入到系统的数据库中，建立数字化的地形地质模型，提供后续设计所需信息。

(2) 可行性研究阶段，CAD 软件主要用于数据库建立和应用，根据国家政策法规、规划要求及其他工程设计资料，进行可行性设计方案分析论证。

(3) 招标设计阶段，CAD 软件主要用于几何建模、设计方案的技术经济比较和形成最优设计方案，进行数值分析计算和结构参数优化。

(4) 施工设计阶段，CAD 软件主要用于具体的结构计算分析、施工图绘制，综合协调各专业成果，完成分析、计算、绘图、材料统计、文件报表、概预算等系列工作。

前期勘测规划、可行性研究阶段属前期设计阶段，需建立决策分析 CAD 系统，重点为全局策划、方案比较及择优、工程总体布置，设计计算、图纸则可粗略一些。决策分析 CAD 系统的理论基础为线性及非线性规划理论、模糊数学、人工智能方法、专家系统等。

招标设计和施工设计阶段属后期设计阶段，需建立数值分析计算 CAD 系统，重点为稳定计算、应力计算、配筋计算、绘制施工详图、工程量计算、材料明细表统计、概预算等。数值分析计算 CAD 系统的理论基础为结构分析计算理论、材料力学、结构力学、水力学、有限单元法、数值分析法及计算机图形学等。

三、水利水电工程 CAD 技术的发展方向

要形成贯穿水利水电工程设计全过程的 CAD 集成系统，可借鉴通用 CAD 软件发展的标准化、集成化、智能化过程，需要在以下几方面努力工作：

(1) 标准化。开发水工建筑物 CAD 系统除必须满足相应的设计规范外，应加强建立不同 CAD 开发平台上的标准 CAD 图例、符号、标准图库；建立统一的地形、地质 CAD 接口，统一的工程特性数据库；加强各专业、各部门间的合作，减少重复性低水平开发。

(2) 人机界面。一个良好的 CAD 系统必须有良好的人机界面，采用符合国际标准的窗口界面，这是提高水利水电工程 CAD 系统质量的重要任务。良好的人机界面应能增强交互能力，检查输入的合法性，建立标准而直观的水利水电工程图符菜单，提高使用便利性。

(3) 参数化设计。使用参数化建库工具，建立工程建筑物图例库，为工程设计提供参考和依据，对于类似的工程结构，只需要改变参数，就能自动调整工程图纸，并能快速地进行常规的工程计算。

(4) 集成化。一个集成化的 CAD 系统应具有决策能力、几何建模、常规分析计算、大型数值分析、生成设计报告及工程图纸等功能。系统各部分应有良好的接口，运行效率高，以便设计人员集中精力分析设计方案的优劣，进行方案比较，形成最优设计方案。

(5) 智能化。CAD 系统的智能化和专家系统的建立，将能进行模糊分析判断和提高 CAD 系统决策自动化水平，避免人机对话过多而造成系统运行速度慢且使用不

便。智能系统能够在设计中进行自动学习，积累、更新设计经验知识，提高优化设计水平。

（6）多媒体技术应用。多媒体技术有助于使 CAD 系统形成良好的人机界面，能够直接通过自然语言对话驱动系统运行，运用语音提示用户进行实时设计，汇总设计成果。

第二章

AutoCAD 基础绘图

本章主要讲述 AutoCAD 系统的基础绘图功能。

第一节 AutoCAD 系统的特点

1999 年 3 月，Autodesk 公司推出了 AutoCAD 2000，20 年后又推出 AutoCAD 2020 版本，在 CAD 软件市场一直占据着主流地位。AutoCAD 系统为用户提供了一个智能化的二维和三维设计环境及工具，显著提高了用户的设计效率，能够充分发挥用户的创造能力，辅助用户将构思转化为工程图纸。AutoCAD 系统的特性主要体现在以下几方面。

1. 多文档设计环境

AutoCAD 2000 及以后版本采用多文档设计环境，用户可以同时打开、编辑和修改多个图形文件，在不同的图形文件或窗口之间实现图形对象的拖放。

2. 自动捕捉及自动追踪

提供了智能化的捕捉和追踪功能。利用自动捕捉及自动追踪功能，用户可以不必借助构造线实现设计和编辑，更关注设计本身而不是软件本身的命令，极大地提高了绘图的精度和效率。

3. 二维图形参数化功能

AutoCAD 2010 及以后版本利用尺寸约束和几何约束功能，对二维图形的几何特性进行自动管理，在局部尺寸参数发生变化时，及时更新受影响的图形其他部位，无需手动操作，方便快捷地修改图形。

4. 方便的注释文本操作

优化了文字格式和文字式样控制方式，具有所见即所得的多行文字编辑器功能，使注释文字操作更加便捷。

5. 标注功能增强

提供了标注式样管理器浏览和编辑标注属性。在标注式样管理器中提供了浏览功能，实现标注式样的所见即所得，方便用户设置标注式样。

6. 三维功能增强

以 ACIS 4.0 为核心实现三维实体建模，允许用户借助灵活的体、面、边编辑三维实体，实现面域的移动、旋转、平移、删除；引入了三维动态观察和漫游等功能，使三维视图操作和可视化变得十分容易。

7. 对象特性管理

对象特性管理窗口是一个无模式对话框，允许用户直接访问对象和图形的特性，修改和编辑某一对象或某一对象选择集的相应特性。

8. 设计中心管理

设计中心管理窗口是一个无模式对话框，可以方便地访问已有的设计成果，充分利用已有设计资源中的设计思想和设计内容，用户可以通过拖放操作，重用已有的线型、文字式样、标注式样、外部引用等，避免了大量的重复性工作。

9. 强劲的定制和二次开发功能

AutoCAD 具有很高的开放性和灵活性，提供了 4 种开发工具——VisualLISP、VBA、ActiveX 和 ObjectARX，允许用户借助 AutoCAD 平台集成和定制不同领域的设计要求，以适应不同专业用户的特殊需要。

AutoCAD 2021 版本可安装在 64 位版本的 Windows 7、Windows 8、Windows 10 系统上，同时需要 Microsoft. NET Framework 4.8 的支持。AutoCAD 2022 版本不支持 Windows 10 以前的系统，但两者的界面差别不大，本书以 AutoCAD 2022 版本为例进行讲解。

思 考 题

1. AutoCAD 系统的主要功能有哪些？在 CAD 软件市场上的地位如何？
2. AutoCAD 系统的优势有哪些？是否适合本人所学专业？

第二节　AutoCAD 系统的界面

一、设置经典界面

从 AutoCAD 2015 版本开始，默认没有经典模式，但进行设置还是简单方便的。熟悉经典界面，可方便使用各个版本的 AutoCAD。以下说明如何对 AutoCAD 2022 设置经典模式：

（1）显示菜单栏。打开 AutoCAD 2022，找到最上一行处末尾的向下三角形，单击打开，选择"显示菜单栏"，如图 2-1 所示。

（2）关闭功能区。在"开始"界面，单击"新建"，建立新的图纸。在下拉菜单中选择"工具"→"选项板"→"功能区"，将功能区关闭，如图 2-2 所示。

（3）显示工具栏。在菜单中选择"工具"→"工具栏"→"AutoCAD"→"修改"命令，如图 2-3 所示，同样选择"标准""样式""图层""特性""绘图"，调出各常用工具栏。或者先勾选其中一项，然

视频 2-2-1
设置经典界面

图 2-1　显示菜单栏

后在出现的工具栏上单击鼠标右键，在弹出的快捷菜单中，单击鼠标左键选取其他项。

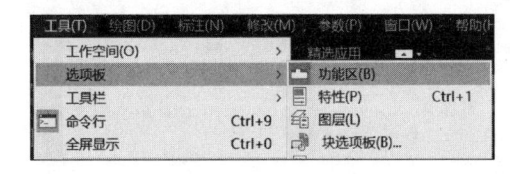

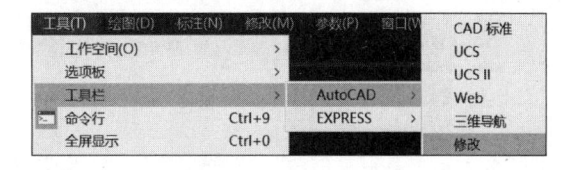

图 2-2 关闭功能区

图 2-3 添加常用工具栏

（4）保存经典界面。点击右下角齿轮小图标，如图 2-4 所示，选择"将当前工作空间另存为..."，在弹出对话框中输入"AutoCAD 经典"，如图 2-5 所示，点击"保存"按钮即可。

图 2-4 保存工作空间

图 2-5 "保存工作空间"对话框

（5）切换工作界面。如果已切换到其他工作空间，点击右下角齿轮小图标，然后选择"AutoCAD 经典"，就可回到已保存好的经典界面。

AutoCAD 的经典窗口界面主要有 6 部分（图 2-6）：①标题条；②下拉菜单及上下文菜单；③工具栏；④图形窗口；⑤命令及文本窗口；⑥状态条。

AutoCAD 2022 默认的界面为暗色，可更改为明色方案。选择"工具"→"选项"，打开"选项"对话框，点击"显示"标签卡，将颜色主题选择为"明"即可，如图 2-7 所示。如果觉得工具栏按钮太小，可选中"在工具栏中使用大按钮"。

视频 2-2-2
调整界面背景

二、标题条

标题条上显示着一些常用命令的图标按钮，当前正在运行的程序名称和当前打开的图形文件名称，以及当前图形窗口的最大化、最小化按钮等。

三、下拉菜单及上下文菜单

AutoCAD 的窗口界面上有 12 个下拉菜单和由右键弹出的上下文菜单。12 个下拉菜单分别为：

（1）"文件"：用于进行文件创建、保存、输出、打印等项管理工作。

（2）"编辑"：用于对图形的编辑、修改等操作。

（3）"视图"：用于对视图进行观察、缩放、移动、改变视图观察视角及屏幕刷新等操作。

第二章 AutoCAD 基础绘图

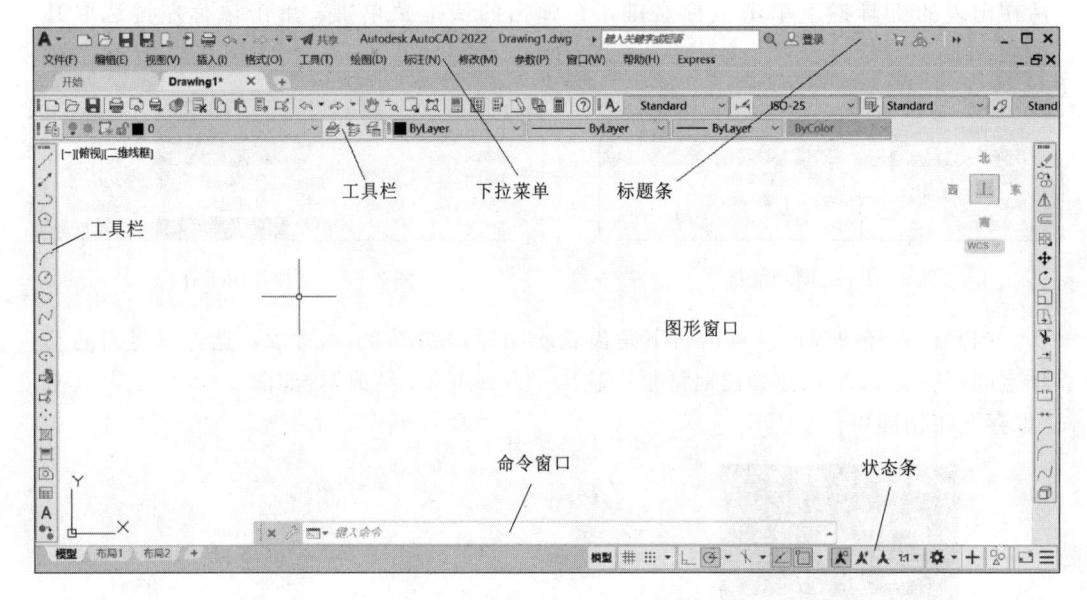

图 2-6 AutoCAD 经典界面

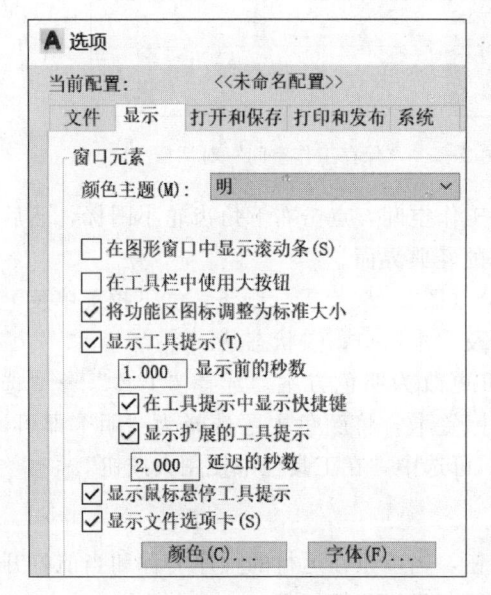

图 2-7 调整 AutoCAD 界面外观

(4)"插入":用于引入 AutoCAD 能够接受的文件,包括图块、外部引用、图片文件等。

(5)"格式":用于 AutoCAD 工作中各种统一的系统设置,定制一些系统变量等。

(6)"工具":为 AutoCAD 的用户提供各种辅助工具,如计算器、设计中心等。

(7)"绘图":提供各种绘制图形对象的绘图工具及命令,如点、直线、弧、圆、椭圆等。

(8)"标注":提供各种对象的标注工具及标注格式。

(9)"修改":用于对图形的复制、镜像、修剪、延伸等编辑操作。

(10)"参数":用于对图形进行尺寸约束或几何约束等参数化操作。

(11)"窗口":提供对打开的文档进行管理的工具,可以通过水平平铺或垂直平铺设置同时打开多个文档。

(12)"帮助":为用户提供不同途径的帮助和版本信息,获取帮助信息一般需要联网。

除了这 12 个基本菜单外,还可以根据开发需要附加其他菜单项。在每个下拉菜单项中,菜单后有后缀符号"…",表示可以弹出对话框;菜单后有后缀符号">",

表示有下一级菜单。

将鼠标置于屏幕任意位置，单击右键弹出上下文菜单，或称快捷菜单，如图2-8所示。

上下文菜单显示着一些常用的快捷菜单命令，顶部重复出现前一次使用过的菜单命令。如果在绘图过程中需要重复使用某一命令，可以直接单击鼠标右键，弹出上下文菜单，在其上重复选择前一次使用过的菜单命令。

上下文菜单可以随意地出现在绘图区域中的图形对象旁边，在其上选择菜单命令时，鼠标移动的距离短，可以加快绘图速度。

四、工具栏

在AutoCAD的窗口界面增加工具栏，可以加入一些常见的图形绘制和编辑处理命令的快捷按钮，AutoCAD 2022提供了52个工具栏，以方便用户访问常用命令，设置常用的模式。在已出现的工具栏上单击鼠标右键，在弹出的快捷菜单中，可用鼠标左键单击选取其他项，如图2-9所示，其中标"√"的选项，将在屏幕上显示其工具栏。

图2-8 上下文菜单　　图2-9 勾选显示工具栏的快捷菜单

常用的工具栏如下：

（1）标准工具栏。标准工具栏上排列着"新建""打开""保存""撤销""实时移动""实时缩放"等常用命令的快捷键，为用户的绘图操作提供方便，如图2-10所示。

图2-10 标准工具栏

（2）图层工具栏。图层工具栏显示着当前图层上图形对象的状态和可见性，以及对图层操作的快捷命令，如图2-11所示。

图 2-11　图层工具栏

（3）特性工具栏。特性工具栏显示着当前图层上对象的颜色、线型和线宽，如图 2-12 所示。

图 2-12　特性工具栏

（4）样式工具栏。样式工具栏显示着当前的文字样式、标注样式、表格样式和多重引线样式，如图 2-13 所示。

图 2-13　样式工具栏

（5）修改工具栏。修改工具栏为用户提供了复制、镜像、修剪、延伸等编辑操作的快捷键命令。

（6）绘制工具栏。绘制工具栏为用户提供绘制直线、圆弧、圆等图形对象的快捷键命令。

五、图形窗口

图形窗口是用户绘图的区域，为使绘图区域达到最大，可以选择下拉菜单中的"工具"→"选项"，弹出"选项"对话框，选择"显示"标签，在"窗口元素"中取消选中"图形窗口中显示滚动条""显示文件选项卡"，以获得较大的绘图区域。

六、命令及文本窗口

打开命令及文本窗口，在下拉菜单中选择"视图"→"显示"→"文本窗口"，或选择键盘中的 F2 键，可以使命令行窗口扩大化，以查看 AutoCAD 系统命令执行的历史过程。作为相对独立的窗口，文本窗口有自己的滚动条、控制显示按钮等界面元素，也支持单击鼠标右键的快捷菜单操作。在命令提示区输入命令时，字母的大小写都可以。

视频 2-2-3
文本窗口操作

七、状态条

状态条是辅助精确绘图的有效工具，主要有栅格捕捉、栅格设置、正交模式、极轴跟踪、对象捕捉追踪、对象捕捉、切换工作空间等，如图 2-14 所示。其中一些默认项没有显示，可通过最后一个"自定义"按钮来控制状态条上的显示项。每个状态按钮激活时显示为按下状态，用鼠标左键在按钮上单击可在激活与否之间切换。

视频 2-2-4
状态条操作

图 2-14　状态条

八、命令调用方式

在 AutoCAD 中，调用命令一般有以下方式：

（1）键盘输入命令。在文本窗口直接输入命令，系统会进行提示，用户可进行选择。对于常用的命令，系统提供了简称，甚至输入一个字符就可快速调用，熟练时常常使用。

（2）工具栏中工具按钮。点击工具栏中的图形按钮即可启动命令，这是比较直观简洁的方式。

（3）下拉菜单。大部分的命令都可在下拉菜单中选择，菜单经过归类，便于初次使用。

（4）上下文菜单。在上下文菜单中可快速调用适合当前操作的常用命令，比下拉菜单更便捷。

如果要重复使用上一个命令，可按回车键或空格键，空格键在很多情况下等同于回车键。

视频 2-2-5 调用命令

九、文件管理

1. 打开现有图纸

在下拉菜单中选择"文件"→"打开"，或单击标准工具栏中的"打开"按钮，弹出"打开文件"对话框，找寻需要打开文件的路径，选择文件，单击"确定"按钮即可打开图形文件。

需要注意的是，当一个图形文件已经打开，但被其他图形文件覆盖了，用户第二次通过"打开文件"对话框打开该图形文件时，第二次打开的该图形文件只能是只读文件，不能进行修改编辑。

如果误保存覆盖了原图形文件时，及时将后缀为 BAK 的同名文件改为后缀 DWG，再在 AutoCAD 中打开就行了。这种情况仅限于保存了一次的图形文件，如果图形文件已经保存过多次，只能恢复最近一次保存的图形文件。

2. 绘制、新建草图

在下拉菜单中选择"文件"→"新建"，或单击标准工具栏中的"新建"按钮，即可打开新的图形窗口，供用户绘制新的图形文件。

3. 文件存储

在下拉菜单中选择"文件"→"保存"，弹出文件存储对话框，为用户提供选择和确定存储图形文件的路径和文件名。

选择"文件"→"另存为"，可以将当前文件存储为另一文件名。注意，当磁盘的存储容量已满，再在该磁盘上存储文件时，系统会出现出错警告。

十、绘图比例

1. 定义绘图区

选择下拉菜单中的"格式"→"图形界限"，在文本窗口出现提示：

重新设置模型空间界限：
指定左下角点或 [开(ON)/关(OFF)] <0.0000,0.0000>：

指定右上角点＜420.0000,297.0000＞：

文本窗口显示的是 AutoCAD 系统默认状态下的绘图界限，该绘图界限左下角坐标为（0.0000,0.0000），右上角坐标为（420.0000,297.0000），即为国标图幅标准的 A3 号图幅。用户可以重新指定左下角坐标或右上角坐标，用以确定新的绘图界限。

图形界限是 AutoCAD 绘图空间中的一个假想的矩形绘图区域，相当于用户选择的图纸大小。图形界限确定了栅格显示和缩放显示的区域。绘制新的图形时，最好按国标图幅标准设置图形界限。图形界限好比图纸的幅面，图形绘制在图形界限内，一目了然。按图形界限绘制的图形进行打印时很方便，还可实现自动成批出图。当然，有些用户习惯在一个图形文件中绘制多张图纸，这样设置图形界限就没有太大的意义了。

在文本窗口的提示中有"开（ON）/关（OFF）"选择。其中"开"表示打开图形界限检查。当界限检查打开时，AutoCAD 将会拒绝输入位于图形界限外部的点。但因为界限检查只检测输入点，所以图形对象的某些部分还是可以延伸绘制出界限之外。"关"表示关闭图形界限检查，用户可以在图形界限之外绘图，这是默认设置。

2. 绘图比例

手工绘图时，图幅的大小是固定的，绘图时首先按预先计算好的缩放比例，将结构模型绘制在图纸上。但在 AutoCAD 环境下绘图时，电子屏幕是无限的，用户不必再缩放图形，宜按结构模型的原形尺寸 1∶1 的比例建立模型绘图，以便于尺寸的自动标注。绘图过程中可以通过放大或缩小显示，来控制图形在屏幕中的显示效果。

绘图时使用 1∶1 的比例进行绘图，打印时的输出比例可以根据用户需要再进行调整，即绘图比例和打印时的输出比例是两个概念，关于打印时的输出比例在后面的章节中再做说明。用 1∶1 的比例画图好处很多：第一，容易发现错误，由于按实际尺寸绘图，很容易发现尺寸设计不合理的地方；第二，标注尺寸非常方便，图形对象的尺寸数字是多少，系统自动测量，万一画错了，一看尺寸数字就发现了（当然，系统也能够设置尺寸标注比例，但较费时费工）；第三，便于不同图形文件的资源调用，在各图形文件之间复制局部图形或者使用图块时，由于都采用的是 1∶1 的比例绘图，调用局部图形或者图块时十分方便；第四，便于由零件图拼成装配图或由装配图拆画零件图；第五，工作效率高，不用进行烦琐的比例缩小和放大计算，提高工作效率，并可防止出现换算过程中的差错。

图形文件中的绘图比例应采用可以随着图形放大缩小的比例标尺标注。一般可在标题栏上方标注比例标尺，若图幅内的所有图均按同一比例绘制，只需要标注一种比例尺；若一张图存在两种或两种以上的比例尺，则需要标注两种或两种以上的比例尺。

根据《水力发电工程 CAD 制图技术规定》（DL/T 5127—2001），比例尺表示方法如图 2-15 所示。

3. AutoCAD 系统的图形单位

在下拉菜单中选择"格式"→"单位"，系统将弹出"图形单位"对话框，如图 2-16 所示。用户可通过"长度"组合框中的"类型"下拉列表选择单位格式，默认

比例	1:1000	1:200	1:100	1:50	1:10
用于图形标注	0　　　20m	0　　　4m	0　　　2m	0　　　1m	0　　　0.2m

图 2-15　图形比例尺

的单位格式为"小数",对应十进制单位,其中选择"工程"和"建筑"的单位对应英制单位;单击"精度"下拉列表,用户可选择绘图精度。"插入时的缩放单位"组合框用于选择绘图单位,默认的绘图单位为 mm,用户还可以选择 cm、m、km 等作为图形单位。在"角度"组合框的"类型"下拉列表中可以选择角度的单位,可供选择的角度单位有"十进制度数""度/分/秒""弧度"等;同样,单击"精度"下拉列表可选择角度精度。"顺时针"复选框,可以确定是否以顺时针方式测量角度。当用户修改单位时,下面的"输出样例"部分将显示此种单位的示例。

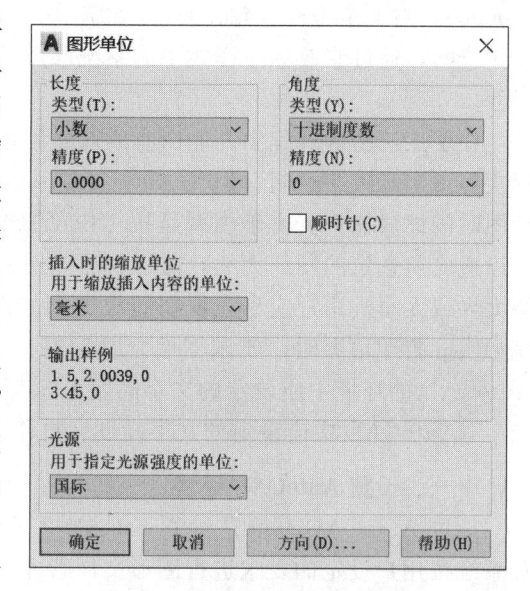

图 2-16　"图形单位"对话框

几点说明:

(1) AutoCAD 系统的图形单位类型有建筑单位制、十进制等,默认单位类型为十进制单位。

(2) 绘图屏幕上每个图形单位都可表示为用户所需的图形单位,如 mm、cm、m、km 等,即用户可以指定绘图屏幕的图形单位为自己所需的图形单位,不修改时,可以将默认的图形单位认同为自己需要的任何单位。

(3) 一般根据所绘制的模型实际大小选择绘图单位。如果绘制机械零件图,可以认定一个图形单位作为 1mm,即采用 mm 作为绘图单位;如果绘制地形图,可以认定一个图形单位作为 1km,即采用 km 作为绘图单位。

(4) 在同一个图形文件中最好只采用同一种图形单位,以免造成混乱。同一种图形单位的图形文件有利于相互调用,不同图形单位的图形文件调整比例后才能相互调用。

《水力发电工程 CAD 制图技术规定》(DL/T 5127—2001) 中规定,CAD 图形的尺寸单位应采用国际单位制,一般要求:

(1) 工程规划图、工程布置图的尺寸及建筑物的高程(或标高)以 m 为单位。

(2) 桩号的标注形式为 km±m。

(3) 工程设计图中建筑物结构尺寸以 cm 或 mm 为单位,机械结构尺寸以 mm 为单位。

若采用 A3 图幅绘图，绘图界限和绘图比例的确定可参考以下方法：

(1) 绘制工程规划图和工程布置图时，绘图界限定义为左下角坐标（0.0000，0.0000），右上角坐标（420.0000，297.0000），采用 m 作为绘图单位，按 1∶1 比例绘图，便于系统自动以 m 为单位标注建筑物尺寸。

(2) 绘制工程设计图中建筑物结构图时，绘图界限定义仍为左下角坐标（0.0000，0.0000），右上角坐标（420.0000，297.0000），仍可以采用 m 作为绘图单位，按 1∶1 比例绘图，通过修改标注样式中的系统参数，实现以 cm 或者 mm 为单位标注建筑物尺寸。

在手工绘图的过程中并非所有的对象均按设定的比例绘制，如文字、符号、尺寸标注等按实际大小绘制。但在 AutoCAD 系统的环境下绘图时，就要考虑这些对象在绘图时的缩放比例。由于模型是按 1∶1 的比例绘出，在打印时需要将图形放大或缩小以适应所选定的图纸大小，这样就可能使文字、符号、尺寸标注等对象在图纸上显得太大或太小。用户应事先根据缩放比例的倒数来计算图形中一些文字对象的大小。例如实际打印出图时，要求图幅上文字高度为 3.5，打印输出比例因子是 1∶2，则 AutoCAD 的环境中应设定的文字高度为 $3.5 \times 2 = 7$。即文字、符号大小的设定为

AutoCAD 中应设定的文字高度＝打印图形要求的高度×打印比例的倒数

十一、设置 AutoCAD 环境

设置 AutoCAD 环境是对 AutoCAD 系统参数进行重新配置，通过修改系统参数，让系统按用户设定的要求进行图形文件管理。

在下拉菜单中选择"工具"→"选项"，弹出"选项"对话框，可以进行绘图环境设置和调整，如图 2-17 所示。"选项"对话框中有 10 个标签：

(1) "文件"，用户可通过该选项卡查看或调整各种文件的路径，如 AutoCAD 系统的字体、线型、菜单、打印机、帮助等文件的搜索目录。在"搜索路径、文件名和文件位置"列表中找到要修改的分类，然后单击要修改的分类旁边的加号框展开显示路径。选择要修改的路径后，单击"浏览"按钮，然后在"浏览文件夹"对话框中选择所需的路径或文件，单击"确定"按钮。单击"添加"按钮，用户可以增加备用的搜索路径。

(2) "显示"，设置显示效果，如背景颜色、光标的形式及大小等。当需要改变绘图区域的背景颜色时，单击"颜色"按钮，"上下文"项中选择"二维模型空间"，在"界面元素"项中选择"统一背景"，在"颜色"下拉列表框中选择一种新颜色，单击"应用并关闭"按钮退出，则绘图区域的背景颜色改变为新颜色。

(3) "打开和保存"，设置打开与保存文件的选项。

(4) "打印和发布"，设置默认打印机型号与图形输出的有关选项。

(5) "系统"，对系统的一些变量进行配置。

(6) "用户系统配置"，进行适于个人偏好的设置，如线宽、鼠标操作定义等。

(7) "绘图"，设置通用的编辑符号，如对象捕捉标记的大小、颜色等。

(8) "三维建模"，设置三维模型的显示精度等。

图 2-17 "选项"对话框

（9）"选择集"，设置对象选择方式，如控制 AutoCAD 拾取框的大小、指定选择对象的方法和设置夹点等。

（10）"配置"，用于用户对配置参数的管理。

在没有进行任何环境设置时，AutoCAD 系统在默认的设置状态下运行工作。通过对 AutoCAD 系统的工作环境设置和调整，可使 AutoCAD 系统运用更灵活、方便，更符合用户的个人习惯。

练 习 题

1. 设置 AutoCAD 系统的经典界面。
2. 打开和关闭对象特性工具栏及标准工具栏。
3. 改变绘图区域的背景颜色。
4. 根据打印比例输出设定图形中文字的高度。

思 考 题

1. 什么是 AutoCAD 系统的绘图界限？绘图界限的设置有何意义？

2. 计算机绘图为什么能采用 1∶1 的比例绘图？采用 1∶1 的比例绘图有什么优点？在 AutoCAD 系统图形文件中如何表达图形的比例？

3. AutoCAD 系统默认的图形单位是什么？如何选择绘图单位？

第三节　二维图形的显示控制

在利用 AutoCAD 进行绘图时，经常要使用到图形显示控制命令。

一、刷新与重画

当打开一幅新的图形文件时，AutoCAD 系统就以 14 位有效数值的精度来计算当前视图，将显示器当成一个 32000×32000px 的虚拟屏幕来处理，虚拟屏幕包含最近一次的图形刷新或重新计算过的图形数据库。

1. 重画

重画命令可以清洁图形，重画对象，进行显示的更新，但没有重新计算图形数据库的过程。

2. 重生成

重生成命令既要重画对象，进行显示的更新，还要重新计算刷新图形数据库以修改虚拟屏幕。应用该命令，屏幕得到清理，图形中的圆和圆弧被光滑、净化。

3. 清理屏幕

有时当用鼠标在屏幕上单击后，屏幕上会在相应的位置出现一个十字标记，这些十字标记在程序中仅仅起到标识的作用，并不是真正的绘图图元。在操作多次以后，屏幕上的十字标记会越来越多，使图面看起来不美观不清晰，有点像徒手绘图时在图面上留下许多铅笔底稿的痕迹。这时，可以选择下拉菜单中的"视图"→"重画"命令，系统会保留屏幕上的绘制的图元对象，清除屏幕上的十字标记。下拉菜单中的"视图"→"重生成"命令也能执行屏幕清理的任务，同时它还要更新图形数据库，因此比"重画"命令的耗时长。如果需要更彻底的清理，可采用下拉菜单中的"视图"→"全部重生成"命令。

二、图形显示控制命令

1. 缩放

缩放是通过将图形视图放大缩小，相当于靠近图形或远离图形，来控制图形的显示，以帮助用户进行绘图。缩放命令是缩放屏幕上图形的视图，并不影响图形的实际大小，该命令可以透明使用，也就是说该命令可以在其他命令执行过程中运行。缩放命令的下一级主要菜单命令有：

视频 2-3-1
二维图形观察

(1)"窗口"：用户可以用一个窗口选择图形的某一部分将其放大显示，指定窗口的中心成为新显示屏幕的中心。

(2)"放大"：应用该命令，用户可以放大图形显示。

(3)"缩小"：应用该命令，用户可以缩小图形显示。

(4)"实时"：应用该命令，按住鼠标左键，从下往上移动放大图形显示，从上往下移动缩小图形显示。

（5）"全部"：应用该命令，用户可以看到图形界限区域的完整显现。

（6）"范围"：应用该命令，用户可以看到当前图形文件的完整显现。即使有的图形对象不在图形界限区域内，也能全部显示出来。在三维视图显示中与"全部（A）"的功能相同。

（7）"动态"：该命令提供用户一个"鸟瞰视图"窗口，帮助用户从整体到局部来观察视图。

（8）"上一个"：该命令使视图回到上次观察的状态。

2. 平移

平移命令中有实时移动图形命令和定向移动图形命令等选项，相当于移动图纸，便于在窗口中观察图纸的各个部分。在命令执行过程中，通过上下文菜单可切换平移和缩放命令。

3. 鼠标控制

常用的三键鼠标可更方便地控制视图的平移和缩放：滚动鼠标中键控制缩放，上滚放大，下滚缩小；按住鼠标中键并移动进行实时平移；双击鼠标中键为范围缩放。

三、同时打开多个图形文件

绘图过程中，用户需要同时观察多个图形文件，AutoCAD 提供了在一个窗口中同时打开多个图形文件的功能。

选择下拉菜单中的"窗口"，并选择重叠、水平或垂直排列图形文件命令即可。这样可以对照相关的多个图形文件，进行参考、复制、修改，还可以将一个图形文件中的图形直接用鼠标拖到另一个图形文件中，极大地方便了设计工作。

视频 2-3-2
二维图形观察
——鼠标控制

四、清理图形

图形文件通过多次复制、参照利用，会使得图形文件中存在着一些没有使用的图层、图块、文本样式、尺寸标注样式、线型等无用对象和属性。这些无用对象和属性不仅增大文件的容量，而且降低 AutoCAD 系统的使用性能。可以通过清理图形，清除图形文件中的无用对象和属性，减小图形文件的容量。

（1）使用"清理"命令进行图形清理。打开下拉菜单中"文件"→"图形实用程序"→"清理"，或输入命令 purge，弹出"清理"对话框，如图 2-18 所示。在一次清理过程中，用户需要单击"全部清理"按钮，并反复确认几次，直到按钮变为灰色为止。由于图形对象经常出现嵌套，因此用户还需要选中"清理嵌套项目"命令，才能将无用对象清理干净。

（2）使用"复制""粘贴"的方式为 DWG 文件瘦身。使用"复制"命令，选择当前图形文件中有用的图形对象，再"粘贴"到另一个新建的图形文件中时，新建的图形文件仅保留了当前图形文件中有用的图形对象及相关信息，而不再保留无关信息。

具体操作步骤为：选择当前图形文件中有用的图形对象，单击下拉菜单中的"编辑"→"复制"；创建一个新的图形文件，再选择下拉菜单中的"编辑"→"粘贴"；

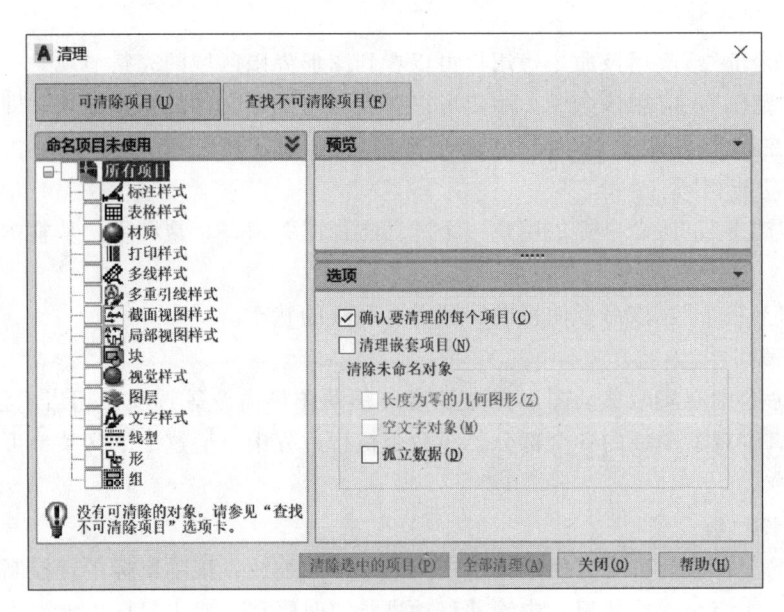

图 2-18 "清理"对话框

将新建的图形文件保存起来，与原图形文件的容量大小进行对比，可以看到达到较好的瘦身效果。

练 习 题

1. 打开一个简单图形文件，对视图进行缩放和平移等操作。
2. 用三键鼠标对视图进行缩放和平移等操作。

思 考 题

1. 怎样实现当前图形文件中的所有图形对象的完整显现？
2. 为什么要"清理"图形文件？有什么作用？如何进行"清理"？
3. 圆的周边显示为多边形的情况怎样解决？

第四节 二维绘图命令

AutoCAD 系统的绘图命令位于下拉菜单的"绘图"命令中，常用的绘图命令也可通过"绘图"工具栏调用，如图 2-19 所示。

图 2-19 "绘图"工具栏

一、点

在下拉菜单中选择"格式"→"点样式",弹出"点样式"对话框,如图2-20所示,可选择点的样式。改变点的样式,就是改变点在屏幕的显示效果。点可以显示为屏幕上的一个小点,或者不显示,或者显示为十字叉或其他形式。点的尺寸大小是可以改变的,默认状态下点的大小占绘图区域的5%,可以在"点样式"对话框中直接修改点占绘图区域的百分比。

绘制单点时,在下拉菜单中选择"绘图"→"点"→"单点",输入点的坐标即可。

绘制多点时,在下拉菜单中选择"绘图"→"点"→"多点",连续输入多个点的坐标,结束时按下"Esc"键退出。

绘制点时可以等分线段。在下拉菜单中选择"绘图"→"点",在下一级菜单中可以选择等分线段方式:

视频2-4-1 点的样式

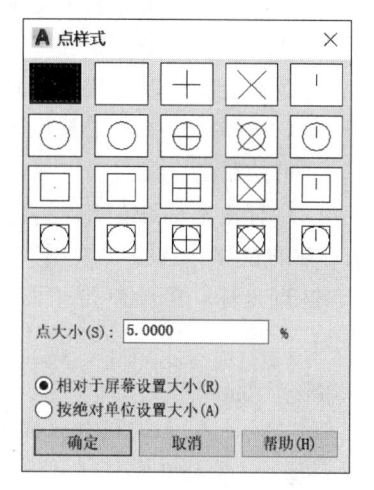

图2-20 "点样式"对话框

(1) 定数等分,指定间隔放置点。选择"定数等分"命令,或在文本窗口输入命令 divide,文本窗口提示:

选择要定数等分的对象:(在屏幕上选择定数等分的图形对象,回车确认)

输入线段数目或[块(B)]:5(输入定数等分的数目,回车确认)

即可完成定数等分线段的操作。

(2) 定距等分,指定长度放置点。选择"定距等分"命令,或在文本窗口输入命令 measure,文本窗口提示:

选择要定距等分的对象:(在屏幕上选择定距等分的图形对象,回车确认)

指定线段长度或[块(B)]:100(输入定距等分的长度,回车确认)

即可完成按约定长度等分线段的操作。

(3) 等分任意角度。绘制两条任意相交的直线,其交点为 O 点→以 O 点为圆心,绘制一段圆弧与两条直线相交于 A、B 两点→按照等分数目的要求,对弧 AB 进行等分,并将等分点顺次连接到 O 点,即完成对 $\angle AOB$ 的等分。

二、线

AutoCAD 系统的绘线工具中,有绘制直线、射线、构造线等的工具。构造线生成无限长的直线,射线生成单向无限长的射线。可利用构造线和射线命令生成辅助作图线。

构造线、射线和其他线一样可以编辑操作,一样可以打印输出。一般将构造线放在一个特殊的图层上,并赋予特殊的颜色加以区分。

当绘图中需要采用坐标来确定点的位置时,AutoCAD 有绝对坐标和相对坐标的概念：绝对坐标是相对于当前坐标系坐标原点的坐标，又有直角坐标和极坐标之分；相对坐标是相对于屏幕上某一指定点的坐标。AutoCAD 系统规定所有相对坐标的前面添加一个@号，用于表示与绝对坐标的区别，@实际代表了最近输入的点坐标。

1. 直线

直线的绘制有以下几种方式：

（1）选择"绘图"工具栏中的"直线"工具，在屏幕上拾取起点、终点，回车确认，即可绘制出直线。

（2）直角坐标法。绝对直角坐标是将点看成从坐标原点（0，0）出发沿 X 轴与 Y 轴的位移。选择"绘图"工具栏中的"直线"工具，在文本窗口提示下输入起点、终点坐标，可绘制位于两点间的直线。如，选择"直线"工具，文本窗口出现提示：

命令：_line
指定第一个点：45,69（输入第一点的坐标，回车确认）
指定下一点或[放弃(U)]：123,240（输入第二点的坐标，回车确认）

即完成直角坐标法的直线绘制。注意输入点的 X 坐标和 Y 坐标之间的逗号为英文逗号，而非中文逗号。

（3）相对直角坐标法。如，选择"直线"工具，文本窗口出现提示：

命令：_line
指定第一个点：（在屏幕上拾取起点，回车确认）
指定下一点或 [放弃(U)]：@30,90（在文本窗口输入第二点的相对直角坐标，回车确认）

即完成相对直角坐标法的直线绘制。@30，90 表示了所绘制直线的终点相对于起点在 X 轴方向移动 30 个单位的距离，在 Y 轴方向移动 90 个单位的距离。

（4）相对极坐标法。极坐标系是用一个距离值和角度值来定位一个点。用户使用绝对极坐标法输入的任意一点，均是用相对于坐标原点（0，0）的距离和角度表示的。而在使用相对极坐标时，用户通过输入相对于当前点的位移或者距离和角度的方法来定位新点。如，选择"直线"工具，文本窗口出现提示：

命令：_line
指定第一个点：（在屏幕上拾取起点，回车确认）
指定下一点或 [放弃(U)]：@30<90（在文本窗口输入第二点的相对极坐标，回车确认）

即完成相对极坐标法的直线绘制。@30<90 表示所绘制的直线的终点相对于上一个点的直线距离为 30，其直线与 X 轴之间的夹角为 90°。

AutoCAD 系统中直线与 X 轴正向之间夹角的定义如图 2-21 所示。如果需要修改

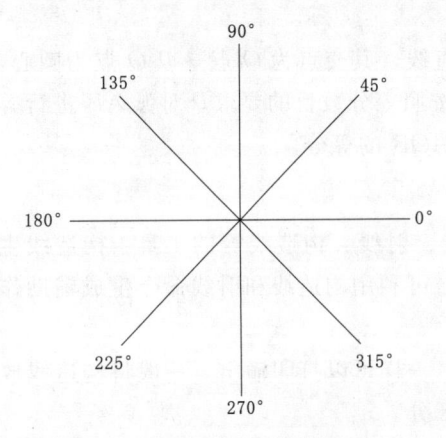

图 2-21 AutoCAD 系统的角度定义

默认的角度定义，可以选择下拉菜单中的“格式”→“单位”，系统将打开“图形单位”对话框，如图 2-16 所示。单击“方向”按钮，系统将弹出“方向控制”对话框，可通过该对话框重新定义基准角度的方向。

AutoCAD 系统默认的角度单位是“度”，当需要输入角度时，可以直接输入角度，如 30.5。如果输入弧度，可以加后缀“r”，如 0.15r。

（5）将 AutoCAD 和 Excel 相结合，连续绘制直线。当用户需要通过一系列的直线转折点的坐标，在 AutoCAD 图形界面上连续地绘制一条折线时，可以通过 Excel 调整折线转折点的坐标格式，使之转化为 AutoCAD 系统能识别的坐标格式，从而达到连续自动地绘制折线的目的。具体步骤如下：

1）在 Excel 环境中，在 A 和 B 列中输入连续折线的转折点坐标，A 列为折线的转折点的 *X* 轴坐标，B 列为折线的转折点的 *Y* 轴坐标，如图 2-22 所示。

2）在 C1 单元格中输入＝A1&“,”&B1 的式样，C1 单元格的坐标格式即改变为“0，0”。将 C1 单元格的式样复制并粘贴到对应的 C 列中，回车确认，随即在 C 列中得到新的坐标格式。该坐标格式就是 AutoCAD 能识别的坐标格式，如图 2-23 所示。

D12

	A	B
1	0	0
2	0	20
3	20	20
4	20	0
5	40	0
6	40	20
7	60	20
8	60	0
9	80	0
10	80	20
11	100	20
12		

图 2-22　直线的转折点坐标

C1　=A1&","&B1

	A	B	C
1	0	0	0,0
2	0	20	0,20
3	20	20	20,20
4	20	0	20,0
5	40	0	40,0
6	40	20	40,20
7	60	20	60,20
8	60	0	60,0
9	80	0	80,0
10	80	20	80,20
11	100	20	100,20
12			

图 2-23　C 列中新的坐标格式

3）将 C 列中新的坐标格式进行复制。

4）在 AutoCAD 环境中选择“直线”工具，在文本窗口提示指定第一点时，将鼠标放置到文本窗口中，单击右键，出现快捷菜单，选择“粘贴”命令，即可连续自动地完成绘制折线的任务。

2. 射线

单击“射线”工具或输入命令 ray，在屏幕上拾取一点作为起点，再指定一点作为通过点，就可生成单向无限长的射线，可作为绘图时的辅助线。

3. 构造线

构造线生成两端无限延长的直线，使用它可以方便地画出水平、竖直及倾斜直线，通过该命令可进行图形布局或帮助创建倾斜的图元，作为用户绘图的参考线或辅助线。在文本窗口输入命令 xline，文本窗口出现提示：

指定点或［水平(H)/垂直(V)/角度(A)/二等分(B)/偏移(O)］：

其中：

选择 H：可以连续绘制无限长的水平线。

选择 V：可以连续绘制无限长的垂直线。

选择 A：在文本窗口提示下，再输入构造线角度，可以连续绘制给定倾角的无限长直线。

选择 B：在文本窗口提示下，能绘制等分一个角的构造线。

选择 O：在文本窗口提示下，按照给定的距离或一个给定的点，生成平行的构造线。

在 AutoCAD 2022 中，命令选项的确定可通过键盘输入选项对应的字符，也可直接移动鼠标到选项位置，然后单击左键，两者达到的效果是一样的。

三、样条曲线

可以通过拟合给定的数据点，来绘制光滑曲线。显示方式有拟合点和控制点两种：一种是显示曲线通过的拟合点；另一种是显示曲线的数学方程所用的控制点。系统默认采用拟合点方式。在选中样条曲线后，点击三角符号的夹点，在弹出的上下文菜单中选择，可以在样条曲线的两种显示方式中变化，如图 2-24 所示。

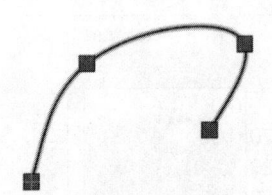

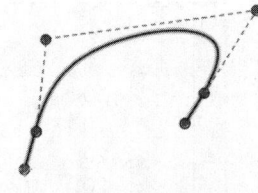

视频 2-4-2
样条曲线

（a）拟合点方式　　（b）控制点方式

图 2-24　样条曲线的两种显示方式

选择"绘图"工具栏中的"样条曲线"工具，或在文本窗口输入命令 spline，在文本窗口出现提示：

当前设置：方式＝拟合　节点＝弦
指定第一个点或［方式(M)/节点(K)/对象(O)］：
输入下一个点或［起点切向(T)/公差(L)］：
输入下一个点或［端点相切(T)/公差(L)/放弃(U)］：
输入下一个点或［端点相切(T)/公差(L)/放弃(U)/闭合(C)］：

其中：

选择 C：可以绘制封闭的样条曲线。

选择 L：可以控制样条曲线与给定的数据点之间的误差。

选择 T：用于确定起点或终点的切线方向。如果希望采用默认的起点或终点的切线方向，确定拟合点后直接按回车键即可。切线方向也可以重新选择，在拟合点方式下，选中起点或终点，弹出上下文菜单，选择其中的"相切方向"可以重新确定起点或终点的切线方向，如图 2-25 所示。

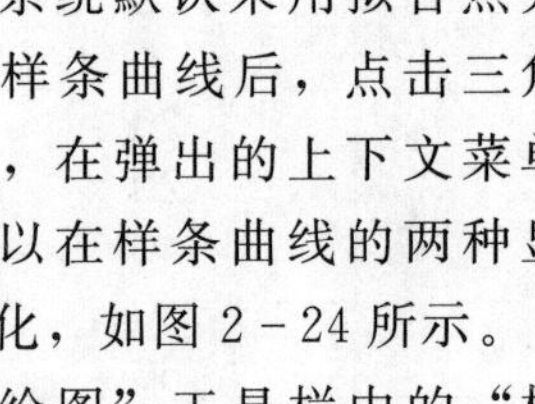

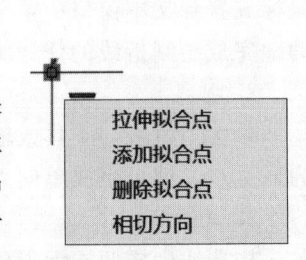

图 2-25　样条曲线端点的上下文菜单
（拉伸拟合点　添加拟合点　删除拟合点　相切方向）

和前面所讲述的连续绘制折线的方法一样，采用 AutoCAD 和 Excel 相结合，可以连续绘制样条曲线。如果只有 3 个数据点，系统生成二次曲线；数据点为 3 个以上，则生成三次样条曲线。

四、圆、圆弧和圆环

1. 圆

在下拉菜单中选择"绘图"→"圆"。绘制圆 [图 2-26（a）] 有如下 6 种方式：

（1）圆心、半径方式，这是绘圆的默认方式，输入圆心坐标，再输入圆的半径，回车确认即可。

（2）圆心、直径方式，首先在文本窗口输入圆心坐标，再输入圆的直径，回车确认即可。

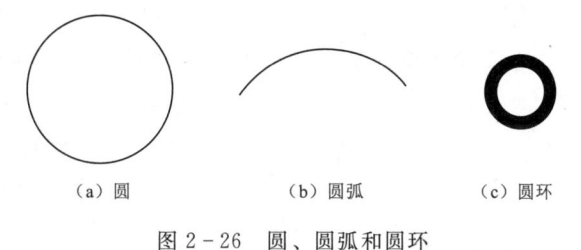

（3）两点方式，输入或给定两个点的坐标，系统以这两个点间的间距为直径绘圆。

（4）三点方式，输入或给定三个点的坐标，系统绘出通过这三个点的圆。

（5）相切、相切、半径方式，依次选择两个图形对象（直线、圆弧或其他圆），并指定半径，系统以指定的半径绘出与两个图形对象相切的圆。

（6）相切、相切、相切方式，依次选择三个图形对象（直线、圆弧或其他圆），系统绘出与三个图形对象相切的圆。

图 2-26 圆、圆弧和圆环
(a) 圆　　(b) 圆弧　　(c) 圆环

2. 圆弧

在下拉菜单中选择"绘图"→"圆弧"。绘制圆弧 [图 2-26（b）] 有 11 种方式：

（1）三点方式。

（2）起点、圆心、端点方式。

（3）起点、圆心、角度方式。

（4）起点、圆心、长度方式。

（5）起点、端点、角度方式。

（6）起点、端点、方向方式。

（7）起点、端点、半径方式。

（8）圆心、起点、端点方式。

（9）圆心、起点、角度方式。

（10）圆心、起点、长度方式。

（11）继续方式（以最后一次所绘直线或圆弧的端点为起点，并与其相切）。

用户需根据所绘制圆弧的已知条件，选择相应的圆弧绘制工具。

3. 圆环

在下拉菜单中选择"绘图"→"圆环"，或在文本窗口输入命令 donut，文本窗口出现提示：

指定圆环的内径 <0.5000>：（输入圆环的内径值）

指定圆环的外径 <1.0000>：（输入圆环的外径值）

视频 2-4-3 圆弧

指定圆环的中心点或＜退出＞：（指定圆环中心点）

在文本窗口提示下，输入圆环内径及圆环外径，然后指定圆环的中心，即可完成绘制圆环［图2-26（c）］的操作。可连续绘制多个大小相同但位置不同的圆环，回车即可退出绘制。

五、椭圆和椭圆弧

1. 椭圆

在下拉菜单中选择"绘图"→"椭圆"。绘制椭圆［图2-27（a）］有两种方式：

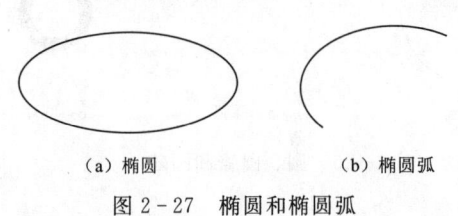

（1）圆心方式，输入椭圆中心的坐标，再确定一个轴端点，然后指定另一个半轴的长度即可。

（2）轴、端点方式，这是绘制椭圆的默认方式，指定两个端点作为椭圆的一个轴，然后指定另一个半轴的长度即可。

(a) 椭圆　　　　(b) 椭圆弧

图2-27　椭圆和椭圆弧

2. 椭圆弧

椭圆弧［图2-27（b）］是椭圆的一部分，绘制时先确定椭圆，再指定椭圆弧的范围。选择绘图工具栏中的"椭圆弧"工具，文本窗口出现提示：

指定椭圆的轴端点或［圆弧(A)/中心点(C)］：_a（系统指定为椭圆弧方式）

指定椭圆弧的轴端点或［中心点(C)］：（指定轴的一个端点）

指定轴的另一个端点：（指定另一个端点）

指定另一条半轴长度或［旋转(R)］：（从椭圆中心连线的距离确定半轴长度，或直接输入数值）

指定起点角度或［参数(P)］：（从椭圆中心连线的位置确定起点角度）

指定端点角度或［参数(P)/夹角(I)］：（从椭圆中心连线的位置确定终点角度）

六、矩形和正多边形

1. 矩形

选择绘图工具栏中的"矩形"工具，或在文本窗口输入命令rectangle，文本窗口出现提示：

指定第一个角点或［倒角(C)/标高(E)/圆角(F)/厚度(T)/宽度(W)］：

若在屏幕上指定了第一个角点，文本窗口出现提示：

指定另一个角点或［面积(A)/尺寸(D)/旋转(R)］：

可以在屏幕上直接指定另一个角点，或在文本窗口输入D，文本窗口出现提示：

指定矩形的长度＜10.0000＞：（输入矩形的长度值）

指定矩形的宽度＜10.0000＞：（输入矩形的宽度值）

即可绘制出指定长度和宽度的矩形［图2-28（a）］。

2. 正多边形

选择绘图工具栏的"多边形"工具，或在文本窗口输入polygon，文本窗口出现提示，输入多边形的边数，文本窗口继续提示选择中心或边长。

（1）如果在屏幕上选取了一点，则被认为是正多边形［图2-28（b）］的中心。命令执行过程：

图2-28 矩形和正多边形

命令：_polygon
输入侧面数<4>：5（输入正多边形边的数目）
指定正多边形的中心点或[边(E)]：（在屏幕上指定正多边形的中心点）
输入选项[内接于圆(I)/外切于圆(C)]<I>：（默认的选项为内接于圆，回车确认）
指定圆的半径：100（输入圆的半径，回车确认，完成正多边形的绘制）

其中有两个额外选项：内接于圆(I)/外切于圆(C)。AutoCAD系统通过一个虚圆来完成正多边形的绘制。正多边形可以是内接于虚圆，也可以是外切于虚圆。内接正多边形，正多边形在圆内，与圆相接；外切正多边形，正多边形在圆外，与圆相切。

（2）如果选择边长，用户根据一条已知的边来生成多边形，或输入一条边的起点和终点，然后按逆时针方向构造正多边形。

按照上述方法构造的矩形和正多边形有一点值得注意：AutoCAD系统将矩形和正多边形看成独立的、封闭的多段线对象，即为一个图形对象。如果将矩形或正多边形进行分解，就会成为几条独立的线段。

七、多段线

多段线是可以包含圆弧的连续折线（图2-29），一次绘制完成的多段线为一个独立的图形对象，通过分解可以成为几个独立的图形对象。

选择绘图工具栏中的"多段线"工具，或在文本窗口输入命令pline，文本窗口出现提示：

图2-29 多段线

指定起点：
当前线宽为0.0000
指定下一个点或［圆弧(A)/半宽(H)/长度(L)/放弃(U)/宽度(W)］：
指定下一点或［圆弧(A)/闭合(C)/半宽(H)/长度(L)/放弃(U)/宽度(W)］：

其中常用的选项为：

选择A：系统从直线切换到圆弧。
选择C：用于绘制封闭多段线。
选择L：系统切换到直线的绘制，其方向的规定是若上一段为直线，则沿直线方向；若上一段为圆弧，则沿圆弧切线方向。
选择U：用于撤销上一步的操作。
选择W：用于改变多段线线宽。

八、多线

多线就是多重平行线，默认的多线为两条彼此平行的直线，其样式名为"标

第二章 AutoCAD 基础绘图

准"(STANDARD)。

1. 改变多线的对正方式和比例

选择菜单"绘图"→"多线"工具，或在文本窗口输入命令 mline，文本窗口出现提示：

当前设置：对正 = 上，比例 = 20.00，样式 = STANDARD
指定起点或 [对正(J)/比例(S)/样式(ST)]：

（1）选择 J：可以选择光标在多线中的对正类型，对正类型有 [上(T)/无(Z)/下(B)]，其中"上"表示光标的位置在多线的上方，"无"表示光标的位置在多线的中间，"下"表示光标的位置在多线的下方。

（2）选择 S：可以改变多线的距离，默认状态比例=20.00，比例=0 时，多线变为单线。

2. 改变多线的属性

多线样式文本存放在 AutoCAD 系统内部文件 acad.mln 中。选择下拉菜单中的"格式"→"多线样式"，弹出"多线样式"管理对话框，如图 2-30 所示，可以对多线样式进行新建、修改，重新定义多线的样式。

单击"多线样式"管理对话框中的"新建"按钮，输入一个新的多线样式名称；单击"继续"按钮，弹出"多线样式"设置对话框，如图 2-31 所示。"多线样式"设置对话框中：

（1）默认状态中两条线的偏移值分别为 0.500 和 -0.500。

1）可以重新设置两条线的偏移的值、颜色、线型等属性。

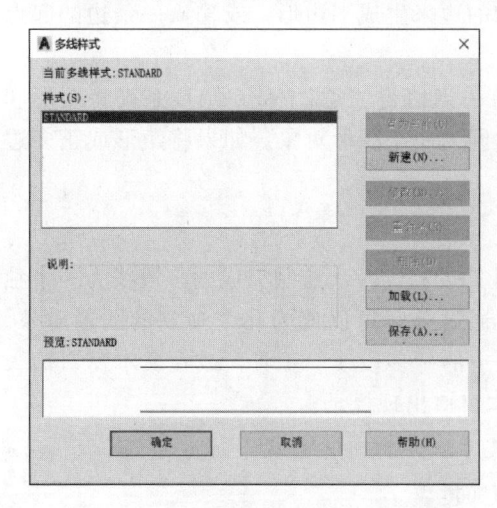

图 2-30 "多线样式"管理对话框

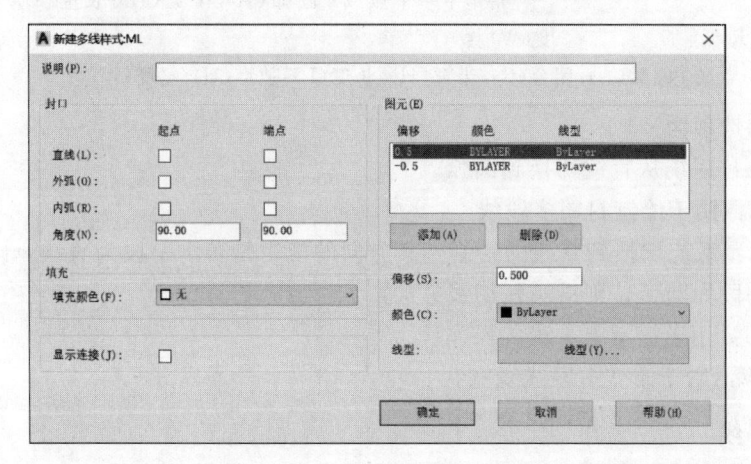

图 2-31 "多线样式"设置对话框

2）单击"添加"按钮，可以增加一条中心线，并可以设置中心线的颜色、线型等属性。

（2）可以进行多线的两端是否封口，多线的内部是否填充等的设置。

（3）返回到"多线样式"对话框，在预览中显示重新设置的效果。

（4）单击"保存"按钮，即保存到 acad.mln 文件中，或保存到新命名的文件中。

（5）选中新设置的多线样式名，单击"置为当前"按钮，新设置的多线样式即为当前多线样式，即可以采用新设置的多线样式绘图了。

九、云线

在绘制工程图纸时，有时需要有一些随意的线条，作为地形图的边界线，这时可以采用云线的方式来绘制，如图 2-32 所示。

选择绘图工具栏中的"修订云线"工具，或在文本窗口输入命令 revcloud，文本窗口出现提示：

最小弧长：10　最大弧长：20　样式：普通　类型：徒手画

指定第一个点或［弧长（A）/对象（O）/矩形（R）/多边形（P）/徒手画（F）/样式（S）/修改（M）］＜对象＞：

图 2-32　云线

选择 A：可以修改圆弧的大约长度，系统自动换算出最小弧长和最大弧长。

选择 R：设置云线的轮廓大致为一个矩形，给定矩形的两个角点进行绘制。

十、图案填充

工程图纸中表示结构材质时，可以用图案填充的方法，即用一组重复的图案填充一个区域。单击绘图工具栏中的"图案填充"工具，或在文本窗口输入命令 hatch，弹出"图案填充和渐变色"对话框，如图 2-33 所示。单击"类型和图案"组合框的"图案"栏的按钮，出现可供选择的各类填充图案，选择需要的图案，返回对话框，然后单击"边界"组合框的"添加：拾取点"按钮，系统随即返回到绘图窗口，在需要填充图案的图形区域内拾取一点，回车确认，返回对话框，单击"确定"按钮，系统即自动填充选择的图形区域。

视频 2-4-6 图案填充

图 2-33　"图案填充和渐变色"对话框

填充的图案是一个整体，并且填充的图案和被填充的图形对象之间是相互关联的，当图形对象边界改变了，图案填充会自动地拟合以适应改变后的图形边界。在图案填充时，还需注意如下问题：

（1）由于需要填充的图形区域的尺寸大小不同，会出现填充的图案显得太密集或太稀疏，因此在填充时，需要根据图形区域的尺寸大小，适当地调整图案填充对话框中的"比例"，以适应需要填充的区域尺寸大小。同样可以设置图案偏转的角度。

（2）系统只能对封闭的区域进行图案填充，如果需要填充的图形区域没有闭合，系统会出现错误边界警告。

（3）如果需要把文本或其他物体放在填充图案内，则务必先给文本留出地方。可以在要画剖面线的图形中画一个长方形，然后输入文本并擦除长方形边框，这一方法可以对围绕文本的空白区域的形状和大小进行总体控制；也可以先输入文本再画剖面线，AutoCAD系统自动留出空白区域，使文本和填充图案互不干扰。

（4）"ISO笔宽"选项仅对ISO的填充图案和线型有效。

（5）水利水电工程中，许多结构物的剖面图上常常只需要进行局部的混凝土图案填充，可先在结构物的剖面图之外，绘制一个较小的封闭区域，并对该区域进行混凝土图案填充，再将填充的混凝土图案复制到结构物剖面图的局部位置上。

（6）对填充图案不满意时可以修改，选择下拉菜单"修改"→"对象"→"图案填充"，打开"图案填充编辑"对话框，可重新设置填充图案和比例等。也可以选中填充图案，在上下文菜单中选择"图案填充编辑"，同样弹出"图案填充编辑"对话框进行修改。更简单的方法是双击填充图案，此时弹出快捷特性对话框，可对填充图案的主要属性进行修改，如图2-34所示。

十一、生成边界

利用图案填充的自动寻找边界方法，可以将填充边界转换为多段线或者面域。选择下拉菜单"绘图"→"边界"，或在文本窗口输入命令boundary，弹出"边界创建"对话框，如图2-35所示。单击"拾取点"按钮，在区域内点取一点，单击"确定"按钮，即可生成需要的边界，边界的对象类型可选取为"多段线"或者"面域"。

视频2-4-7
生成边界

图2-34 "图案填充"的快捷特性对话框

图2-35 "边界创建"对话框

练 习 题

1. 将一直线分为七等份，将长度为 250（个图形单位，以下没有表明具体单位的数值，均为绘图时默认的图形单位）的水平直线按间距 50 进行等分。

2. 采用极坐标法绘制长度为 150，倾角为 35°的直线；采用直角坐标法绘制两点（40，30）、（150，320）间的直线；采用相对直角坐标法绘制两点（10，35）、（250，120）间的直线。

3. 采用两种方法绘制任意角的平分线。

4. 绘制长半径为 100，短半径为 30 的椭圆。

5. 绘制如图 2-36 所示的城门洞形廊道。

6. 改变"多线"的属性，如增加一条中心线，或改变"多线"的颜色或线型，并使之成为当前的多线样式。

7. 将 AutoCAD 和 Excel 相结合，连续地绘制一条折线。

8. 绘制如图 2-37 所示的扩展围棋棋盘，共有 21×21＝441 个格点。

9. 绘制如图 2-38 所示的自行车简图。

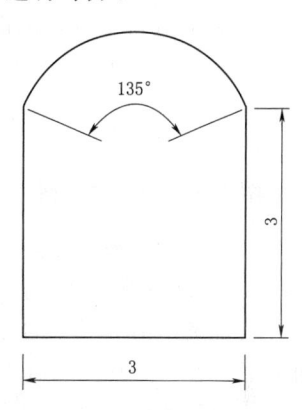

图 2-36　城门洞形廊道

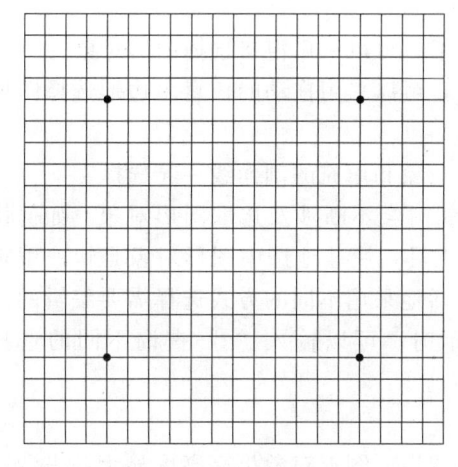

图 2-37　扩展围棋棋盘

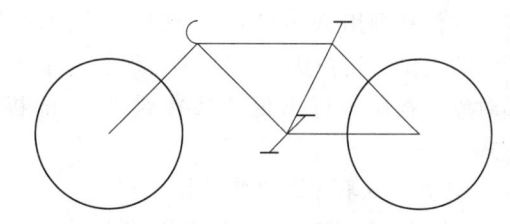

图 2-38　自行车简图

思 考 题

1. 为何常常用点等分图形对象时没有显示出点？

2. 将 AutoCAD 和 Excel 相结合，连续绘制直线时，Excel 软件起到什么作用？

3. "多线"的比例值代表什么？

4. 可以选择绘制圆弧的 11 种方法中的任意一种方法来绘制圆弧吗？

5. 用"直线"工具绘制的矩形和用"矩形"工具绘制的矩形有什么不同？

6. 用"直线"工具绘制的折线和用"多段线"工具绘制的折线有什么不同？

7. 如果不能对选择的图形区域进行图案填充，原因是什么？

8. 对选择的图形区域进行图案填充后，当要改变图形区域大小时，需要重新进行填充吗？为什么？

9. 如何进行结构物剖面图上混凝土图案的局部填充？

第五节 编辑和修改图形

图形的编辑与修改包括图形对象的选择和修改两项工作。

一、图形对象的选择

AutoCAD 系统中选择图形对象的方式，可以根据用户的喜好重新进行设置。

设置选择图形对象的方式是选择下拉菜单中的"工具"→"选项"，弹出"选项"对话框，在"选择集"标签下的"选择集模式"组合框中，可以对选择方式进行设置。其中各选项的含义如下：

（1）先选择后执行。该选择项激活时，即先选择要操作的对象，再选择修改的动作；反之为先选择修改的动作，再选择要操作的对象。

（2）用 Shift 键添加到选择集。该选择项激活，选择多个图形对象时，需要按住 Shift 键。

（3）隐含选择窗口中的对象。该选择项激活，可以采用窗口选择图形对象。

（4）允许按住并拖动套索。该选择项激活，可以采用拖动的任意多边形选择图形对象。

（5）关联图案填充。该选择项激活，图形对象和填充的剖面线一起选择。

在 AutoCAD 系统中，对图形对象进行编辑时会不断涉及选取图形对象。如何快捷、方便地利用 AutoCAD 系统所提供的选择工具，快速地选中图形对象是快速编辑图形的关键。用户执行"选择"命令，可以灵活地采用不同的方式选择需要编辑的图形对象。在命令行出现"选择对象："的提示时，可以输入"？"查询不同的选择方式。

视频 2-5-1 选取对象

1. 直接点取方式（默认方式）

通过鼠标或其他输入设备直接点取图形对象后，图形对象呈高亮度显示，表示该图形对象已被选中，就可以对其进行编辑。

2. 窗口方式

当命令行出现"选择对象："提示时，如果将点取框移到图中空白地方并按住鼠标左键，AutoCAD 系统会提示：指定对角点。此时如果将点取框移到另一位置后按鼠标左键，AutoCAD 系统会自动以这两个点取框所取点作为矩形窗口的对顶点，确定一默认的矩形窗口。

（1）如果矩形窗口是从左向右定义的，此时矩形框是实线框，完全在框内的图形对象全被选中，而位于窗口外部以及与窗相交的图形对象均未被选中。

（2）若矩形框窗口是从右向左定义的，此时矩形框是虚线框（用户不妨观察一下），那么不仅完全位于窗口内部的图形对象被选中，而且部分与窗口边界相交的图形对象也被选中。

（3）对于窗口方式，也可以在"选择对象："的提示下，直接输入 W（Windows），则进入窗口选择方式，不过在此情况下，无论定义窗口是从左向右还是从右向左，均为实线框。

（4）如果在"选择对象："的提示下，输入 B（Box），然后再选择图形对象，则与默认的窗口选择方式完全一样。

3. 组方式

将若干个对象编组，在"选择对象："的提示下，输入 G（Group）后回车，接着命令行出现"输入编组名："，在此提示下输入组名后回车，那么所对应的图形对象均被选取，这种方式适用于那些需要频繁进行操作的图形对象。另外，如果在"选择对象："的提示下，直接选取某一个图形对象，默认此对象所属的组中的图形对象将全部被选中。

4. 前一方式

利用此功能，可以将前一次编辑操作的选择对象作为当前选择集。在"选择对象："的提示下，输入 P（Previous）后回车，则将执行当前编辑命令以前，最后一次构造的选择集作为当前选择集。

5. 最后方式

利用此功能，可将前一次所绘制的对象作为当前的选择集。在"选择对象："的提示下，输入 L（Last）后回车，AutoCAD 系统则自动选择最后绘出的那一个图形对象。

6. 全部方式

利用此功能，可将当前图形中所有对象作为当前选择集。在"选择对象："的提示下，输入 ALL（注意：不可以只输入"A"）后回车，AutoCAD 系统则自动选择所有的对象。

7. 不规则窗口方式

在"选择对象："的提示下，输入 WP（Wpolygon）构造一任意闭合的不规则多边形，完全在此多边形内的对象均被选中（用户可能会注意到，此时的多边形框是实线框，类似于从左向右定义的矩形窗口的选择方法）。在"选择对象："的提示下，输入 CP（Cpolygon）构造一任意闭合的不规则多边形，完全和部分在此多边形内的对象均被选中，此时的多边形框是虚线框。

8. 围栏方式

该方式与不规则交叉窗口方式相类似（虚线），但它不用围成一封闭的多边形，执行该方式时，与围栏相交的图形均被选中。在"选择对象："的提示下，输入 F（Fence）后即可进入围栏方式。

9. 扣除和加入方式

在"选择对象："的提示下，输入 R 即可进入扣除方式，这时从当前的选择集中

第二章 AutoCAD 基础绘图

将选中图形扣除。在"选择对象:"的提示下,输入 A 又返回到加入方式,这时将选中图形重新添加到当前选择集。

10. 快速选择

利用快速选择可得到一个按过滤条件构造的选择集。选择"工具"菜单中的"快速选择"工具,或在文本窗口输入命令 qselect,弹出"快速选择"对话框,如图 2-39 所示,就可以按指定的过滤对象的类型和指定对象欲过滤的特性、过滤范围等进行选择,如使用颜色、线宽、线型等各种过滤条件进行选择,特别对空间位置杂乱的图形选择有优势。也可以在绘图窗口中单击鼠标右键,在弹出的上下文菜单中含有"快速选择"选项。

11. 用选择过滤器选择

用选择过滤器选择可以根据对象的特性构造选择集。在命令行输入 filter 后,将弹出"对象选择过滤器"对话框,如图 2-40 所示,就可以构造一定的过滤器,并且将其保存,便于以后直接调用,就像调用"图块"一样方便。

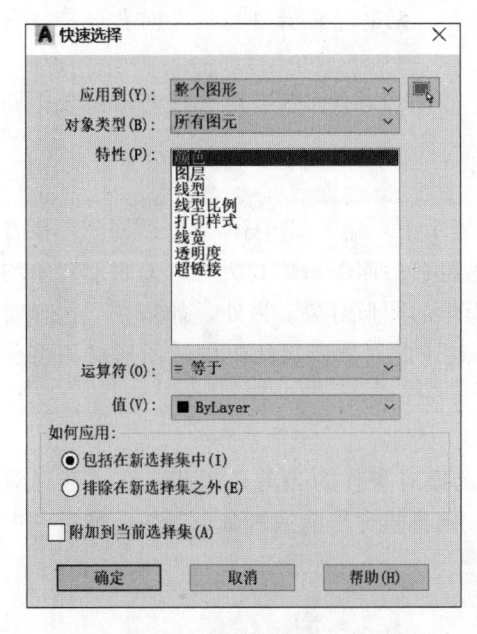

图 2-39 "快速选择"对话框

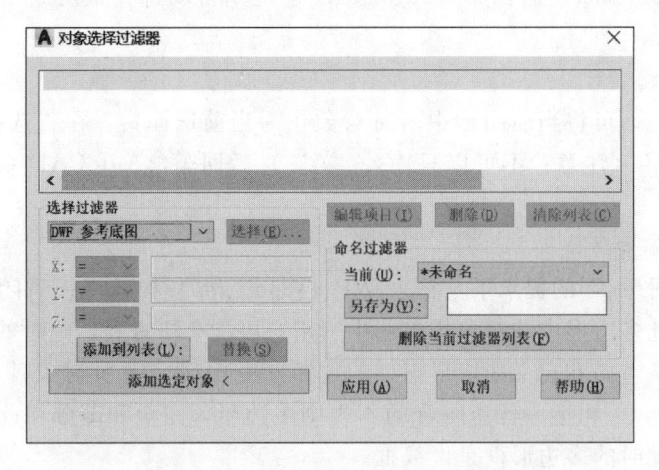

图 2-40 "对象选择过滤器"对话框

注意以下 3 点:

(1) 可先用选择过滤器选择对象,然后直接使用编辑命令,或在使用编辑命令提示选择对象时,输入 P,即前一次选择来响应。

(2) 在过滤条件中,颜色和线型不是指对象特性因为"随层"而具有的颜色和线型,而是用 COLOUR、LINETYPE 等命令特别指定给它的颜色和线型。

（3）已命名的过滤器不仅可以在定义它的图形中使用，还可用于其他图形中。

二、图形对象的修改

AutoCAD 系统的修改编辑工具可以在下拉菜单中的"修改"菜单中选择，常用的编辑工具也可以在"修改"工具栏中直接选择，如图 2-41 所示。

图 2-41 "修改"工具栏

1. 删除对象

输入命令 erase，或选择修改工具栏中的"删除"工具，文本窗口提示选择对象，选择对象后回车确认，即完成删除操作。快捷方法是选中实体后，按键盘上的 Delete 键。也可以先选择图形再启动命令，输入删除命令简写"e"，然后按回车键或空格键即可。

采用围栏方式，可一次删除多个图形对象。文本窗口出现提示：

选择对象：f（输入 f，即采用围栏删除多个图形对象）

指定第一个栏选点或拾取/拖动光标：（拾取几个点在屏幕上画出一条虚线，回车确认）

这时被该虚线接触到的图形对象全部被删除。

2. 移动对象

输入命令 move，或选择修改工具栏中的"移动"工具，文本窗口提示选择对象，选择对象后回车确认，再在屏幕上指定基点，拖动鼠标到目标位置。如果需要准确移动对象，在屏幕上指定基点时，打开状态行"对象捕捉"选项，进行关键点的捕捉，即可进行准确移动对象。

3. 旋转对象

旋转工具用于得到旋转后的图形，如图 2-42 所示。

输入命令 rotate，或选择修改工具栏中的"旋转"工具，文本窗口出现提示：

UCS 当前的正角方向： ANGDIR＝逆时针 ANGBASE＝0

选择对象：（在屏幕上选择需要旋转的图形对象，回车确认）

指定基点：（在屏幕上选择需要旋转的图形对象上的一个点为基点）

指定旋转角度，或［复制(C)/参照(R)］＜0＞：90（输入旋转角度回车确认）

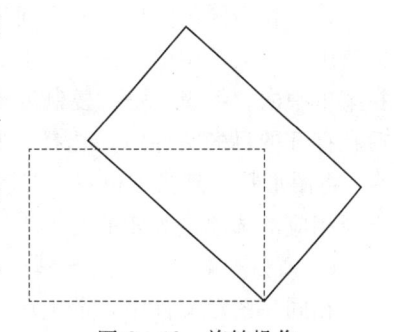

图 2-42 旋转操作

默认的参照角是 ANGBASE＝0，可以通过修改系统变量 ANGBASE 的值改变默认的参照角。若选择"复制"选项，则原图形保留，旋转后得到新的图形。

4. 缩放对象

输入命令 scale，或选择修改工具栏中的"缩放"工具，文本窗口提示选择对象，选择对象后回车确认，文本窗口出现提示：

指定比例因子或［复制(C)/参照(R)］：

选择"指定比例因子"选项，用户只需要在文本窗口输入缩放比例因子，并在屏幕指定缩放的基点，回车确认，即完成图形的缩放操作。"缩放"命令可以改变图形对象的尺寸大小，可用于局部放大图样。

选择"参照"选项，用户需要在文本窗口输入"R"，回车确认，文本窗口出现提示：

指定参照长度＜1.0000＞：（用户需要在屏幕上指定参照长度的起点和端点或输入一参照数值）
指定新的长度或［点(P)］＜1.0000＞：（用户需要在文本窗口输入新长度的数值）

如果用户发现原来选用的绘图尺寸不合适，选择需要改变尺寸的图形对象，然后应用"参照"选项，指定参照长度的两个端点，再输入要求的新长度，图内的所有图形对象将按新长度与参照长度的比值进行重新缩放。

5. 复制对象

（1）在当前图形文档中进行复制。输入命令 copy，或选择修改工具栏中的"复制"工具，文本窗口出现提示：

选择对象：（在屏幕上选择需要复制的图形对象，回车确认）
指定基点或位移，或者［重复(M)］：［用户可以选择单个复制或多个复制（Multiple）方式，若为单个复制，直接在屏幕上指定基点，拖动鼠标到目标位置，回车确认］
选择对象：（在屏幕上选择需要复制的图形对象，回车确认）
当前设置：复制模式 = 多个
指定基点或［位移(D)/模式(O)］＜位移＞：（用户可以选择单个复制或多个复制方式，默认为多个复制，直接在屏幕上指定基点，拖动鼠标到目标位置，复制完成后进行下一个复制）

视频 2-5-4 复制对象

单个复制就是一次复制一个图形对象，多个复制就是多次复制一个图形对象。

（2）在不同的图形文档之间进行复制、粘贴。在多个图形文档之间复制图形，只能使用下拉菜单中的"编辑"中的命令进行操作。先在打开的源图形文件中，选择下拉菜单中的"编辑"→"复制"或"带基点复制"命令，将图形复制到剪贴板中，然后在打开的目的文件中，选择下拉菜单中的"编辑"→"粘贴"或"粘贴为块"命令，将图形粘贴到指定位置。"编辑"菜单下的"复制""粘贴"命令与上下文菜单中选择相应的选项是等效的。

6. 偏移对象

在同一图形文件中，欲生成多条彼此平行、间隔相等或不等的线条，或者生成一系列同心椭圆（弧）、圆（弧）等，可以选用偏移命令实现。偏移时，用户可以通过 3 种方式创建新的图形元素。

（1）输入图形对象间的距离。输入命令 offset，或选择修改工具栏中的"偏移"工具，文本窗口出现提示：

指定偏移距离或［通过(T)］＜通过＞：10（输入预先设定的偏移距离，回车确认）
选择要偏移的对象或＜退出＞：（在屏幕上选择要偏移的图形对象）

第五节 编辑和修改图形

指定点以确定偏移所在一侧：（在屏幕上选择图形对象的一侧，单击鼠标左键确定偏移方位，回车确认，即完成偏移操作）

当前设置：删除源＝否　图层＝源　OFFSETGAPTYPE＝0

指定偏移距离或［通过(T)/删除(E)/图层(L)］＜通过＞：10（输入预先设定的偏移距离，回车确认）

选择要偏移的对象，或［退出(E)/放弃(U)］＜退出＞：（在屏幕上选择要偏移的图形对象）

指定要偏移的那一侧上的点，或［退出(E)/多个(M)/放弃(U)］＜退出＞：（在屏幕上选择图形对象的一侧，单击鼠标左键确定偏移方位，即完成偏移操作）

（2）在屏幕上指定新图形对象通过的点。输入命令offset，或选择修改工具栏中的"偏移"工具，文本窗口出现提示：

指定偏移距离或［通过(T)/删除(E)/图层(L)］＜通过＞：（默认为通过，回车确认）

选择要偏移的对象，或［退出(E)/放弃(U)］＜退出＞：（在屏幕上选择要偏移的图形对象）

指定通过点或［退出(E)/多个(M)/放弃(U)］＜退出＞：（在屏幕上捕捉某个点作为新图形对象的通过点，即完成偏移操作）

（3）输入图形对象间偏移距离的数学表达式。如需要将一直线段偏移303/2个图形单位，可以直接采用偏移命令实现：

命令：_offset

当前设置：删除源＝否　图层＝源　OFFSETGAPTYPE＝0

指定偏移距离或［通过(T)/删除(E)/图层(L)］＜通过＞：303/2

选择要偏移的对象，或［退出(E)/放弃(U)］＜退出＞：（在屏幕上选择要偏移的图形对象）

指定要偏移的那一侧上的点，或［退出(E)/多个(M)/放弃(U)］＜退出＞：（在屏幕上选择图形对象的一侧，单击鼠标左键确定偏移方位，即完成偏移操作）

7. 镜像对象

镜像工具用于生成对称图形，如图2-43所示。输入命令mirror，或选择修改工具栏中的"镜像"工具，文本窗口出现提示：

选择对象：（在屏幕上选择要镜像的图形对象）

指定镜像线的第一点：（在屏幕上指定镜像轴线的第一点）

指定镜像线的第二点：（在屏幕上指定镜像轴线的第二点）

要删除源对象吗？［是(Y)/否(N)］＜否＞：（选择Y，删除原始对象；选择N，不删除原始对象，回车确认，即完成镜像操作）

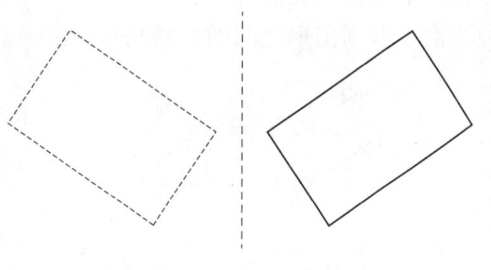

图2-43　镜像操作

8. 阵列对象

在同一图形文件中，如果复制后的图形按一定规律排列，如形成若干行若干列，或者沿某圆周（圆弧）均匀分布，则应选用"阵列"命令。

输入命令array，或选择修改工具栏中的"阵列"工具，该按钮右下角有三角符

第二章 AutoCAD 基础绘图

号，按住鼠标左键可在矩形、环形、路径阵列之中选择。选定要阵列的图形并回车确定后，弹出"输入阵列类型"的选项框，如图 2-44 所示，在选项框上选择阵列方式。也可在命令行中按提示操作，依次输入阵列所需的各项参数，如：

选择对象：输入阵列类型 [矩形(R)/路径(PA)/极轴(PO)] ＜极轴＞：PO（指定环形阵列方式）
类型 ＝ 极轴　关联 ＝ 是（进入环形阵列的设置）

(1) 选择"矩形"方式，则按默认的行数和列数出现阵列图形，如图 2-45 所示，然后可以灵活进行调整。

图 2-44　"输入阵列类型"选项框

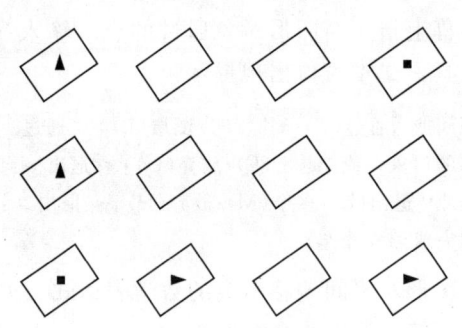

图 2-45　矩形阵列图形

在矩形阵列图形中，用鼠标左键单击左下角方形夹点可移动整个阵列图形，右下角的三角形夹点可重新设置列数，单击下边的中间三角形夹点可设置列间距，单击左上角的三角形夹点可重新设置行数，单击左边的中间三角形夹点可设置行间距，单击右上角的方形夹点并移动可同时改变行数和列数。

(2) 选择"环形"方式，则提示指定环形阵列的中心，按默认的阵列数目出现环形阵列图形，如图 2-46 所示，然后可灵活进行调整。

在环形阵列图形中，用鼠标左键单击环形中心的方形夹点可移动整个阵列图形，单击环上的方形夹点可重新设定环形半径，单击环上的三角形夹点可设定阵列的项目数或两个阵列图形之间的旋转角度。

(3) 选择"路径"方式，则提示选择路径曲线，按默认的阵列数目出现路径阵列图形，如图 2-47 所示，然后可灵活进行调整。

在选中路径阵列图形后，用鼠标左键单击方形夹点可移动整个阵列图形，但提示是否与路径曲线取消关联，单击三角形夹点可设定路径阵列图形之间的距离。

9. 拉长对象

输入命令 lengthen，或选择下拉菜单中的"修改"→"拉长"命令，文本窗口出现提示：

选择要测量的对象或 [增量(DE)/百分比(P)/总

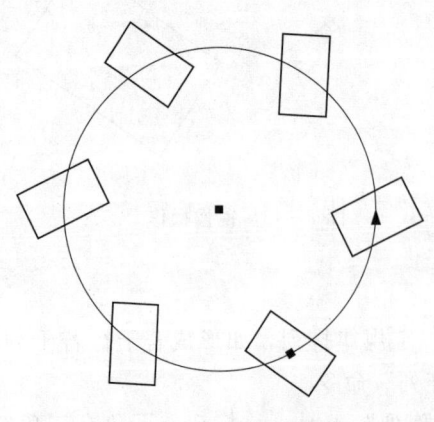

图 2-46　环形阵列图形

计(T)/动态(DY)]＜总计(T)＞：

用户可以选择不同的方式，延伸所选择的图形对象。

当需要缩短或延长某条直线时，在"命令"状态下，直接选取屏幕上的直线，使其"夹点"出现，将光标移动到要缩短（或延长）的一端的夹点上，稍停片刻，出现上下文菜单，在菜单中选择"拉长"选项，同样可使用拉长命令的动态选项，这条线变为可拉伸的皮筋线，可以动态改变线段的长度。

同样在"命令"状态下，直接选取屏幕上的矩形或多边形（必须是应用矩形或多边形工具绘制的），均可以使其出现夹点，用鼠标左键单击夹点进行激活，此时矩形或多边形也变为可拉伸的皮筋线，用户可以自由移动其上的夹点到指定位置。

10. 拉伸对象

拉伸对象以交叉框选方式选择并移动节点，使图形变形为新的图形，如图 2-48 所示。某些对象类型（圆、椭圆或块）无法拉伸。

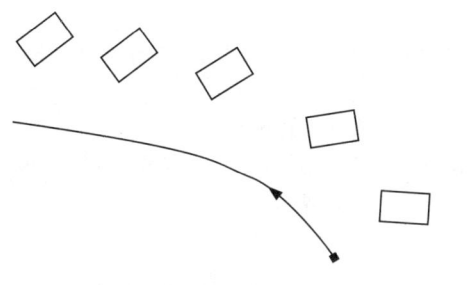

图 2-47　路径阵列图形　　　　图 2-48　拉伸对象

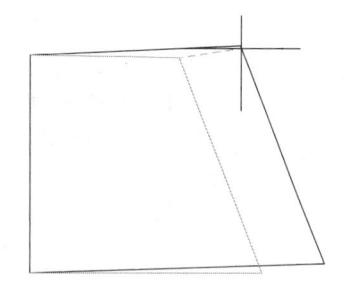

输入命令 stretch，或选择下拉菜单中"修改"→"拉伸"命令，文本窗口出现提示：

以交叉窗口或交叉多边形选择要拉伸的对象...

选择对象：（用交叉窗口选择要拉伸的对象）

指定基点或 [位移(D)]＜位移＞：（指定拉伸的基点）

指定第二个点或 ＜使用第一个点作为位移＞：（指定拉伸的终到点）

拉伸操作将完全包含在交叉窗口内的结点移动相同位移，而部分包含在交叉窗口内的图形将被拉伸。

11. 打断对象

输入命令 break，或选择修改工具栏中的"打断"或"打断于点"工具，将图形对象在点或两点之间打断。文本窗口出现提示：

选择对象：（在屏幕上选择要打断的图形对象）

指定第二个打断点 或 [第一点(F)]：F（重新指定第一个打断点，否则以选择图形时的点为第一点，然后在图形对象上选择打断的第二个点，回车确认）

12. 延伸对象

将图形不足的部分延伸到边界，或对超出的部分进行修剪，就是延伸和修剪对

43

象，如图2-49所示，两者在执行过程中可以灵活切换。

输入命令extend，或选择修改工具栏中的"延伸"工具，文本窗口出现提示：

当前设置：投影＝UCS,边＝无,模式＝快速

选择要延伸的对象，或按住Shift键选择要修剪的对象或［边界边(B)/窗交(C)/模式(O)/投影(P)］:（选择要延伸的图形对象，回车确认）

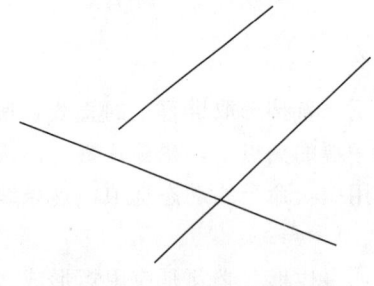

图2-49 延伸和修剪对象

在默认的快速模式下，单击要延伸的图形，会自动判断首先会遇到的边界，如果要重新指定边界边，可以使用"边界边"选项。

当要延伸多条线段时，需要多次选取要延伸的对象才能完成，这时可以使用"围栏"（fence）方式。此时文本窗口出现提示：

当前设置：投影＝UCS,边＝无,模式＝快速

选择要延伸的对象，或按住Shift键选择要修剪的对象或［边界边(B)/窗交(C)/模式(O)/投影(P)］:f(输入"f"，使用"围栏"选择对象方式)

指定第一个栏选点或拾取/拖动光标：（在屏幕上拾取围栏的一个点）

指定下一个栏选点或［放弃(U)］:（在屏幕上拾取围栏另一个点，在屏幕画出一条虚线，回车确认，所有与"围栏"接触的图形对象一次延伸到指定的边界）

13. 修剪对象

输入命令trim，或选择修改工具栏中的"修剪"工具，用于删除多余线头。此时文本窗口出现提示：

当前设置：投影＝UCS,边＝无,模式＝快速

选择要修剪的对象，或按住Shift键选择要延伸的对象或［剪切边(T)/窗交(C)/模式(O)/投影(P)/删除(R)］:（选择需要修剪的图形对象，回车确认）

要注意的是，选择被修剪图形对象时是有方向性的，所选择的一边的图形对象被修剪。如果需要一次剪除多条线段，同样可以使用"围栏"（fence）方式。

延伸和修剪对象可以在操作时灵活切换，此时按住Shift键就切换为不同的另一个操作。

14. 倒角

倒角的作用是将角点用直线拉平，选择需要倒角的两条边即可，如图2-50所示。输入命令chamfer，或选择修改工具栏中的"倒角"工具，文本窗口出现提示：

（"修剪"模式）当前倒角距离1＝0.0000，距离2＝0.0000

选择第一条直线或［放弃(U)/多段线(P)/距离(D)/角度(A)/修剪(T)/方式(E)/多个(M)］:

其中各选项的含义如下：

选择P：即选择多段线。如果是采用绘制"矩形"工具绘制的矩形，属于多段线性质，选择了"P"，则矩形的四个角同时都被倒角。

选择D：用于指定倒角两个方向上的长度。默认情况下，倒角距离1＝0.0000，

距离 2＝0.0000。根据需要选择"D"，设置倒角距离 1 和距离 2，如图 2-50 所示。

选择 A：用于设置倒角的第一长度和第一长度对应的倒角角度，如图 2-50 所示。

选择 T：用于设置是否将倒角后的边修剪去掉。

选择 E：用于选择以"距离"方式倒角，还是以"角度"方式倒角。

选择 M：选择是否连续进行倒角操作。

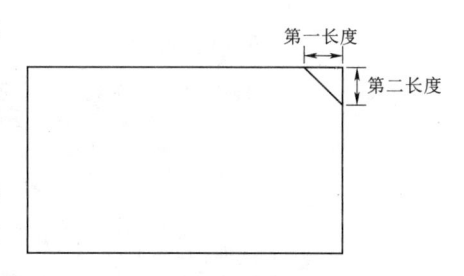

图 2-50 倒角两个方向上的长度

完成"倒角"设置后，下次操作时默认使用已有的设置，如第一长度和第二长度的值。

15. 倒圆

倒圆的作用是将角点用圆弧抹平。输入命令 fillet，或选择修改工具栏中的"倒圆"工具，文本窗口出现提示：

当前设置：模式 ＝ 修剪，半径 ＝ 0.0000

选择第一个对象或［放弃(U)/多段线(P)/半径(R)/修剪(T)/多个(M)］：

其中各选项的含义如下：

选择 P：与"倒角"中的意义相同。

选择 R：用于设置倒圆的半径。

选择 T：与"倒角"中的意义相同。

选择 M：选择是否连续进行倒圆操作。

倒圆的半径在默认状态下为 0，需要先设置倒圆的半径，完成后，下次操作采用已有的设置，选择需要倒圆的两条边，回车确认即可。

倒角和倒圆还可用于直线的快速修剪，在默认的倒角或倒圆设置下，依次点击交叉点需要保留的两条边，多余的部分即被自动修剪。

16. 多线编辑

选择下拉菜单中的"修改"→"对象"→"多线"，弹出"多线编辑工具"对话框，如图 2-51 所示，该对话框包含 12 个图标，每一个图标可以完成一种编辑操作。多线编辑工具有：

（1）十字闭合、十字打开、十字合并。

（2）T 形闭合、T 形打开、T 形合并。

（3）角点结合、添加顶点、删除顶点。

（4）单个剪切、全部剪切、全部接合。

选择需要执行的修改工具后，在命令窗口的提示下，可以对所绘制的多线进行修改。

例如，将两条相交的"多线"的交点按十字打开（或 T 形打开）方式修改，命令执行过程为：

图 2-51 "多线编辑工具"对话框

命令:_mledit [选择十字打开（或 T 形打开）方式]
选择第一条多线:（选择第一条多线，或 T 形中需要保留的腹板一侧）
选择第二条多线:（选择第二条多线）

即完成十字打开（或 T 形打开）的修改任务。

17. 分解

分解的作用是将复合对象拆开为简单对象，可以逐级分解直至最简单对象。输入命令 explode，或选择修改工具栏中的"分解"工具，文本窗口出现提示：

选择对象:（选择要分解的图形对象，可选择多个，回车确定即可）

18. 合并

合并的作用是将相似对象合并为完整对象，如将平行但断开的两条线段合并为一条线段。输入命令 join，或选择修改工具栏中的"合并"工具，文本窗口出现提示：

选择源对象或要一次合并的多个对象:（选择不完整的源图形）
选择要合并的对象:（选择要合并的图形，可选择多个不完整部分，回车确定即可）

分解和合并有时候是相反的操作，如多段线分解后成为独立的线段，合并后又成为完整的多段线。

19. 光顺曲线

光顺曲线是在两条曲线之间建立相切或平滑的样条曲线。线段之间也可光顺连接，这时系统自动确定相切方向，如图 2-52 所示。输入命令 blend，或选择修改工具栏中的"光顺曲线"工具，文本窗口出现提示：

连续性 = 相切

选择第一个对象或[连续性(CON)]:(选择要光滑连接的第一个图形)

选择第二个点:(选择要光滑连接的第二个图形上的最近点即可)

20. 撤销/重做

图 2-52　光顺曲线

撤销是放弃已完成操作,可以放弃多步。输入命令 u,或选择下拉菜单中的"编辑"→"放弃",可以对刚完成的操作进行撤销。如果要撤销多个操作,可点击标题栏中的"放弃"工具的下三角符号,选择多步操作即可恢复。

重做是撤销操作后又重做刚才的操作,可以重做多步。输入命令 redo,或选择下拉菜单中的"编辑"→"重做",可以对刚撤销的操作重新执行。如果要重做多个操作,可单击标题栏中的"重做"工具的下三角符号,选择刚撤销的多步操作即可恢复。

撤销和重做使图形编辑十分灵活,方便观察操作结果而不担心无法恢复。

练 习 题

1. 用阵列方式绘制齿轮图形,如图 2-53 所示。
2. 绘制两个矩形,设置倒角的长度,对其中一个矩形进行倒角;设置倒圆的半径,对另一个矩形进行倒圆。
3. 重新设置"多线"的对正方式及比例,将两条相交的"多线"的交点,按 T 形打开方式修改。
4. 使用"围栏"(fence)方式,延伸多条线段到指定的边界;使用"围栏"方式,删除多条线段。
5. 用"缩放"(scale)命令将任意一个矩形放大 3 倍,再用"夹点"的方式将其拉伸为水流指示箭头式样,如图 2-54 所示。

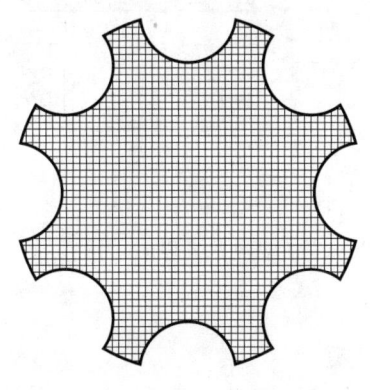

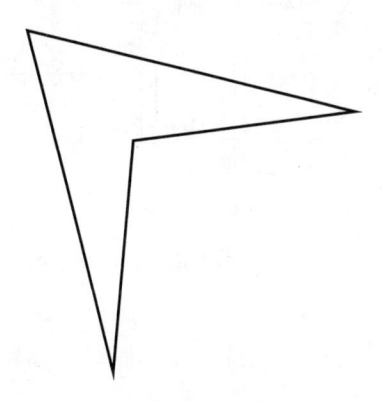

图 2-53　齿轮图形　　　　　图 2-54　水流箭头式样

第二章　AutoCAD 基础绘图

6. 对一个图形对象进行单个复制和多个复制；在两个图形文档之间复制图形。

7. 绘制如图 2-55 所示的中国结图形。

8. 绘制与两条任意相交的直线相切，半径为 50 的圆弧。

9. 绘制 T 形梁结构，对角点进行"倒圆"，并进行图案填充，如图 2-56 所示。

10. 某渠道渠首部位的横断面从矩形断面 [图 2-57（a）] 渐变到梯形断面 [图 2-57（b）]，试绘制出矩形断面渐变到梯形断面的横剖视图 [图 2-57（d）]。

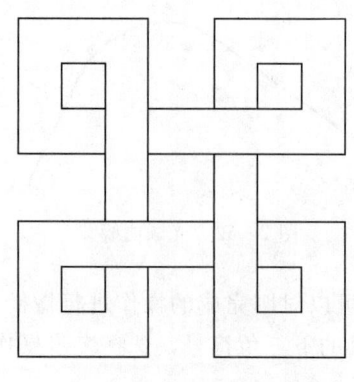

图 2-55　中国结图形

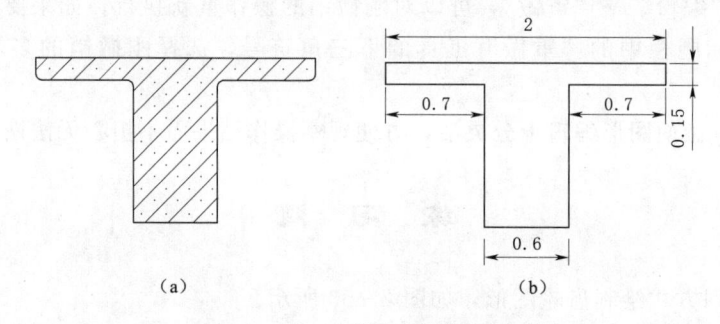

图 2-56　T 形梁（单位：m）

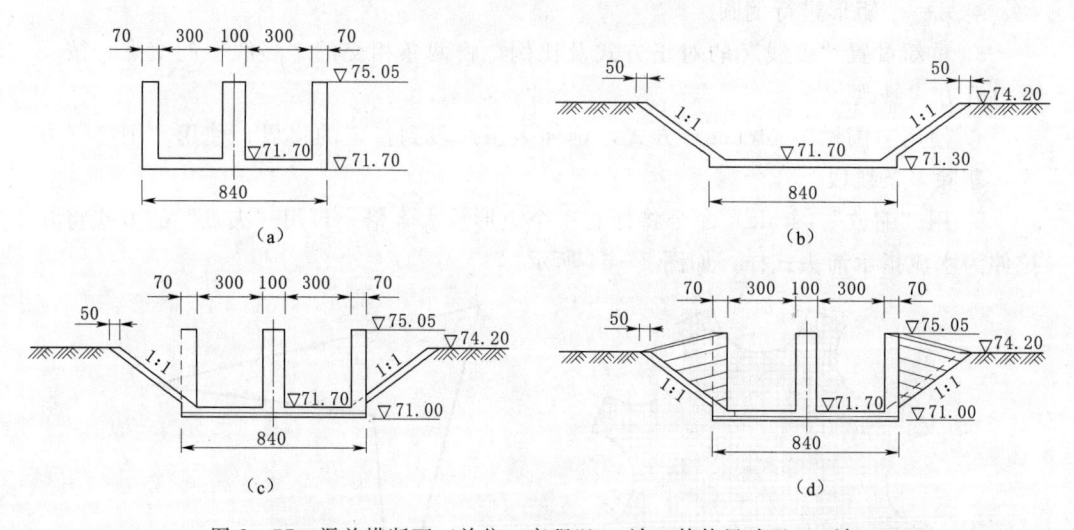

图 2-57　渠首横断面（单位：高程以 m 计，其他尺寸以 cm 计）

思 考 题

1. 当前图形文件内的图形复制和不同图形文件之间的图形复制有何区别？

2. 用窗口方式选择图形对象时，从左到右画窗口和从右到左画窗口有何区别？

3. 下拉菜单中"视图"下的"缩放"命令与"修改"工具栏中的"缩放"命令有何区别？

4. 矩形阵列时，AutoCAD 系统对所设置的行方向如何进行排列？对所设置的列方向如何进行排列？

5. 如果发现对图形的编辑出现失误，如何恢复原有图形？

第六节 精 确 绘 图

一、坐标系

1. 世界坐标系 WCS

在默认情况下，图形窗口中显示的坐标图标是 AutoCAD 系统默认的世界坐标系（World Coordinate System，WCS）的图标。在世界坐标系下，AutoCAD 系统图形中各点的位置是用笛卡儿右手坐标系统来确定的。笛卡儿坐标系有 3 个坐标轴，即 X 轴、Y 轴和 Z 轴。绘制新图形时，在默认情况下，AutoCAD 系统将用户图形置于世界坐标系中，图形中的任何一点都是用相对于坐标原点 (0,0,0) 的距离和方向来表示的。世界坐标系的重要之处在于用户在绘图中始终需要应用该坐标系，是基础的坐标系，不能被改变，其他用户坐标系都是相对于它建立起来的。世界坐标系的 X 轴为水平方向，Y 轴为垂直方向，Z 轴垂直于 XY 平面。

AutoCAD 系统可以选择坐标图标的显示方式。在文本窗口输入命令 ucsicon，文本窗口出现提示：

输入选项 [开(ON)/关(OFF)/全部(A)/非原点(N)/原点(OR)/可选(S)/特性(P)] <开>：

输入 P 选项，或在下拉菜单中选择"视图"→"显示"→"UCS 图标"→"特性"，弹出"UCS 图标"对话框，可对图标的大小和形式进行设置，如图 2-58 所示。其余各选项的含义如下：

(1) "开（ON）"，显示图标。

(2) "关（OFF）"，关闭图标。

(3) "全部（A）"，总在视窗的左下角显示图标。

(4) "原点（OR）"，在原点显示图标。

(5) "非原点（N）"，在原点显示图标，若不能在原点完整显示图标，该图标则显示在视窗的左下角。

(6) "可选（S）"，是否可以选择坐标系图标，这样便于使用快捷菜单对图标进行设置。

2. 用户坐标系 UCS

使用用户坐标，可以简化点的定位，提高工作效率。在文本窗口输入命令 UCS，文本窗口出现提示：

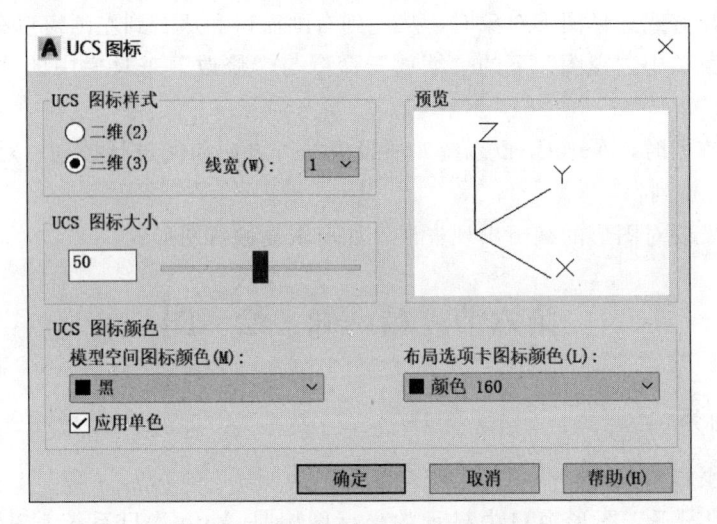

图 2-58 "UCS 图标"对话框

当前 UCS 名称：*世界*

指定 UCS 的原点或 [面(F)/命名(NA)/对象(OB)/上一个(P)/视图(V)/世界(W)/X/Y/Z/Z 轴(ZA)] <世界>：(指定用户坐标系的新原点)

指定 X 轴上的点或 <接受>：(指定 X 轴上的点或回车保持原方向)

指定 XY 平面上的点或 <接受>：(指定另一个点确定 Y 轴方向或回车保持原方向)

这时默认用 3 点方法确定用户坐标系，即在屏幕上指定 3 个点来定义用户的 UCS 坐标系，第一点指定新的坐标原点，第二点指定 X 轴正方向，第三点指定 Y 轴正方向，而 Z 轴的方向则遵从右手法则自动确定。其余各选项的含义如下：

(1) "面（F）"，使得用户的 UCS 坐标系同所选择的对象的面对齐。

(2) "命名（NA）"，定义一个标识符保存当前的 UCS，或者恢复已定义的用户坐标系。

(3) "对象（OB）"，定义基于选择对象的用户 UCS 坐标系，如弧、圆、直线等。

(4) "上一个（P）"，恢复前面设置的 UCS。AutoCAD 系统可以保存图纸空间和模型空间的最近 10 个坐标系。

(5) "视图（V）"，使得用户的 UCS 坐标系的 XY 平面同当前的视图垂直。

(6) "世界（W）"，恢复到默认的世界坐标系统 WCS。

(7) "X/Y/Z"，使得用户的 UCS 坐标系通过绕指定的 X 轴（或 Y 轴，或 Z 轴）旋转一定的角度来确定。

(8) "Z 轴（ZA）"，在屏幕上选择用户的 UCS 坐标系原点和 Z 轴正方向上的一点，使该方向为用户的 UCS 坐标系中 Z 轴的正方向，X 轴、Y 轴随即做相应的转动，使得 XY 平面垂直 Z 轴的方向。

新建用户坐标系还可选择下拉菜单"工具"→"新建 UCS"，在子菜单中选择各种方法，如图 2-59 所示。

保存用户坐标系还可选择下拉菜单"工具"→"命名 UCS"，弹出"用户坐标系管理"对话框，如图2-60所示，可对当前未命名的UCS取名，要恢复时，只需要选取相应名称并单击按钮"置为当前"即可。

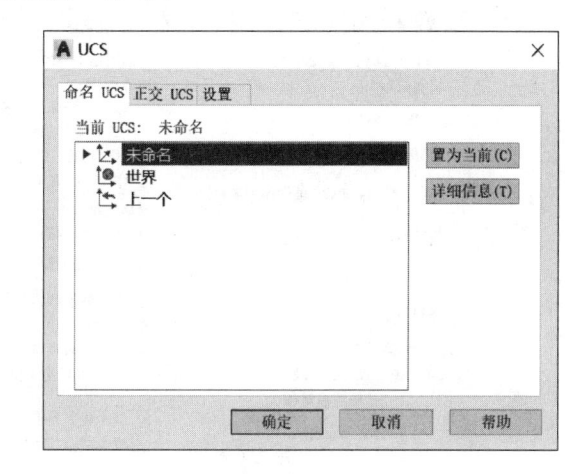

图2-59 新建用户坐标系子菜单

图2-60 "用户坐标系管理"对话框

要将当前用户坐标系调整为通常的X轴水平、Y轴垂直显示时，可在文本窗口输入命令plan，或选择下拉菜单"视图"→"三维视图"→"平面视图"→"当前UCS"即可。

用户坐标系图标通常显示在坐标原点或者当前视区的左下角处，表示用户坐标系的位置和方向，而如果是世界坐标系，那么在图标原点处有一个方框。

二、栅格

在状态条中，有重要的辅助精确绘图的工具，老版本中直接用文字表示，在AutoCAD 2022等新版本中用图标表示。为节省屏幕空间，还可只显示指定项，单击状态条的最后一个按钮，弹出选项菜单，可以看到显示项前面已进行了勾选，若要显示隐藏项，只需要勾选该项即可。

栅格为一些显示标定位置的小点，以便于用户在绘图过程中的定位。

（1）打开栅格，单击状态条的栅格按钮，使之处于激活状态，绘图窗口中的绘图界面内会出现标定位置的小点。

（2）设置栅格，用右键单击状态条的栅格按钮，单击"网格设置"，弹出"草图设置"对话框，并定位到捕捉和栅格设置标签，可以进行栅格间距的设置，如图2-61所示。

视频2-6-2 栅格

三、栅格捕捉

栅格捕捉用于设置光标移动的间距。当栅格捕捉选项开启时，用户在屏幕上只能捕捉到栅格的交点。由于受到只能捕捉栅格交点的限制，会给图形的绘制过程带来一定的困扰，所以在一般情况下，可以关闭栅格捕捉选项。

四、正交模式

正交模式开启时，用户只能在屏幕上绘制水平线、垂直线，可以避免出现倾斜线。

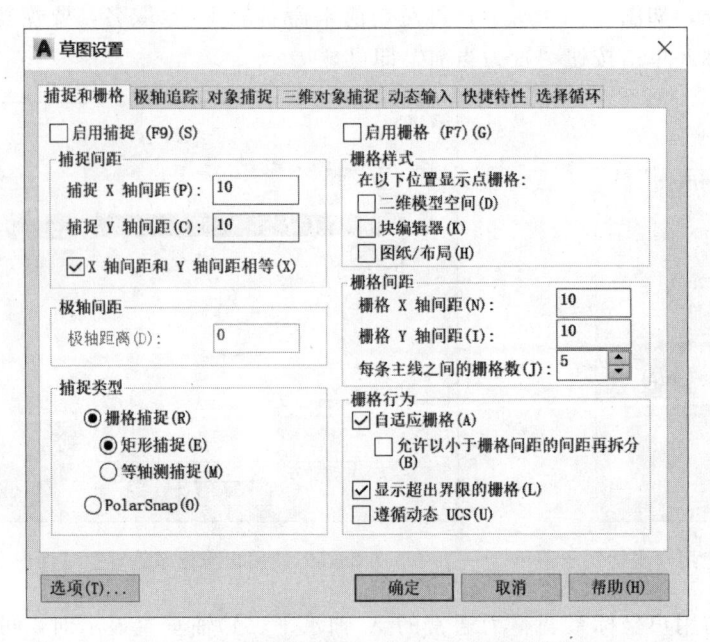

图 2-61 "草图设置"对话框之捕捉和栅格

五、对象捕捉

对象捕捉即捕捉对象上的一些关键点，便于用户在绘图时精确定位。

右键单击状态条的对象捕捉图标，选择"对象捕捉设置"，弹出"草图设置"对话框，并定位到对象捕捉标签，如图 2-62 所示。

视频 2-6-3
对象捕捉

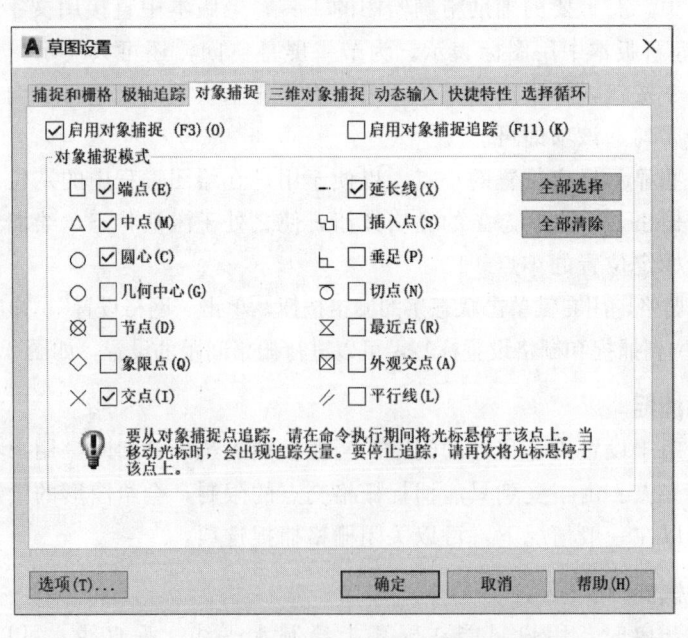

图 2-62 "草图设置"对话框之对象捕捉

1. 对象捕捉标签栏

AutoCAD 系统设置的捕捉对象上关键点模式如下：

(1) "端点（E）"：线段或圆弧等的起点和终点。

(2) "外观交点（A）"：空间中在某个视角下的相交点。

(3) "节点（D）"：用点命令绘出的点。

(4) "中点（M）"：线段或圆弧等的中点。

(5) "延长线（X）"：直线或圆弧的延长线。

(6) "交点（I）"：直线或圆弧等的相交点。

(7) "插入点（S）"：文字或块的插入点。

(8) "垂足（P）"：直线向其他图形引垂线的相交点。

(9) "平行线（L）"：过某点与已知直线平行的直线。

(10) "切点（N）"：直线向其他图形引切线的相交点。

(11) "最近点（R）"：在图形对象上与光标位置最接近的某点。

(12) "圆心（C）"：圆或圆弧的圆心。

(13) "几何中心（G）"：非圆图形如正多边形的形心。

(14) "象限点（Q）"：圆或圆弧与通过圆心的水平线和垂直线的交点。

2. "捕捉自"（FRO）

"捕捉自"用于捕捉与某已知点偏移一定距离的点。如图 2-63 所示，点 B 与已知点 A 的位置关系可以用一个相对坐标来描述：@100，150。运用"捕捉自"（FRO）时，以 A 为基点，用相对坐标@100，150 作为偏移，来捕捉确定点 B 的位置。

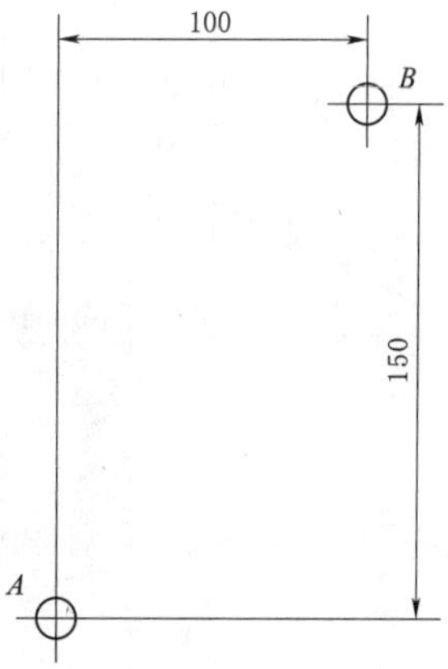

例如，采用"捕捉自"方法绘制 A3 图框（420×297），其中装订边间距 25，其余为 5。命令执行过程如下：

(1) 绘制 A3 图框的外框。输入命令 rectang，文本窗口出现提示：

指定第一个角点或 [倒角(C)/标高(E)/圆角(F)/厚度(T)/宽度(W)]：(在屏幕上指定 A3 图框的外框的左下角点)

指定另一个角点或 [面积(A)/尺寸(D)/旋转(R)]：D

指定矩形的长度 <10.0000>：420

指定矩形的宽度 <10.0000>：297（再指定一点确定矩形方位，绘制出 A3 图框的外框）

图 2-63 "捕捉自"示意图

(2) 绘制 A3 图框的内框。输入命令 rectang，文本窗口出现提示：

指定第一个角点或 [倒角(C)/标高(E)/圆角(F)/厚度(T)/宽度(W)]：fro [输入"捕捉自"（FRO) 命令，用于捕捉确定 A3 图框内框的左下角点]

基点：<偏移>：@25,5（在屏幕上指定 A3 图框外框的左下角点为基点，再输入 A3 图框内框的左下角点与外框的左下角点的相对坐标，回车确认）

指定另一个角点或 [面积(A)/尺寸(D)/旋转(R)]：fro [输入"捕捉自"（FRO) 命令，用于捕

捉确定 A3 图框内框的右上角点]

基点：<偏移>：@-5,-5（在屏幕上指定 A3 图框外框的右上角点为基点，再输入 A3 图框内框的右上角点与外框的右上角点的相对坐标，回车确认）

即可完成 A3 图框的绘制，如图 2-64 所示。

六、极轴追踪

AutoCAD 系统能根据用户设置的极轴追踪角度，帮助用户定位所绘直线的方向，包括并不限于水平线和垂直线。

右键单击状态条的极轴追踪图标，选择"正在追踪设置"，弹出"草图设置"对话框，并定位到"极轴追踪"标签，如图 2-65 所示。

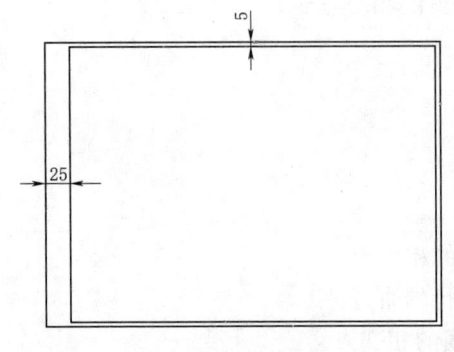

图 2-64 A3 图框

视频 2-6-4 极轴追踪

在启用极轴追踪的组合框中，可以进行极轴角追踪"增量角"的设置，如每隔 30°就进行提示。如果有特别的非规整角度，还可以用附加角的设置来单独提示。另外，在对象捕捉追踪设置的组合框中，可选择"仅正交追踪"或"用所有极轴角设置追踪"。

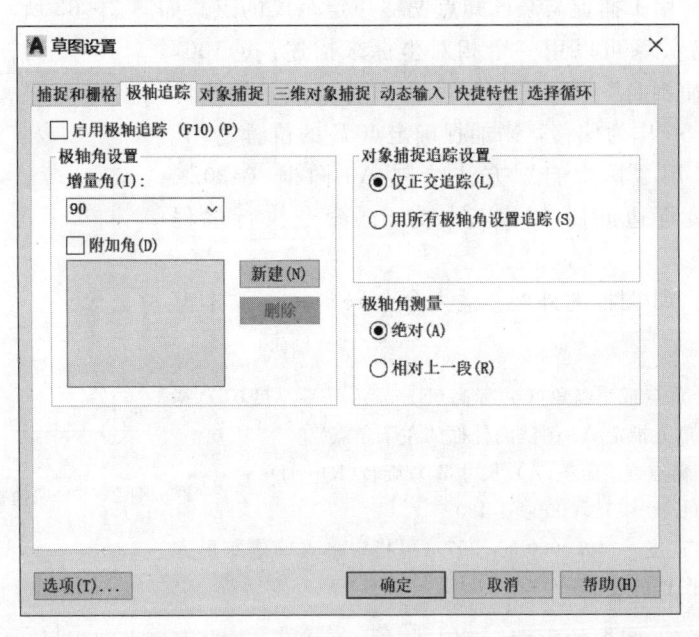

图 2-65 "草图设置"对话框之极轴追踪

极轴追踪的应用如下：

（1）点的追踪定位。当需要相对于某起点定位其他点时，可以直接在键盘上输入待定位点与已知点的相对距离，即可实现定位其他点的目的。此时开启状态条中的"极轴追踪""对象捕捉"模式，先捕捉已知点，然后拖动鼠标追踪确定待定位点的方向，屏幕上即显示定位辅助线，在键盘输入距离数值后回车确认即可。

（2）直线追踪绘制。直接输入距离可绘制相对于某起点的任意方向直线。此时开启状态条中的"极轴追踪""对象捕捉"模式，先捕捉起点作为直线的一个端点，然后拖动鼠标以确定直线的方向，屏幕上即显示定位辅助线，在键盘输入距离数值后回车确认即可。

七、自动追踪

AutoCAD系统能进行自动追踪，即运用一些特征点，定位另一些关键点，这样可避免很多作图形辅助线然后又擦除的情况。运用自动追踪时需将鼠标置于捕捉点后，在此点上保留片刻，即出现通过此点的定位辅助线，以帮助用户定位其他的关键点。

如矩形中心的自动追踪过程（也可用几何中心的对象捕捉）：开启状态条中的"极轴追踪""对象捕捉""对象捕捉追踪"模式，先捕捉矩形某条边的中点，然后捕捉其对边的中点，两个中点之间会显示一条辅助线，同样捕捉追踪显示另一对边的中点连线，然后将光标停在两条辅助线的交点附近，此时出现两条辅助线的交点提示，鼠标点击即可追踪捕捉到矩形的中心点，如图2-66所示。

视频2-6-5
自动追踪

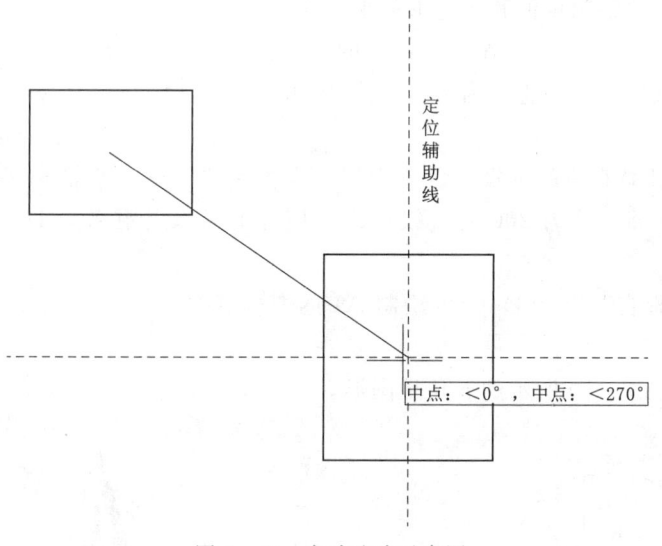

图2-66 自动追踪示意图

八、动态输入

AutoCAD系统的动态输入功能便于用户在输入坐标时关注所绘图形，在屏幕上跟随光标动态输入参数。默认时状态条上并不显示该图标，但该功能处于激活状态。勾选状态条的该显示项，可在状态条上显示该功能图标。有时候，如果觉得动态输入功能干扰绘图，也可关闭该功能。

视频2-6-6
动态输入

例如，如图2-67所示，在动态输入状态下指定点时，在光标附近会默认动态显示当前位置与最后输入点之间的距离值和角度值，此时输入所需距离值，角度值直接

第二章　AutoCAD 基础绘图

采用提示值，或者再按 Tab 键或输入"＜"切换输入角度值，这相当于参考最近输入点用相对极坐标法确定下一点。如果要输入的是直角坐标值，则在输入第一个数值后，用键盘输入"，"，AutoCAD 系统会自动切换到直角坐标输入状态，将第一个数值作为 X 坐标，第二个数值作为 Y 坐标，相当于参考最近输入点用相对直角坐标法确定下一点，如图 2-68 所示。

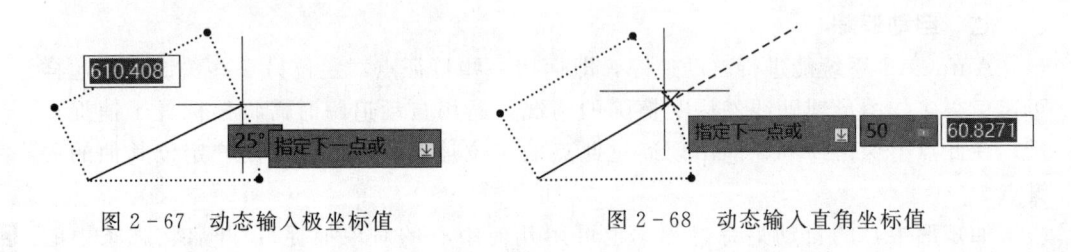

图 2-67　动态输入极坐标值　　　　　图 2-68　动态输入直角坐标值

练　习　题

1. 绘制一个矩形，其长度为 200，宽度为 150。再绘制一个边长为 150 的五边形。用自动追踪的方法绘制矩形和五边形的形心连线。

2. 如图 2-69 所示，绘制一长 10m 的水平直线，再以一端为圆心，每间隔 30°绘制一直线，其长度以水平直线为基准，按 2m 的长度递增，最后用样条曲线将所有端点连接起来。

3. 将一条任意直线的一端，设置为用户坐标系的原点，X 轴和 Y 轴的方向保持不变。再绘制一条长度为 200 的直线，起点相对坐标原点距离为 100，与 X 轴夹角为 45°。

4. 用"捕捉自"（FRO）命令绘制 A1 的图框（841×594），装订边间距 25，其余为 10。

5. 绘制如图 2-70 所示的五角星图形。

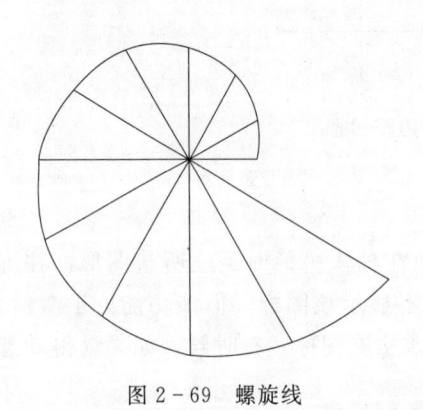

图 2-69　螺旋线 　　　　　　　　图 2-70　五角星图形

6. 绘制如图 2-71 所示的铁艺门图形。

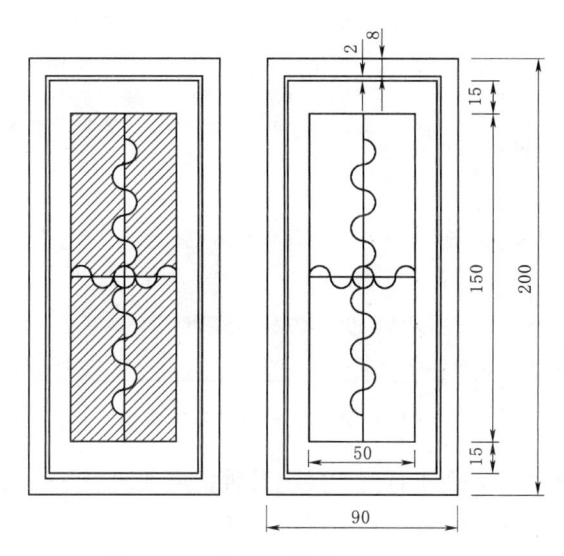

图 2-71 铁艺门图形（单位：cm）

思 考 题

1. AutoCAD 系统有哪些坐标系统？其坐标系统符合什么法则？
2. 什么是绝对坐标？什么是相对坐标？AutoCAD 系统如何表示相对坐标？
3. AutoCAD 系统有哪些捕捉方式？这些捕捉方式有什么作用？

第七节 图层的创建和使用

AutoCAD 系统中任何图形对象都是绘制在图层上的，图层是组织和管理图形的有效工具。每个图层相当于一层透明的电子纸，多个图层可以叠加起来，也可以单独取出某个图层。使用图层可以很方便地将图形文件上的图形对象或实体分门别类。一个图层（或一个层集合）可以包含与工程设计的某一特别方面相关的图形对象或实体，这样可以对所有的图形对象或实体的可见性、颜色和线型进行全面的控制。

在图层的帮助下，同一张平面图可以满足不同专业的需要，满足多工种的要求，有效地利用重复的资源，也便于互相对照。正确利用和把握图层的性质和功能，可以加快绘图速度，方便管理复杂图形，同时打印输出的时候容易控制不同图层的线宽。在绘图过程中可根据需要增加图层或删除图层。

一、图层的创建

单击对象特性工具栏上的"图层特性管理器"按钮或在下拉菜单中选择"格式"→"图层"，弹出"图层特性管理器"对话框，如图 2-72 所示。在该对话框中可以创建图层，显示和修改图层的状态和特性。

"图层特性管理器"对话框的左侧是用过滤器对图层进行管理，在图层很多时，

视频 2-7-1
图层特性
管理器

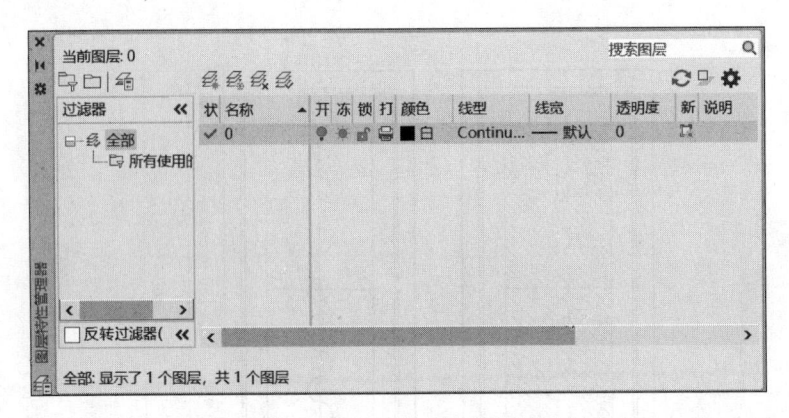

图 2-72 "图层特性管理器"对话框

可设置某种规则的过滤器,便于打开和关闭某种类型的图层。一般情况下不设置过滤器时,显示所有存在的图层。在默认情况下,图形文件中只有一张透明电子图纸,即"0"图层,所有绘制的图形都在此图层上。

"图层特性管理器"对话框中靠近过滤器栏的右侧就是图层展示栏,显示着各图层的可见性、颜色、线型、线宽、打印等信息。该栏左上角 4 个图标的含义分别如下:

(1) 新建图层,用于创建新图层。
(2) 新建在布局中被冻结的图层,创建新图层,但在布局视口中被冻结。
(3) 删除图层,用于删除选定图层,但要求该图层内无图形,也未被其他图层参照。
(4) 置为当前,将选定的图层置为当前图层。用户界面上显示选定图层的详细资料。

图层的状态反映在以下几个选项中:

(1) 开/关,用于显示或关闭选择的图层。图层被关闭时,不能显示,也不能打印。
(2) 冻结/解冻,图层被冻结时,不能显示,不能打印和刷新。一般情况下图层为解冻状态,当前图层不能被冻结。由于冻结图层上的图形对象不予显示,系统可以节省许多的处理时间。因此对复杂的图形可以冻结没有直接关系的图层,加快绘图过程中的屏幕显示、平移、重生成等命令的速度。
(3) 锁定/解锁,图层被锁定时,对象可见、可选取、可捕捉,但不能编辑修改,因此该图层内图形可参考对照但不能修改。一般情况下图层为解锁状态。

另外,图层的状态还有是否允许打印、颜色、线型、线宽、透明度等。

单击"图层特性管理器"对话框中选定图层的名称,可以修改图层名(但 0 图层和被参照的图层不能修改),图层的命名应该有助于用户区别图层的用途。单击选定图层的状态和可见性选项时,可分别打开相应的对话框,以对选定图层的状态和可见性进行修改。

二、图层的使用

使用图层时有以下方法:
(1) 图层工具栏上有图层下拉列表,在图层下拉列表中可以选择一个图层,则该图层就设置成为当前图层，此后绘制的图形对象就位于该图层上。

（2）需要将对象从一个图层移动到另一个图层时，只需先选择对象，再在图层的下拉列表中选择所需移动到的图层，即完成该项操作。

（3）选择所需图层上的对象后，单击"将对象的图层置为当前"图标按钮，该对象所在图层就成为当前图层。

视频2-7-2
图层工具栏

每个图层可以分别采用不同的颜色。在绘图过程中，通过分配给不同的图层不同的颜色，使用户易于分辨不同图层的图形，在打印图纸时也容易控制各层的线宽。每个图层还可以分别采用不同的线型和线宽，后面再分别叙述。

为便于图层操作，在下拉菜单"格式"→"图层工具"下，还有打开所有图层、合并图层等命令。

三、加载线型和修改线型比例

在默认的状态下，各图层只有一种线型即连续线，为满足工程图纸绘制的要求，需要加载各种线型。

1. 加载线型

单击"图层特性管理器"对话框中的"线型"，打开"选择线型"对话框，如图2-73所示，该对话框显示在当前图纸内可用的线型。如果没有需要的线型，可单击"选择线型"对话框中的"加载（L）..."按钮，弹出"加载或重载线型"对话框，如图2-74所示，可加载新的线型，如AutoCAD系统内已定义的虚线、点划线等。如果系统内没有所需线型，用户还可以方便地定义自己的线型，在绘制图纸时灵活使用。

视频2-7-3
线型设置

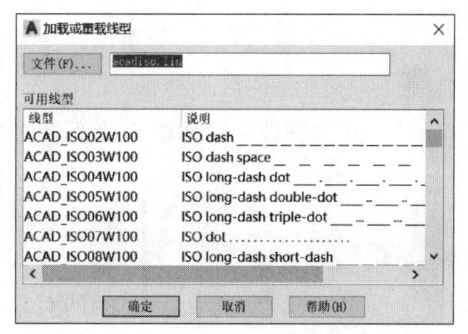

图2-73 "选择线型"对话框　　　　图2-74 "加载或重载线型"对话框

2. 修改线型比例

不连续线型如虚线、点划线在屏幕上的显示常常会出现不尽如人意的情况，这样就需要调整不连续线的线型比例。调整不连续线的线型比例可以采用如下方法：

（1）改变线型比例系数Ltscale的值。线型比例系数Ltscale控制已定义线型的放大比例，主要影响图形中的不连续线的显示效果。

线型比例系数越大，线型定义中的距离值越大，或长划线越长，不连续线显得越稀疏；线型比例系数越小，线型定义中的距离值越小，或长划线越短，不连续线显得越密集。

在文本窗口输入 Ltscale，文本窗口出现提示：

输入新线型比例因子<1.0000>：

用户只需要输入一个新值，回车确认，即可改变图形中的不连续线的显示效果。改变线型比例系数 Ltscale，可以改变以后所绘制的所有不连续线对象的显示效果。

也可选择下拉菜单"格式"→"线型"，弹出"线型管理器"对话框，单击"显示细节"按钮，在"详细信息"栏中对"全局比例因子"项进行修改，如图 2-75 所示。

图 2-75 "线型管理器"对话框

(2) 在"特性"对话框中改变不连续线的显示效果。选择需要改变线型比例的对象，再选择下拉菜单中"修改"→"特性"，弹出"特性"对话框，如图 2-76 所示，可修改线型显示比例。在"特性"对话框中修改线型比例系数，只能修改选择的对象。

四、设置颜色

单击"图层特性管理器"对话框中选定图层的颜色，弹出"选择颜色"对话框，如图 2-77 所示，可以进行相应图层颜色的修改。在没有进行设置前，系统均采用默认的白色，但背景色若为白色，该颜色会显示为黑色。

在"选择颜色"对话框中，可用三种方法来确定颜色，对应于三个标签项。一是"索引颜色"标签项，可以设置最多255种颜色，用来区分不同的图层；二是

视频 2-7-4
颜色设置

图 2-76 "特性"对话框

"真彩色"标签项，用RGB模式或"色调、饱和度、亮度"模式来精确控制颜色；三是"配色系统"标签项，用印刷工业中不同颜色的搭配来调制所需的颜色。

五、设置线宽

单击"图层特性管理器"对话框中选定图层的线宽，弹出"线宽"对话框，如图2-78所示，可以进行相应图层线宽的修改。在没有进行设置前，系统均采用默认线宽。

视频2-7-5
线宽设置

图2-77 "选择颜色"对话框

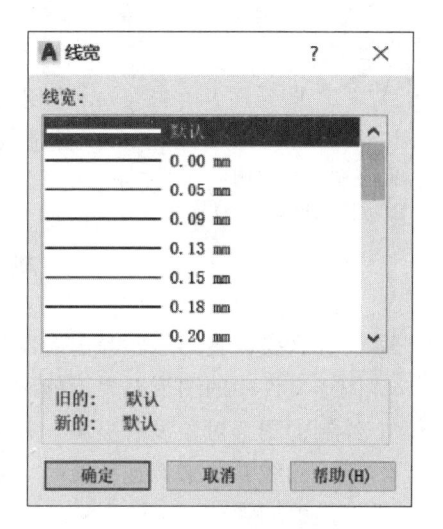

图2-78 "线宽"对话框

线宽增加了线条的宽度，线宽在打印时按实际值输出，但在模型空间中是按像素比例显示的。为显示修改后的线宽，可用右键单击图形窗口下状态条中的线宽图标，打开"线宽设置"对话框，如图2-79所示，可以设置默认线宽的大小。选中"显示线宽"项，可以显示改变线宽后的效果。如果不显示线宽，以优化图形显示性能，可单击状态条中的线宽图标，使之处于非激活状态，或者选择下拉菜单"格式"→"线宽"，在"线宽设置"对话框中将线宽显示关闭。

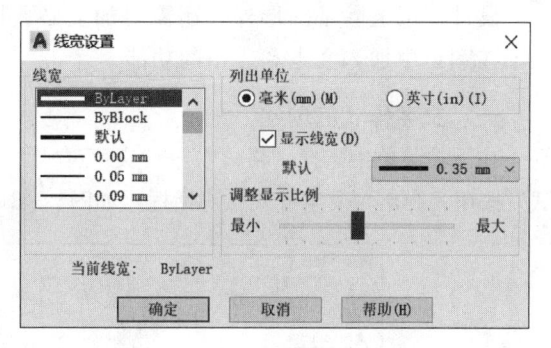

图2-79 "线宽设置"对话框

在"特性"工具栏中，也可以进行线型、线宽及颜色的设置。选择图形时，反映的是该图形的线型、线宽及颜色等，而在默认状态不选择任何图形时，"特性"工具栏中反映的是当前图层的线型、线宽及颜色等设置，一般为随层（ByLayer）状态，即对象的线型、线宽及颜色等始终与所在图层的线型、线宽及颜色等一致。为了避免混乱，一般不提倡单独更改个别图形的线型、线宽及颜色等设置，而通过图层特性来修改更具有一致性和方便性。

61

练 习 题

1. 创建图层，设置实线、虚线和点划线图层，并应用于绘图中。
2. 采用两种修改线型比例的方法修改不连续线的线型比例。
3. 修改和显示图形对象的线宽。
4. 采用两种方法修改图形对象的颜色。
5. 绘制孔口高度为 8m 的弧形闸门示意图，如图 2-80 所示。

图 2-80　弧形闸门示意图（单位：m）

思 考 题

1. 为什么要设置图层？当前绘制的图形在哪个图层中？
2. 图形文件中的图形对象不能编辑和修改，判断是什么原因。
3. 绘制的图形对象没有显示，判断是什么原因。
4. 不连续线看起来像连续线时，如何处理？

第八节　文字和表格

设计图纸上除了图形外，还需要加上必要的文字注释等内容，AutoCAD 系统提供了在图形中加入文本和表格的功能。

一、文字样式的创建

在下拉菜单中选择"格式"→"文字样式"，或者单击"样式"工具栏上的"文字样式"按钮，弹出"文字样式"对话框，如图 2-81 所示。其中主要选项的含义如下：

视频 2-8-1　文字样式

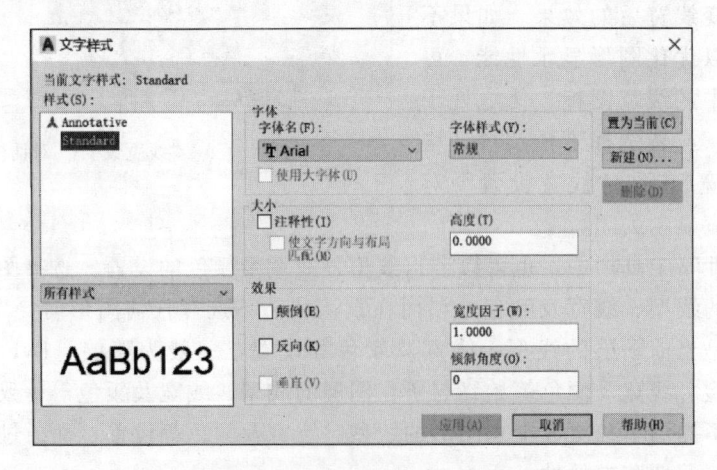

图 2-81　"文字样式"对话框

第八节　文字和表格

（1）样式名，在没有进行文字样式设置前，样式名下拉列表框中有注释（Annotative）和标准（Standard）样式，其中标准样式是系统默认的文本样式，该样式是不可重命名和删除的。

（2）新建，用于创建新文字样式。单击"新建"按钮，打开"新建文字样式"对话框，在该对话框中为新文字样式命名后，就可以重新定义新文字样式的字体名、字体样式、字体的高度和宽度及文本的显示效果。完成重新定义的工作后，单击"置为当前"按钮，这样新文字样式创建完毕，并确定为当前文字样式。

在文字样式设置中，字体的高度值不为 0 时，在文字输入时都不提示输入高度，这样写出来的文本高度是不变的，包括使用该字体进行的尺寸标注。为了在绘图过程中，随时能设置或更改文字的高度，一般在文字样式设置中将字体的高度值设置为 0。

文字效果可以设置颠倒、反向、垂直、宽度因子、倾斜角度。文字效果的样式可以在预览区中查看到。

AutoCAD 系统常用的 shx 字体的含义如下：

1）txt 是常用的字体，字体文件为 txt.shx。这种字体是一种简单的字体，通过很少的矢量来描述，因此绘制起来速度很快，但美观度较差。

2）monotxt 是等宽的 txt 字体，字体文件为 monotxt.shx。在这种字体中，除了分配给每个字符的空间大小相同（等宽）以外，其他所有的特征都与 txt 字体相同。因此，这种字体尤其适合于书写明细表或在表格中需要垂直书写文字的场合。

3）romans 字体是由许多短线段绘制的 roman 字体的简体（单笔画绘制，没有衬线）。该字体可以产生比 txt 字体看上去更为单薄、光滑的字符。

4）romand 字体与 romans 字体相似，但它是使用双笔划定义的。该字体能产生更粗、颜色更深的字符，特别适用于在高分辨率的打印机（如激光打印机）上使用。

二、单行文字输入

该命令输入的文字每行为单独整体，文字样式相同。在文本窗口输入命令 text，或在下拉菜单中选择"绘图"→"文字"→"单行文字"，文本窗口出现提示：

当前文字样式："Standard"　文字高度:2.5000　注释性:否　对正:左
指定文字的起点 或 [对正(J)/样式(S)]：

在屏幕上指定了输入文字放置的起点后，文本窗口出现提示：

指定高度 <2.5000>：(在没有设置字体高度之前，默认的字体高度为 2.5)
指定文字的旋转角度 <0>：(在没有设置字体的旋转角度之前，默认的字体旋转角度为 0)

用户可以重新设置文字的高度和放置的角度。完成上述设置后，直接跟随光标在屏幕上输入文字，可连续输入多行，如果回车输入空行则退出单行文字命令。

若在文本窗口提示下输入 J，用户可以选择文字的对齐方式。文本窗口提示的文字对齐方式选项如下：

[左(L)/居中(C)/右(R)/对齐(A)/中间(M)/布满(F)/左上(TL)/中上(TC)/右上(TR)/左

中(ML)/正中(MC)/右中(MR)/左下(BL)/中下(BC)/右下(BR)]:

其中对齐选项将对齐文字基线的起点和终点，这样自动确定文字的大小和倾斜角度，常用于倾斜文本的输入。

三、多行文字输入

在文本窗口输入命令 mtext，或在下拉菜单中选择"绘图"→"文字"→"多行文字"，也可单击绘图工具栏中的"多行文字"按钮。在屏幕上拾取两个角点，确定一个矩形框，即弹出多行文字编辑器，提供了"文字格式"工具栏便于操作，如图 2-82 所示。

图 2-82 "文字格式"工具栏

1. 多行文字编辑器的主要选项

（1）文字样式，用于设置和选择文字样式。
（2）字体，用于设置文字的字体名。
（3）文字的高度，用于设置文字的高度。
（4）文字的排版，用于设置段落的对齐方式等。

2. 多行文字编辑器中的上下文菜单

在多行文字编辑器的界面上单击鼠标右键，弹出多行文字编辑器的上下文菜单，如图 2-83 所示。用户可以根据自己的需要选择其中的菜单选项，其中常用的有"符号"和"输入文字"选项。

（1）选择"符号"选项，可以使用键盘上现有的符号来输入特殊字符，其符号说明如下：

"%%d"，度数；"%%p"，正负号；"%%c"，直径符号。

（2）选择"符号"选项下的"其他"选项，系统弹出"字符映射表"对话框，如图 2-84 所示。单击要插入的字符，单击"选择"，然后单击"复制"按钮，退出文本编辑器后，在标准工具栏或多行文字编辑器的上下文菜单中选择"粘贴"即可。

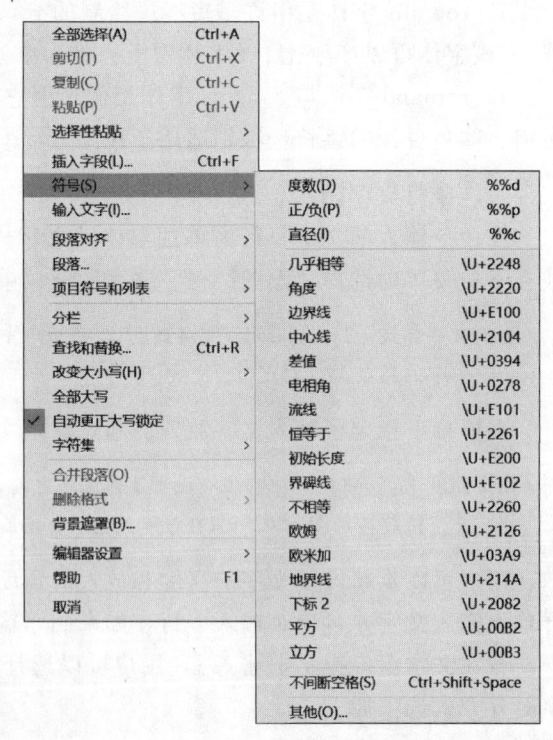

图 2-83 多行文字编辑器的上下文菜单

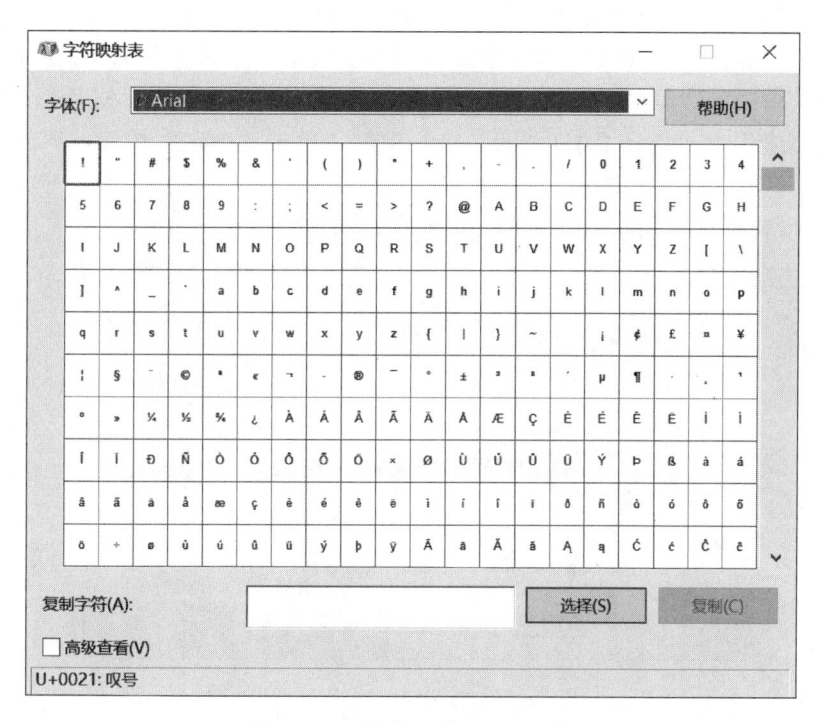

图 2-84 "字符映射表"对话框

(3)"输入文字"选项用于从 AutoCAD 系统以外引入文本，引入文本的最大容量限制为 16K。如果在图形文件中需要加上标准文字注释，可以先创建标准文字注释的文本文件（.txt 文件或 .rtf 文件），当用户绘图时需要输入这些标准文字注释时，可以通过输入文字选项输入该文本文件。具体步骤如下：

1）在 Windows 环境下，采用文本编辑器创建文本文件，保存到指定的文件夹中。

2）在 AutoCAD 环境下，在多行文字编辑器的界面上单击鼠标右键，弹出多行文字编辑器的上下文菜单。

3）单击"输入文字"按钮，弹出"打开文件"对话框，选择创建好的文本文件，单击"打开"按钮，系统将文本文件中的文字插入图形窗口中，并转化为多行文字对象。

3. 从 Windows 的资源管理器向 AutoCAD 图形界面拖放文本文件

采用文本编辑器创建文本文件并保存到指定的位置，可以直接由 Windows 的资源管理器向 AutoCAD 图形界面拖放文本文件，具体步骤如下：

(1) 打开 Windows 的资源管理器，窗口不要最大化，以免遮挡 AutoCAD 图形界面。

(2) 查找创建好的文本文件所在的目录。

(3) 选择创建好的文本文件图标，并用鼠标将其拖动到 AutoCAD 图形界面上，系统将文件中的文字插入绘图窗口中，并转化为多行文字对象。

4. 将 Microsoft Word 文档转化为 AutoCAD 环境下的多行文字对象

在 Microsoft Word 环境下将文字复制到剪贴板上，然后再在 AutoCAD 环境下，选择下拉菜单中的"编辑"→"选择性粘贴"，弹出"选择性粘贴"对话框，如图 2-85 所示，选择作为"AutoCAD 图元"进行粘贴，单击"确定"按钮，Word 文档即转化成 AutoCAD 环境下的单行文字对象；选择作为"文字"进行粘贴，单击"确定"按钮，Word 文档即转化成 AutoCAD 环境下的多行文字对象。

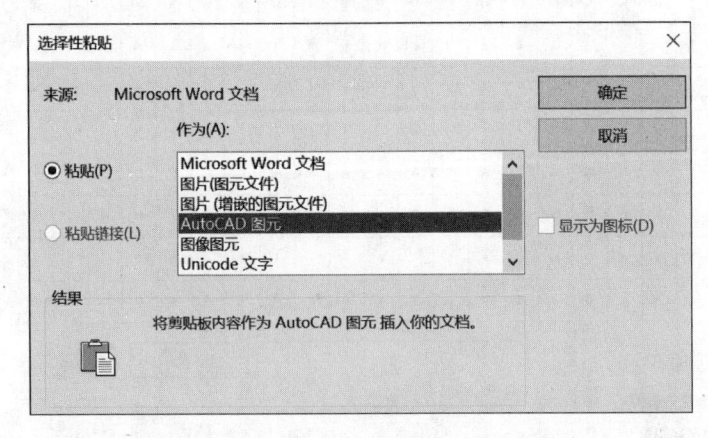

图 2-85 "选择性粘贴"对话框

四、数学公式的输入

在工程设计图纸上，常需要书写出复杂曲线或曲面的数学表达式，AutoCAD 系统没有专门的数学公式编辑器，可以采用以下几种方式在 AutoCAD 的图形界面上添加数学公式。

1. 使用堆叠符号

在工程图纸中经常需要标注一些立方米、平方米等有上下标的单位符号，AutoCAD 系统的多行文字编辑器中可以输入有上下标的符号。

例如，m^3 的符号的输入，首先在多行文字编辑器中输入如"m3^"的字样，然后用光标拖动方式选择"3^"，这时多行文字编辑器中的 $\frac{b}{a}$ 按钮就被激活了，单击该按钮，文字编辑框中"m3^"就变为 m^3。"^"符号位于选择文字的前后顺序，会影响到文字的上下位置。"^"置于文字前可使文字下沉成为下标，置于文字后可使文字上浮成为上标。另外，使用"/"可以堆叠成分式格式，使用"♯"可以堆叠成倾斜的分式格式。

2. 采用 OLE 链接（对象链接与嵌入）方式

对象的链接与嵌入技术可使主应用程序与被链接的对象之间建立一种通信关系，是 Windows 系统广泛采用的底层技术。Microsoft Word 具有较强的公式编辑功能，可在 AutoCAD 环境下插入 Word 对象。

首先在 Microsoft Word 中采用公式编辑器写出公式表达式，将公式表达式复制到剪贴板上，然后再在 AutoCAD 环境下选择"编辑"→"粘贴"，Word 文档中的公式即转化成 AutoCAD 环境下的 OLE 对象，包围该对象显示有一个边界框，但对打印出图的效果没有影响。或者直接选择下拉菜单"插入"→"OLE 对象"，在弹出的"插入对象"对话框中，选择新建已安装的公式对象，就可以打开公式编辑器输入表达式，退出时将自动嵌入到当前图形中。

视频 2-8-6
公式输入

五、文字的修改

需要对加入图形中的文字进行修改时，首先选择需要修改的文字，单击鼠标右键，弹出上下文菜单，选择上下文菜单中的"编辑多行文字"或"编辑"命令，弹出相应的多行文字文本编辑器，在文本编辑器中对需要修改的文字进行修改。一般用鼠标左键双击文本对象同样可进入编辑状态。选择下拉菜单"修改"→"对象"→"文字"→"编辑"，可对多个文本进行编辑；双击单行文本编辑也会自动进入多重编辑状态。

对采用多行文字编辑器输入的文字进行修改时，可以修改其文字的内容、大小、字体的格式及放置的角度等属性。而单行文字编辑器输入的文字，实际上为 AutoCAD 系统的图元对象，因此修改时只能修改其文字的内容。

在图形文件中文字较多时，查找所需文字并修改可以使用查找替换法。选择下拉菜单中"编辑"→"查找"，弹出"查找和替换"对话框，如图 2-86 所示。

（1）在"查找内容"选项中输入需要查找的字符。

（2）在"替换为"选项中输入需要被替换的字符，选择"全部替换"，可以批量完成相同文字的修改。

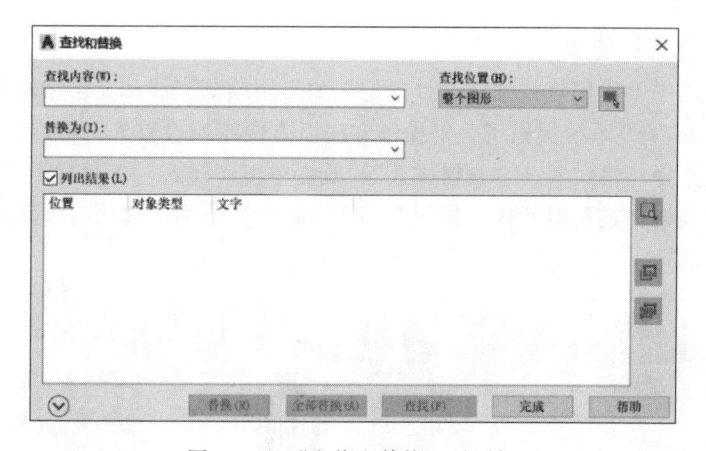

图 2-86 "查找和替换"对话框

对加入图形中的文字对象可以进行移动、旋转、复制和镜像等编辑操作。如果文字被镜像后变成了反向文字，可以修改系统变量 MIRRTEXT 使其为 0，如果为 1 则会反向。

如果需要改变图形文件中多个文字对象的高度，可以选择下拉菜单中"修改"→"特性"，在弹出的"特性"对话框中，选择文字对象高度选项，对选中的文字对象统一进行改变。还可采用标准工具栏中"特性匹配"来改变文字的高度和字体的样式。

当打开图形文件，发现文件中的字体是无法识别的乱码文字，或者为"?"符号时，可采取以下的处理方法：

(1) 乱码文字的处理。图形文件中的文字会出现乱码，是因为图形文件中的文字样式与本台计算机的 AutoCAD 文字样式不匹配。简单处理步骤为：在下拉菜单中选择"格式"→"文字样式"，弹出"文字样式"对话框，选择 AutoCAD 系统的标准文字样式作为当前的文字样式，将字体名改为中文的宋体或其他中文字体名；再在屏幕上选择需要修改的文字乱码，打开"特性"对话框，将乱码文字的样式改为 AutoCAD 系统标准文字样式，图纸中出现的乱码文字即可得到修正。

(2) "?"符号的处理。"?"符号的出现主要是因为文字样式中的字体名不是中文字体名，处理的步骤是：在下拉菜单中选择"格式"→"文字样式"，弹出"文字样式"对话框，将对应文字样式的字体名改为中文的宋体或其他中文字体名，"?"符号即可得到正确的改变。

六、替换字体

AutoCAD 文件在交流过程中，往往会因设计者使用和拥有不同的字体（特别是早期版本必须使用的单线字体），而需为其指定替换字体。这种提示在每次启动 AutoCAD 后，打开已有文件时都会出现。

这种字体替换可以在配置中一次指定，执行 config 命令或打开下拉菜单中的"工具"→"选项"，弹出"选项"对话框，在"文件"标签下，展开"文本编辑器、词典和字体文件名"，选择"替换字体文件"，在对话框中输入字体文件及其完整目录，下次启动 AutoCAD，打开已有文件时，字体替换提示将不再出现。

七、表格样式的创建

在工程图纸中常常用表格列出设计数据，如果用绘制直线和文字编辑的方法来处理较为烦琐，AutoCAD 系统提供了表格操作方法以方便绘制。首先，可以定义表格样式，在下拉菜单中选择"格式"→"表格样式"，或者单击"样式"工具栏上的"表格样式"按钮，弹出"表格样式"对话框，如图 2-87 所示。其中主要选项的含义如下：

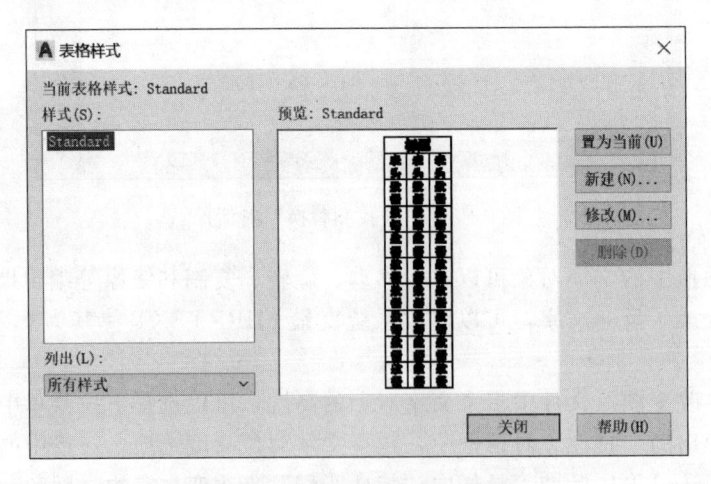

图 2-87 "表格样式"对话框

(1) "样式"，在没有进行表格样式设置前，"样式"下拉列表框中只有标准

(Standard)样式，也是系统默认的表格样式，该样式是不可重命名和删除的。

（2）"新建"，用于创建新表格样式。单击"新建"按钮，打开"创建新的表格样式"对话框，在该对话框中为新表格样式命名后，单击"继续"按钮，弹出"新建表格样式"对话框，如图2-88所示。对不同的单元样式（如标题、表头、数据，或建立新的单元样式），通过常规、文字、边框3个标签栏调整表格的外观。完成重新定义的工作后，单击"确定"返回对话框，然后单击"置为当前"按钮，这样新表格样式创建完毕，并确定为当前表格样式。

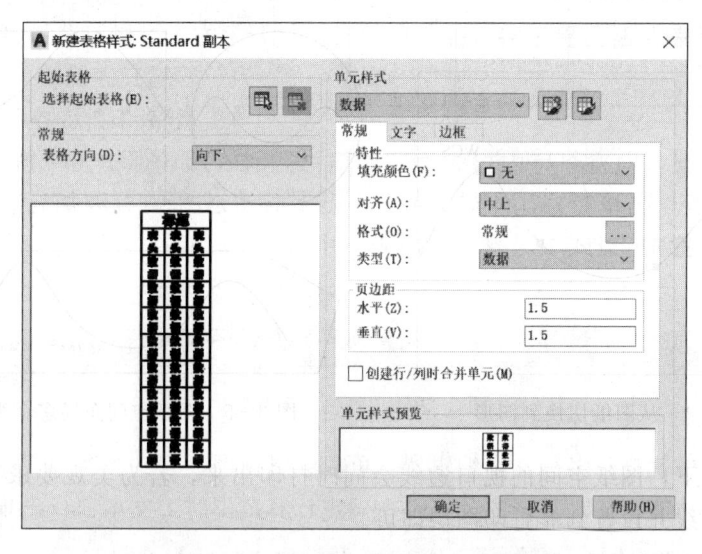

图2-88 "新建表格样式"对话框

（3）"修改"，对当前表格样式进行修改，修改后的效果可在预览栏查看。

八、创建表格

在文本窗口输入命令table，或在下拉菜单中选择"绘图"→"表格"，弹出"插入表格"对话框，如图2-89所示。输入表格的行数和列数、行高和列宽，确定后在

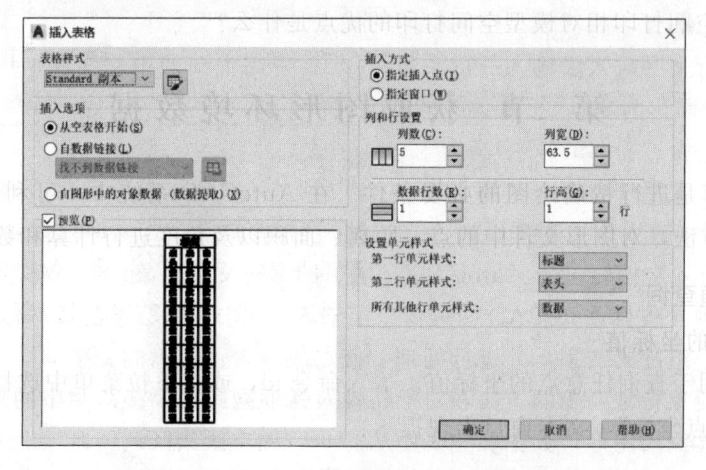

图2-89 "插入表格"对话框

屏幕上指定放置位置，将插入一个空表格，并显示多行文本编辑器，用户可以逐行逐列输入相应的文字或数据。

如果创建表格时没有指定行数和列数，也可在建立后灵活调整。选择创建的整个表格，将显示带夹点的表格，如图2-90所示，拖动夹点，可以灵活调整表格行列的大小，在行列位置上单击鼠标右键，在上下文菜单中可添加或删除行和列。

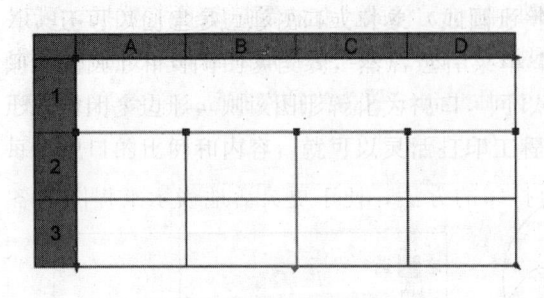

图2-90 带夹点的表格

九、表格文字编辑

单击表格的单元格，出现"表格"工具栏，如图2-91所示。利用工具栏命令按钮，可添加行、列，合并单元格，设置文字对齐方式等。

图2-91 "表格"工具栏

双击单元格就打开多行文本编辑器，可以编辑标题、表头和各单元文字。表格还具有自动计算功能，插入常用的公式，在确定计算范围时，文本窗口出现提示：

选择表格单元范围的第一个角点：(点击确定单元范围的矩形第一角点)
选择表格单元范围的第二个角点：(点击确定单元范围的矩形第二角点)

支持的计算公式除了常用的求和、求均值外，也可以输入常用的数学函数，如同Excel表格一样，回车确定后就在该单元格显示出计算的结果。

练 习 题

1. 用单行文字输入法输入一行倾角为45°、字高为5的中文文字；用多行文字输入法输入一行倾角为90°、字高为7的中文文字。
2. 输入字符"$\beta=45°$"，字高为5。
3. 用输入文字按钮输入"高程以m计"到AutoCAD图形窗口，再从Windows的资源管理器中输入该文本文件到AutoCAD图形窗口。
4. 将Word文档转化为AutoCAD环境下的多行文字对象。
5. 用两种方法在AutoCAD图形窗口上输入$y=3x^2$的数学公式。
6. 创建一组乱码文字，并进行处理，使之成为表达正确的文字。
7. 应用对象特性匹配的方法和对象特性对话框同时修改多组文字的高度。
8. 绘制比例尺图形，如图2-92所示。
9. 绘制如图2-93所示的扩展象棋棋盘，每方车马炮棋子增加一倍。

图 2-92 比例尺

10. 绘制如图 2-94 所示的标题栏。

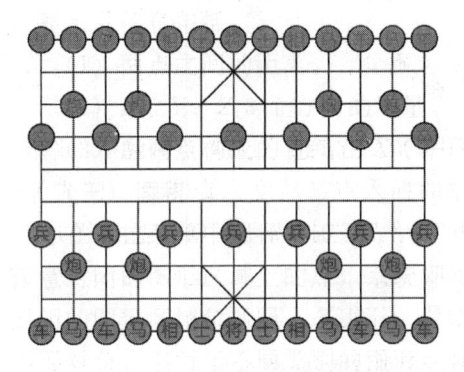

图 2-93 扩展象棋棋盘

图 2-94 标题栏（单位：mm）

思 考 题

1. 单行文字输入法和多行文字输入法有何区别？
2. 为什么 AutoCAD 图形窗口上会出现乱码文字？
3. 将 Word 文档中公式插入到 AutoCAD 图形窗口后，是什么格式？
4. 在输入汉字时出现"?"怎样解决？
5. 表格在公式计算时确定范围的简便方法是什么？

第九节 尺 寸 标 注

本节介绍标注样式的设置及各种类型的尺寸标注方式。AutoCAD 系统的尺寸标注模式如图 2-95 所示，包括文字、尺寸线、箭头、尺寸界线、尺寸界线超过尺寸线距离，尺寸界线起点偏移量等图形元素。

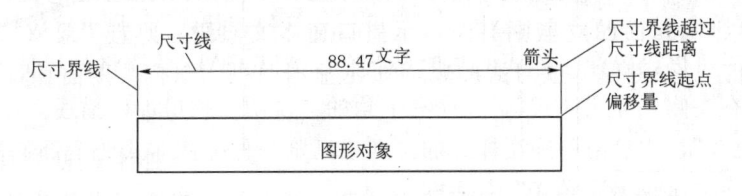

图 2-95 尺寸标注模式

一、尺寸标注样式的设置对话框

选择下拉菜单中的"格式"→"标注样式"，弹出"标注样式管理器"对话框，如图 2-96 所示。

第二章 AutoCAD 基础绘图

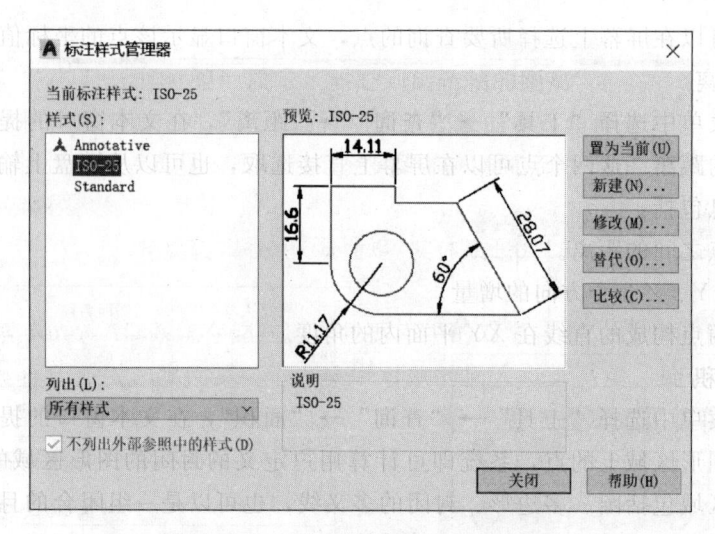

图 2-96 "标注样式管理器"对话框

在"标注样式管理器"对话框左边的列表框中，列出的是标注样式的名称，AutoCAD 系统指定 ISO-25 为默认标注样式；中间是尺寸标注样式的预览区。下方有：

(1) "列出"，下拉框中列出可供选择的所有的样式。

(2) "说明"，是尺寸标注样式的说明。

右边的一排按钮分别是：

(1) "置为当前"，将选中的样式设置为当前尺寸标注的样式。

(2) "新建"，新建标注样式。选择"新建"，出现"创建新标注样式"对话框，如图 2-97 所示，输入名称，选择参考的标注样式，单击"继续"按钮，弹出"新建标注样式"对话框，如图 2-98 所示，可进行新的标注样式设置。

(3) "修改"，修改设置尺寸标注的样式。单击"修改"按钮，弹出"修改标注样式"对话框，其界面与图 2-98 一致，可进行尺寸标注样式的修改。

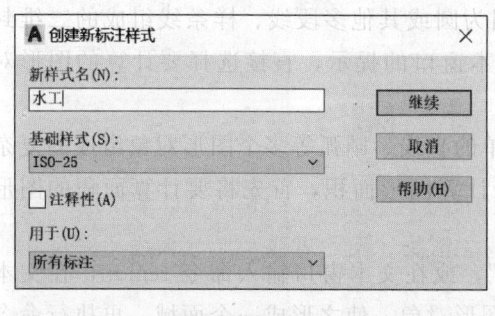

图 2-97 "创建新标注样式"对话框

(4) "替代"，弹出"替代当前样式"对话框，此时可以设置标注样式的临时替代值。AutoCAD 系统将替代值作为一种标注样式显示在左侧"标注样式"，并在右下角的"说明"栏里加以描述。

(5) "比较"，比较两种标注样式的区别或浏览一种标注样式的全部特性。单击该按钮可以弹出"比较标注样式"对话框。

二、尺寸标注样式设置

"新建标注样式"设置对话框和"修改标注样式"对话框均有七个标签，分别为：线、符号和箭头、文字、调整、主单位、换算单位、公差。下面分别介绍各个选项的设置或修改要求：

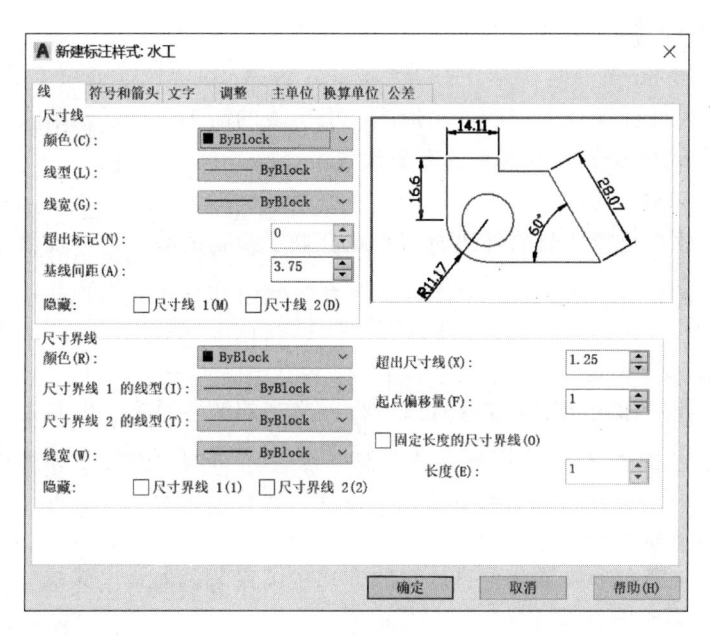

图2-98 "新建标注样式"对话框

(一) 线

1. 尺寸线组合框

(1) 可以设置尺寸标注线的颜色和线宽。

(2) 超出标记的设置,用于采用短斜线作为尺寸箭头时,设置尺寸线超出尺寸界线的长度。

(3) 基线间距的设置,用于设置两条尺寸线间的距离,也可以通过系统变量DIMDLI改变该设置。

(4) 隐藏,尺寸线1隐藏的效果如图2-99所示。尺寸线2隐藏的效果同理。

2. 尺寸界线组合框

(1) 设置尺寸界线的颜色和界线的线宽。

(2) 超出尺寸线设置,用于设置尺寸界线超出尺寸线的那一部分长度,也可以通过系统变量DIMEXE改变该设置。

(3) 起点偏移量设置,用于设置尺寸界线的实际起始点与图形对象起始点之间的距离,也可以通过系统变量DIMEXO改变该设置。

(4) 隐藏,尺寸界线1隐藏的效果如图2-100所示。尺寸界线2隐藏的效果同理。

图2-99 尺寸线隐藏的效果　　图2-100 尺寸界线隐藏的效果

(二) 符号和箭头

1. 箭头组合框

用于选择尺寸标注线两端的箭头形式，引出线的箭头形式以及箭头的大小。可以通过系统变量 DIMASZ 改变箭头的大小设置。

2. 圆心标记组合框

将尺寸线放在圆或圆弧的外边时，系统会自动绘制圆心标记，提供了 3 种圆心标记类型。

(三) 文字

1. 文字外观组合框

(1) 可以设置标注文字的文字样式，标注文字的颜色及文字的高度。

(2) 选择绘制文字边框按钮，在标注的文字外加上方框，可以用来标注基准尺寸。

2. 文字位置组合框

可以设置文字水平放置和垂直放置的方式，设置文字离开尺寸线的距离等。

3. 文字对齐组合框

可以设置文字对齐的方式：水平放置；随标注线放置；ISO 标准放置（当文字在尺寸界线内时，文字与尺寸线对齐；当文字在尺寸界线外时，文字水平排列）。

(四) 调整

1. 调整选项组合框

用于控制文字、箭头、引线和尺寸线的放置，选择标注时的自适应类型。

2. 文字位置组合框

用于设置当标注文本不在默认位置时所放置的位置。

3. 标注特征比例组合框

用于设置全局标注的标注比例或图纸空间比例。

改变全局比例设置，将改变包含文字的间距和箭头大小等整个标注样式图块的比例，这个比例不改变标注测量值。当标注样式在图形对象上整体显得比例过大或过小时，可以直接调整标注特征比例，省去对各项参数逐个调整的烦琐工作。也可以通过系统变量 DIMSCALE 修改该比例值。

4. 优化组合框

可以设置附加的适应类型。手动放置文字选项将提示用户手工确定文本的位置。一般在尺寸界线之间绘制尺寸线，在箭头处于界线之外时加上标注线。

(五) 主单位

1. 线性标注组合框

可以设置线性标注的单位格式及精度，还可以设置小数点分隔符以及标注文本的前缀和后缀。

2. 测量单位比例组合框

用于设置尺寸标注时的测量单位比例。即可设置除角度之外的所有标注类型的线性标注测量值比例因子，系统按照在此项中输入的数值放大或缩小标注测量值。该长度比例值也可由 DIMLFAC 系统变量改变。

如建筑物结构图应以 cm 为单位标注建筑物尺寸，但在实际绘图时仍可以用 m 为单位按 1∶1 比例绘图，通过修改测量单位比例因子，就能达到以 cm 为单位标注建筑物尺寸的目的。

3. 消零组合框

用于确定是否将标注文字中小数点前后的 0 去掉，如 0.900 变为 .900，1.500 变为 1.5。

4. 角度标注组合框

用于设置角度标注的单位和精度等。

（六）换算单位

可以设定公制、英制两种换算单位，便于同时标注公制和英制两种尺寸文本。

1. 显示换算单位复选框

选择该选项，将在尺寸标注时同时标注公制和英制两种尺寸文本。

2. 换算单位组合框

若将英制单位视为替代尺寸，该组合框可以设置替代尺寸的单位和精度，还可以设置替代尺寸文本位置以及替代尺寸文本的前缀和后缀。

3. 消零组合框

用于确定替代尺寸文字中小数点前后的 0 是否去掉。

4. 位置组合框

用于选择替代尺寸文本放在尺寸文本之后或者之下。

（七）公差

在机械制造中公差可以用来表示加工精度，但在水利水电工程中不常使用。在公差格式组合框中，可以设置公差标注的方式和精度、上偏差和下偏差值、偏差文字的高度缩放值、尺寸文本的对齐方式等。

创建了新的主尺寸标注样式"水工"后，还可以建立以"水工"为主尺寸标注样式的子尺寸标注样式，以满足某些尺寸标注时的特殊要求。如图 2-96 所示的"标注样式管理器"对话框中，在"样式"选择框中选择"水工"，在右边的按钮中选择"新建"，同样出现如图 2-97 所示的"创建新标注样式"对话框，在"用于"选项中，选择"半径"等，选择"继续"，弹出"新建标注样式"对话框，可以对诸如半径、角度等的子尺寸标注样式的各项参数进行设置。尺寸标注时，系统优先采用子尺寸标注样式，若某类型标注没有子尺寸标注样式，则采用主尺寸标注样式。

三、标注尺寸

各种类型的标注命令在"标注"下拉主菜单中，还提供了"标注"工具栏，如图 2-101 所示。使用时可将"标注"工具栏显示到桌面以便于操作。

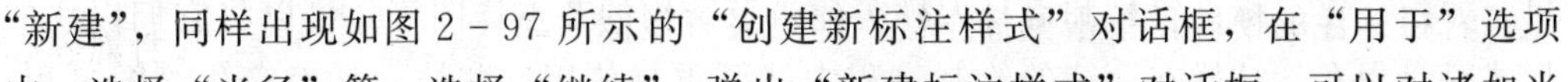

图 2-101 "标注"工具栏

1. 正向线性标注

用于标注对象在当前坐标系下 X 轴或 Y 轴方向上的尺寸。在文本窗口输入命令 dimlinear，或在下拉菜单中选择"标注"→"线性"，文本窗口出现提示：

指定第一条尺寸界线原点或<选择对象>：(在需要标注的图形对象附近拾取第一个点)

指定第二条尺寸界线原点：(在需要标注的图形对象附近拾取第二个点)

指定尺寸线位置或[多行文字(M)/文字(T)/角度(A)/水平(H)/垂直(V)/旋转(R)]：

用户可以根据需要选择上述选项，对图形对象进行正向线性标注。如在第一个和第二个提示下，直接在需要进行标注的图形对象附近拾取点，系统按测量的尺寸值完成正向线性标注；如在第三个提示下输入 M，系统弹出多行文本编辑器，可以重新输入线性标注的文字。

2. 斜向（对齐）线性标注

用于对倾斜线的图形对象进行长度标注。在文本窗口输入命令 dimaligned，或在下拉菜单中选择"标注"→"对齐"，文本窗口出现提示：

指定第一条尺寸界线原点或<选择对象>：(用于在需要标注的图形对象附近拾取第一个点)

指定第二条尺寸界线原点：(用于在需要标注的图形对象附近拾取第二个点)

指定尺寸线位置或[多行文字(M)/文字(T)/角度(A)]：m (用于重新输入线性标注的文字)

同正向线性标注一样，用户可以根据需要选择上述选项，完成斜向线性标注。

3. 坐标标注

在下拉菜单中选择"标注"→"坐标"，可以对图形对象的某坐标点进行当前坐标系下 X 坐标或 Y 坐标标注，或作说明。用户在文本窗口提示下可以选择标注的内容和方向。

4. 半径标注

在下拉菜单中选择"标注"→"半径"，直接选择圆或圆弧，便出现对圆或圆弧进行半径标注的模块，单击鼠标左键，即完成半径标注。

5. 直径标注

在下拉菜单中选择"标注"→"直径"，直接选择圆或圆弧，便出现对圆或圆弧进行直径标注的模块，单击鼠标左键，即完成直径标注。

6. 角度标注

在下拉菜单中选择"标注"→"角度"，按提示选择对象，可以标注圆、圆弧和两相交线之间的角度。

7. 基线标注

在下拉菜单中选择"标注"→"线性"，用与线性标注相同的方法，首先标注出图形对象的第一段基线尺寸；接着在下拉菜单中选择"标注"→"基线"，系统根据用户所选择图形对象的不同点，以相同的基准对图形对象进行标注，如图 2－102 所示。

8. 连续标注

在下拉菜单中选择"标注"→"线性"，用与线性标注相同的方法，首先标注出图形对象的第一段线性尺寸；接着在下拉菜单中选择"标注"→"连续"，系统根据用户所选择图形对象的不同点，依次按间隔进行标注，如图 2-103 所示。

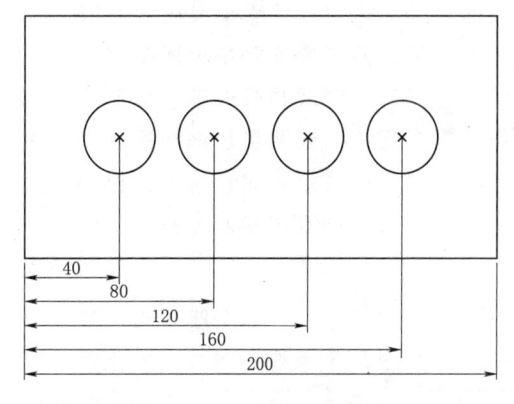

图 2-102　基线标注样式　　　　　　图 2-103　连续标注样式

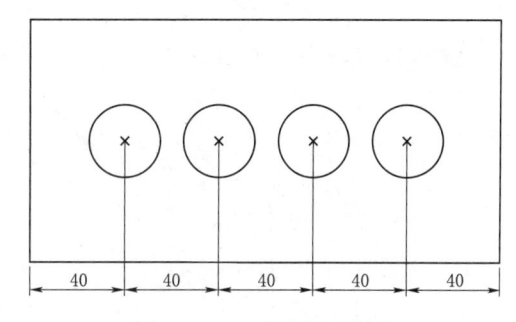

9. 快速标注

在下拉菜单中选择"标注"→"快速标注"，同时选择多个对象进行基线标注或连续标注，可节省时间，提高工作效率。文本窗口出现提示：

命令：_qdim

关联标注优先级 = 端点

选择要标注的几何图形：(选择要标注尺寸的多个对象后回车)

指定尺寸线位置或 [连续(C)/并列(S)/基线(B)/坐标(O)/半径(R)/直径(D)/基准点(P)/编辑(E)/设置(T)] <连续>：(选择标注的类型，默认采用连续标注)

10. 引线标注

引线标注用于对小尺寸图形如小孔洞的标注。在下拉菜单中选择"标注"→"多重引线"，文本窗口出现提示：

命令：_mleader

指定引线箭头的位置或 [引线基线优先(L)/内容优先(C)/选项(O)] <选项>：(指定引线标注的第一个引线点即箭头位置)

指定引线基线的位置：(指定引线标注的第二个引线点)

此时弹出多行文本编辑器，输入需要标注的内容即可。如果在指定引线箭头位置时直接回车，则可以对引线的类型和参数进行设置。也可以修改当前的引线样式或新建引线样式，在下拉菜单中选择"格式"→"多重引线样式"，弹出"多重引线样式管理器"对话框，如图 2-104 所示，单击"修改"按钮，可以对当前引线标注样式进行设置，设置对话框中有 3 个标签页，如图 2-105 所示。为便于使用，AutoCAD 系统还提供了"多重引线"工具栏。

11. 圆心标记

用来标记圆和圆弧，样式可以在"标注样式管理器"对话框中进行定义。在下拉菜单中选择"标注"→"圆心标记"或输入命令 dimcenter，在文本窗口的提示下，

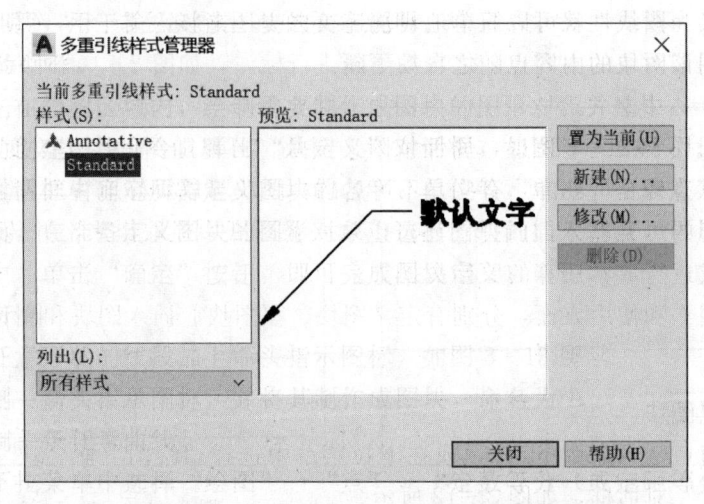

图 2-104 "多重引线样式管理器"对话框

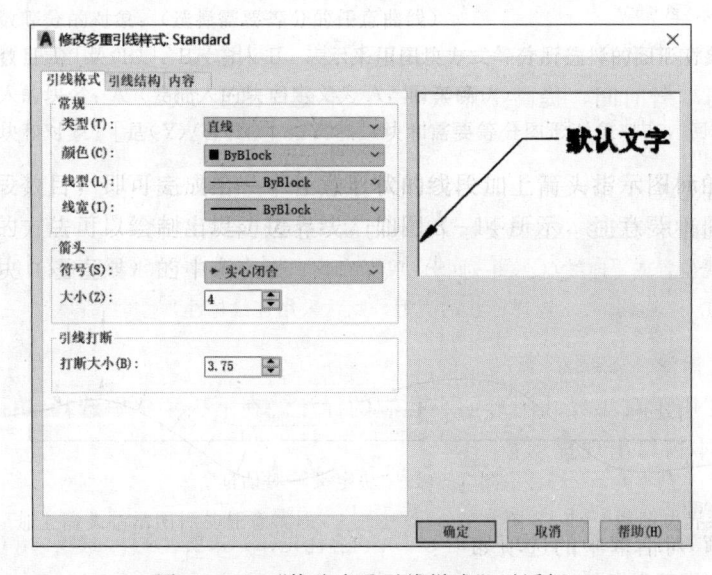

图 2-105 "修改多重引线样式"对话框

选择圆弧或圆，系统对所选择的圆弧或圆进行圆心标记。

12. 弧长标注

用来标注圆弧的弧长。选择下拉菜单"标注"→"弧长"，文本窗口提示：

命令：_dimarc

选择弧线段或多段线圆弧段：(选择圆弧段)

指定弧长标注位置或 [多行文字(M)/文字(T)/角度(A)/部分(P)/引线(L)]：(指定标注位置或选择选项)

13. 半径折弯标注

如果圆弧的半径标注干扰其他图形，可采用半径折弯标注。在下拉菜单中选择

"标注"→"折弯",文本窗口提示:

命令:_dimjogged
选择圆弧或圆:(选择要标注半径的圆或圆弧)
指定图示中心位置:(指定圆或圆弧的假定中心)
指定尺寸线位置或［多行文字(M)/文字(T)/角度(A)］:(指定尺寸线位置或选择选项)
指定折弯位置:(指定折弯位置)

14. 折弯线性标注

用于在线性标注上添加折弯线。在下拉菜单中选择"标注"→"折弯线性",文本窗口提示:

命令:_DIMJOGLINE
选择要添加折弯的标注或［删除(R)］:(选择要折弯的线性标注)
指定折弯位置(或按 ENTER 键):(指定折弯位置或回车自动确定)

15. 标注打断

用于将标注线打断以避免干扰。在下拉菜单中选择"标注"→"标注打断",文本窗口提示:

命令:_DIMBREAK
选择要添加/删除折断的标注或［多个(M)］:(选择要折断的标注)
选择要折断标注的对象或［自动(A)/手动(M)/删除(R)］＜自动＞:M(手动方法确定折断位置)
指定第一个打断点:(指定打断的起点)
指定第二个打断点:(指定打断的终点,两点之间的尺寸线被删除)

四、编辑尺寸标注

当需要对已有的尺寸标注进行编辑修改时,用户可直接双击尺寸文字,也可以通过对象"特性"对话框来修改已有的尺寸标注。在下拉菜单中选择"修改"→"特性",弹出"特性"对话框,选择需要修改尺寸的标注,在"文字"标签下的"文字替代"项可以填写修改后的内容,如图 2-106 所示。

在工程设计中,绘制形状相似,但尺寸大小不同的部件的草图是经常遇到的问题。按照标准的尺寸重新进行绘制,费时又费力。采用"文字替代"的方法,修改已经绘制好的近似图形的标注,可以快速得到新草图。但在通常情况下,尺寸保持为自动测量数值,随图形的变化而变化,这便于检查图形是否正确。

要移动标注文字的位置,可在尺寸文字夹点的上下文菜单中选择。要设置尺寸精度和替换样式等,可在尺寸的上下文菜单中选择。

图 2-106 "特性"对话框中尺寸文字替代

练 习 题

1. 在"修改标注样式"对话框的"线"标签中,修改尺寸界线超出尺寸线的那一部分长度和尺寸界线的起始点偏移量。
2. 绘制一段直线,进行线性标注,再使用全局比例选项,一次性改变尺寸标注样式的比例。
3. 在"工程"的主尺寸标注样式中,设置一个半径标注的子尺寸标注模式(半径标注文字总为水平)。
4. 以 m 为单位绘图后,以 cm 为单位标注尺寸。
5. 应用基线和连续标注完成如图 2-102 和图 2-103 所示的标注。
6. 对图 2-107 所示图形练习各种尺寸标注。
7. 绘制重力坝剖面图,并进行斜坡坡比等标注,如图 2-108 所示。

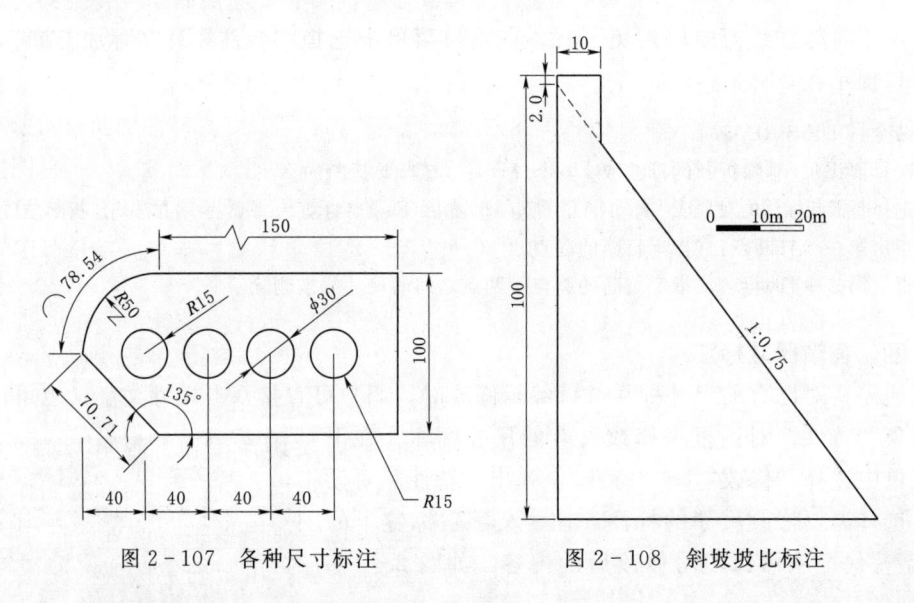

图 2-107 各种尺寸标注

图 2-108 斜坡坡比标注

8. 应用坐标标注方法完成如图 2-109 所示的桩号标注。

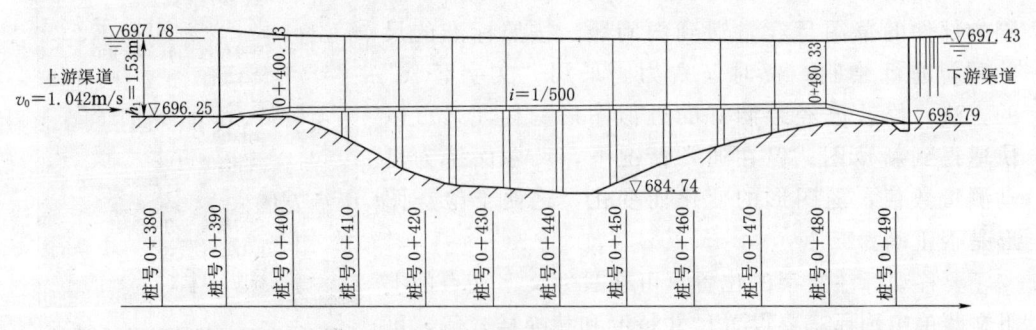

图 2-109 桩号标注

9. 绘制一条横坐标轴（坐标轴长100），并标注出坐标轴上的刻度（$X=0 \sim 90$），如图2-110所示。

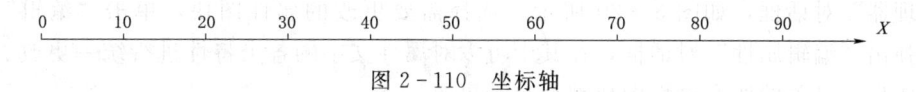

图2-110 坐标轴

思 考 题

1. 尺寸标注时，系统如何选择主尺寸标注样式和子尺寸标注样式？
2. "文字替代"在尺寸标注中有何意义？

第三章

AutoCAD 图形管理

本章主要讲述 AutoCAD 系统的图形打印和数据交换、使用图块等图形管理内容。

第一节 打印输出图形

利用计算机辅助绘制完工程图纸后，必须按要求打印输出，以用于指导工程施工。要想得到一张完整美观的图纸，必须恰当地规划图形的布局，合理地安排图纸规格和尺寸，正确地选择打印设备及各种打印参数。

一、模型空间打印

在通常的绘图模型空间状态下，在文本窗口输入命令 plot，或从下拉菜单中选择"文件"→"打印"，弹出"打印"对话框，如图 3-1 所示。

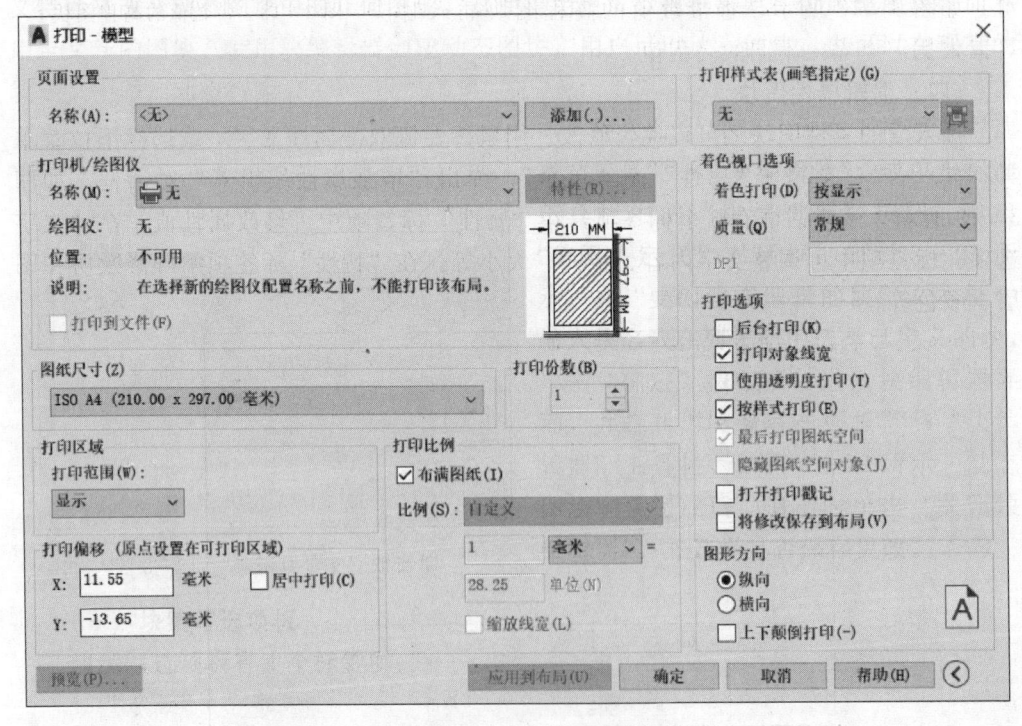

图 3-1 "打印"对话框

（一）打印设备的参数设置

对打印设备需要进行以下设置。

（1）设置打印机/绘图仪。在打印机名称的下拉选择框中，选择与计算机连接的打印机型号。当打印机的型号选择好后，右边的"特性"按钮被激活，其中"特性"按钮可以用于查看或修改打印机的配置信息，显示"绘图仪配置编辑器"。

（2）选择打印样式表。使用打印样式能够改变图形中对象的打印效果，例如，可以用不同的方式打印同一图形，分别强调工程结构中的不同元素或层次。打印样式包括一系列颜色、抖动、灰度、淡显、线型、连接样式和填充样式的替代设置，可以给任何对象或图层指定打印样式。

在打印样式表的下拉选择框，可以选择打印样式。

1）acad.ctb 等式样，在特性组合框中，颜色为使用对象颜色，用于彩色打印。

2）monochrome.ctb 式样，在特性组合框中，颜色为黑色，用于黑白打印。

在打印样式表的下拉选择框中选择了一种打印样式后，右边的"编辑"按钮则被激活。单击"编辑"按钮，弹出打印样式编辑器，在这个对话框中用户可以为图形中不同的对象重新分配不同颜色、线型和线宽。

改变图形对象线宽有很多种方法。最常用的办法是通过层的设置，对不同的图形对象设置不同的颜色和线宽。也就是说在绘图的时候，不同类型的图形对象，根据需要放置到不同图层上，绘制成不同的颜色，然后在打印输出时不同颜色设置不同的线宽。

线宽的大小主要由打印设备分辨率和打印点之间的宽度决定的，公式为＜点距＞/＜设备分辨率＞，因此同样的线宽，在不同打印设备上输出的实际宽度并不一样。

一般情况下可以直接使用各种打印样式的默认设置，即不要随意对打印样式框内的选项进行修改，以免造成混乱。用户可以新建自己的打印样式，点击打印样式表内的"新建"项，按照向导添加新的打印样式表。设置每种颜色的打印特性时，表视图和表格视图可任选其中一种，对使用到的颜色设置打印颜色、线宽、连接样式等。

（二）打印设置

用于设置图纸大小和图纸单位、绘图方向、打印区域、打印比例、打印偏移量等。

1. 图纸尺寸组合框

在图纸尺寸的下拉列表框中，用户可以选择打印纸的型号，工程上常用的打印纸的型号有 A0、A1、A2、A3、A4。确定了打印纸的型号，也就确定了最大可能的可打印区域。

2. 打印区域组合框

打印区域的选择有以下方法。

（1）"图形界限"，选择该选项，绘图界限定义的区域被打印。

（2）"范围"，与下拉菜单中"视图"→"缩放"→"范围"选项相同，打印输出当前全部图形。

第三章 AutoCAD 图形管理

（3）"显示"，选择该选项，打印输出当前图形窗口显示的视区。

（4）"窗口"，选择该选项，打印用户采用窗口选定的图形部分。

3．打印比例组合框

手工绘图时，绘图比例和输出比例是相同的；而计算机辅助绘图时，绘图比例和打印输出比例是两个概念。打印输出比例可以采取系统自动按图纸空间缩放的比例，或用户自定义比例两种方式。

（1）按图纸空间缩放，系统按照设置的打印纸的规格和当前需要打印的图形文件的尺寸大小自动给出缩放比例。

（2）自定义比例，用户可以自己定义打印比例。

如图 3-2 所示的打印比例中计算式的含义为

打印出来图形的实际单位＝缩小倍数×当前图形文件的图形单位

实际打印出来的图形单位为 mm；当前文件的图形单位是用户自己认定的，可以是 km、m、cm、mm，系统默认的图形单位为 mm。

如图 3-2 所示，1（毫米）＝2.4（单位），表示将 2.4 个图形单位长度缩小到 1 个单位长度（mm）后打印。由于图形文件单位可以由用户自己定义，则最后打印出来的图形的实际比例可以解释为：

（1）若图形文件的绘图单位为 mm，即打印出来的图形的实际比例是 1∶2.4。

（2）若图形文件的绘图单位为 m，即打印出来的图形的实际比例是 1∶2400。

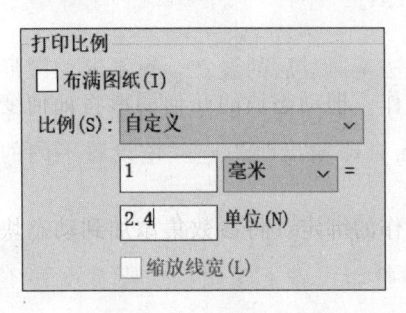

图 3-2 打印比例

通常情况下，打印比例组合框中显示的比例不是标准的比例；同时对于同一幅图形，用户采用纸的型号大小不同或用户给定的打印窗口大小不同时，打印比例组合框中显示的比例也会发生变化，因此采用随图形大小变化的比例尺表达所绘图形的比例更适合。

4．图形方向组合框

图形方向组合框用于确定图纸打印的方向，图纸打印的方向有纵向和横向以及上下颠倒打印。

5．打印偏移组合框

打印偏移组合框用于指定打印偏移量。一般选择居中的选项。

6．打印选项组合框

默认选中"打印对象线宽""按样式打印"，但也可以在此灵活选择。

7．着色视口选项组合框

在打印三维图形时，可选择按线框打印还是按着色的效果打印，对二维图形没有影响。

8．页面设置组合框

页面设置组合框用于进行打印设置的保存。AutoCAD 系统可以为用户的打印设置命名，并进行保存。如果用户只需要按照上一次的打印设置进行打印，可以在页面设置名组合框下的下拉列表框中,选择"上一次打印",即可利用上一次的打印设置进行打印。

9. 打印预览

开始打印之前,希望先预览一下图形。点击"预览",显示打印预览效果,可以实时缩放查看。单击鼠标右键,选择"退出"结束预览。在打印对话框中,单击"确定"按钮即可进行打印。

二、图纸空间打印

AutoCAD 系统还提供了在图纸空间打印的方法,便于更灵活地表示工程图的各个部分。

(一) 图纸空间打印设置

用鼠标左键单击图形区下方标签栏模型空间旁边的布局空间,比如"布局1",此时将按默认设置显示打印图纸的预览状态,在布局卡上右键单击得到上下文菜单,再选择页面设置管理器,在弹出对话框中针对布局页单击"修改"按钮重新设置,弹出"页面设置"对话框,如图 3-3 所示。

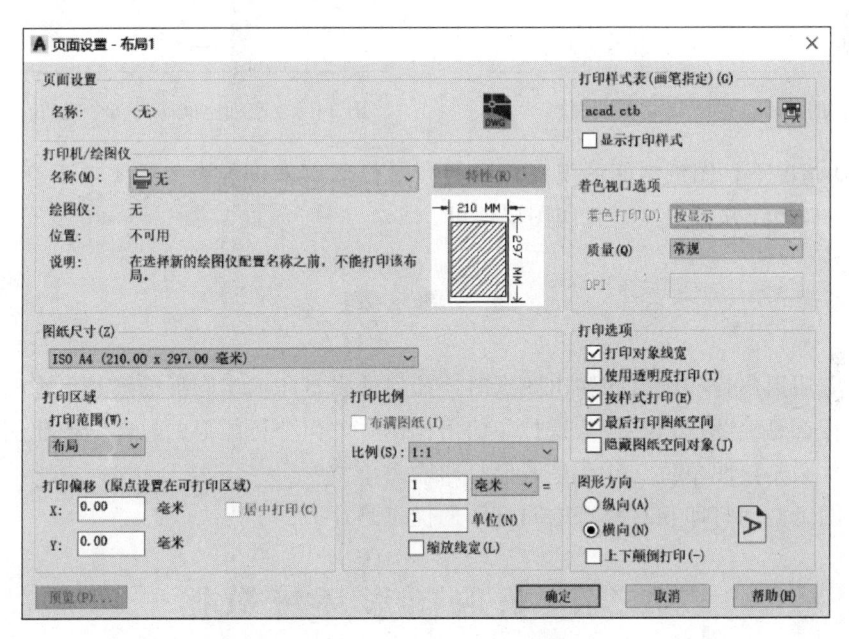

图 3-3 "页面设置"对话框

可以看到,"页面设置"对话框和"打印"对话框类似,同样在其中选择打印设备和设置打印参数,单击"确定"按钮即可。此时,图纸空间的显示几乎等同于打印后的效果,直接选择下拉菜单中的"文件"→"打印",单击"确定"按钮即可完成打印。

在图纸空间中可以灵活地调整布局,如图 3-4 所示,显示的矩形框为视口,鼠标双击视口内部,则切换到模型空间,可以进行图形的缩放和平移操作,调整图形的打印比例和范围;鼠标双击视口外部,则又切换回布局空间,调整视口边框的大小和位置，可以灵活地将打印区域布局到图纸上。

（二）图纸空间的多视口打印

在图纸空间中还可以创建多个视口，打印图纸的各个部分。除了默认的矩形视口外，还可以创建多边形视口或对象（如圆形等）视口，如图3-5所示。先在图纸空间绘制圆形和封闭的多段线，然后选择菜单"视图"→"视口"→"对象"，选择圆形或封闭多边形，则该图形转化为视口，可以在其中显示模型空间的图形。灵活调整每个视口的比例和内容，就可以灵活打印工程图的各个部分。

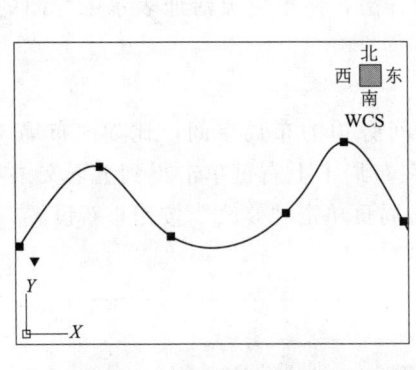

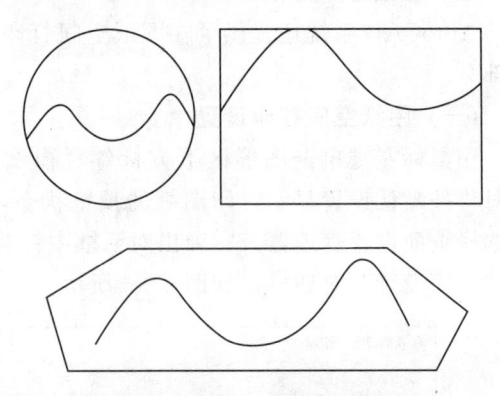

图3-4 从图纸切换到图形　　　　图3-5 图纸空间布局多个视口

默认情况下，图纸空间的视口边线会同时打印出来，若为美观要求不打印边线，可选择视口边线并设置到非打印图层即可。

思 考 题

1. 应用黑白打印机打印输出图纸时，如何使得打印输出图形的线条更清晰？
2. 什么是绘图比例？什么是打印输出比例？如何分析图形的打印输出比例？
3. 什么是绘图单位？什么是图形打印输出单位？
4. 图纸空间打印相对模型空间打印的优点是什么？

第二节　获取图形环境数据

数值计算是进行精确绘图的必要条件。在AutoCAD系统中，可利用AutoCAD图形化操作方法，对图形文件中的点、距离、面积以及角度进行计算和数值查询。

一、数值查询

（一）点的坐标值

id命令用于查询任意点的坐标值。输入命令id，或在下拉菜单中选择"工具"→"查询"→"点坐标"，文本窗口出现提示：

指定点：（选择需要查询坐标的任意点）

用户即可以在屏幕上选择所要查询的点，文本窗口显示该点的坐标值。

（二）距离

在下拉菜单中选择"工具"→"查询"→"距离"，在文本窗口的提示下，可以查询两点间的距离。这两个点可以在屏幕上直接选取，也可以从键盘上输入。文本窗口显示的信息包括：

（1）两点之间的距离。

（2）X、Y、Z 3个方向的增量。

（3）由两点构成的直线在 XY 平面内的角度。

（三）面积

在下拉菜单中选择"工具"→"查询"→"面积"，在文本窗口的提示下，指定任意封闭的图形区域上的点，系统即可计算用户定义的封闭的图形区域的面积大小。封闭的图形区域包括圆、多边形、封闭的多义线，也可以是一组闭合的且端点相连的图形对象。但对于不同类别的图形，其计算方法也不尽相同。

（1）简单的封闭图形对象。对于由简单的直线组成的封闭图形对象，如矩形、三角形、任意多边形等。只需直接执行命令 area。

命令：area
指定第一个角点或 [对象(O)/增加面积(A)/减少面积(S)]＜对象(O)＞：

1）选择"指定第一个角点"的选项进行查询，其步骤是：依次捕捉选取矩形或三角形各转折点，回车确认，AutoCAD 系统将自动计算面积、周长，并将其结果列于文本窗口。

2）选择"对象"的选项进行查询，因为圆或其他多段线、样条线组成的二维封闭图形可以看作为一个图形对象，根据文本窗口的提示，直接选择要计算的图形对象，查询结果即列于文本窗口。

（2）复杂的封闭图形对象。对于由简单的直线、圆弧等多个图形对象组成的复杂的封闭图形对象，不能直接执行 area 命令计算图形面积，首先将要计算面积的图形创建成一个面域。

在下拉菜单中选择"绘图"→"面域"，或在文本窗口输入命令 region，在文本窗口提示下选择组成复杂封闭图形的整个图形对象，使之形成一个面域，再执行命令 area，选择"对象"选项，根据文本窗口提示，选择刚建立的面域图形，AutoCAD 系统将自动计算面积、周长，并且还显示该面域的惯性矩、面积矩、实体的质心等属性。

（四）面域/质量特性

"面域/质量特性"选项用于计算二维面域或三维实体的质量特性。若选择的对象为二维面域，则显示其面积、周长、边界框、质心、旋转半径等。若选择三维实体，则显示质量、体积、边界框、质心、惯性矩、惯性积、旋转半径等。这些物理量有助于进行物体的力学分析，如：

（1）惯性矩，用于计算绕给定的轴旋转对象（例如车轮绕车轴旋转）时所需的力。
$$惯性矩＝质量×质心到旋转轴的距离^2$$
（2）惯性积，用于确定对象运动的转动惯量张量的非对角部分。
$$惯性积_{YZ}＝质量×质心到Y轴的距离×质心到Z轴的距离$$
（2）旋转半径。
$$旋转半径＝(惯性矩/实体质量)^{1/2}$$

（五）列表

用于检索 AutoCAD 系统存储在图形数据库中的对象信息，这些信息包括：图元对象的位置坐标、图层、颜色及线型；文字对象的插入点、高度、旋转角、样式等。在下拉菜单中选择"工具"→"查询"→"列表"，然后选择需要了解信息的图形对象，该图元的信息即在文本窗口显示。

二、对象特性查询

图形对象的信息除了用列表方法查询外，还可用对象特性管理器来查询，在下拉菜单中选择"工具"→"选项板"→"特性"，或选择"修改"→"特性"，或在标准工具栏中单击"特性"按钮，弹出"特性"对话框，如图 3-6 所示。

选择要查询信息的图形，"特性"对话框中显示该图形的信息，如所在图层、颜色、坐标点等，若选择多个图形，则显示数据项相同的部分。

"特性"对话框的功能不止于查询，还可以直接修改数据，单击相应项目进行修改，可以看到图形也随之变化，这表明了数据和图形之间的对应关系。除了修改单个图形，还可以同时修改多个图形，如图 3-7 所示，选择多条直线，将起点改为同一点时，多条直线同时得到了修改，十分方便。

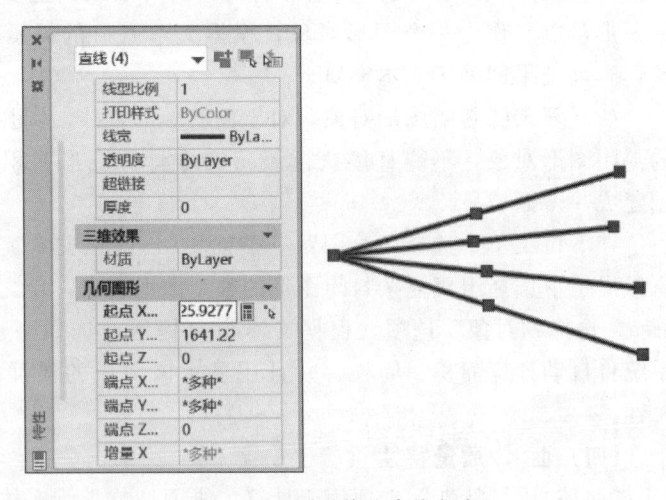

图 3-6 "特性"对话框　　　　图 3-7 同时修改直线起点

用鼠标左键双击图形时，系统默认弹出快捷特性对话框，如图 3-8 所示，在其中也可查询和修改图形的一些常用数据。若要弹出完整的对象特性对话框，在选中图形后的上下文菜单中选择"特性"项即可。

三、数值计算

AutoCAD 系统具有内部函数计算器功能，其命令为 cal，能为工程图形的绘制过程提供在线计算功能。该计算器具有和普通的计算器一样的功能，可以完成加、减、乘、除运算以及三角函数等的运算，这使得用户在使用 AutoCAD 系统绘图过程中，可以在不中断命令的情况下，利用其计算功能进行算术运算，AutoCAD 系统则将运算的结果直接作为命令的参数使用。

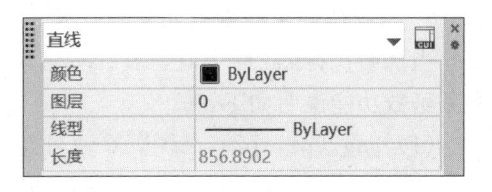

图 3-8 直线的快捷特性对话框

cal 还具有与一般的计算器不同的功能，即可以进行几何运算，它可以进行坐标点和坐标点之间的加减运算，使用 AutoCAD 系统的"捕捉（OSNAP）"模式，捕捉屏幕上的坐标点参与运算；还可以自动计算几何坐标点，如计算两条相交直线的交点，计算直线上的等分点等，还具有计算线段的矢量和法线的功能。

在 AutoCAD 系统的文本窗口输入命令 cal，将启动内部函数计算器功能命令，系统自动完成输入的表达式的计算工作。

1. 普通计算器功能

作为一个普通的计算器，可以用来计算与加、减、乘、除等有关的标准数学表达式，并遵从运算表达式的标准数学运算次序。cal 支持建立在科学/工程计算器之上的大多数标准函数，主要包括：

(1) sin（角度），返回角度的正弦值。
(2) cos（角度），返回角度的余弦值。
(3) tang（角度），返回角度的正切值。
(4) asin（实数），返回实数的反正弦值（实数必须在－1～1之间）。
(5) acos（实数），返回实数的反余弦值（实数必须在－1～1之间）。
(6) atan（实数），返回实数的反正切值。
(7) ln（实数），返回实数的自然对数值。
(8) log（实数），返回实数的以 10 为底的对数值。
(9) exp（实数），返回实数 e 的幂值。
(10) exp 10（实数），返回实数 10 的幂值。
(11) sqr（实数），返回实数的平方值。
(12) sqrt（实数），返回实数的平方根值。
(13) abs（实数），返回实数的绝对值。
(14) round（实数），返回实数的最近整数值（舍入）。
(15) trunc（实数），返回实数的整数部分（截断）。
(16) r2d（角度），将角度值由弧度转化为度，例如 r2d（pi），将常数 pi 转为 180°。
(17) d2r（角度），将角度值由度转化为弧度，例如 d2r（180），转换 180°为弧度值 pi。
(18) pi，为常量 π。

2. 图形绘制中的函数及几何计算

当透明执行'cal 命令时，其计算结果被解释为 AutoCAD 系统命令的一个输入值。常见函数功能说明如下：

(1) ang (p1, p2)：计算 X 轴与直线（p1, p2）的夹角值。

(2) ang（顶点，p1, p2）：计算两直线（顶点，p1）与（顶点，p2）的夹角。

(3) dist (p1, p2)：计算 p1 与 p2 间的距离。

(4) dpl (p, p1, p2)：计算点 p 与经过 p1、p2 的直线最短距离。

(5) ill (p1, p2, p3, p4)：用于计算两直线（p1, p2）与（p3, p4）的交叉点的坐标值。

(6) cur：用于提示用户在屏幕上拾取一个点或输入坐标值的方式来获取点的坐标值。

(7) rad：用于计算圆或弧的半径值。

(8) mid：选择图元，计算出图元中点坐标值。

(9) mee：选择两端点，计算出二端点间的中点坐标值。

(10) cen：用于描述圆心点坐标值。

(11) end：用于描述端点坐标值。

(12) nee：以直线两端点坐标来计算该直线的法线单位矢量。

(13) vee：以直线两端点坐标来计算该直线的矢量。

(14) dee：用于描述两个端点之间的距离。

下面是透明执行计算器功能的实例。

(1) 以（200，200）为圆心，绘制半径为（425－260）×(1/3)＋sin45°的圆。输入命令 circle，文本窗口出现提示：

指定圆的圆心或［三点(3P)/两点(2P)/切点、切点、半径(T)］：200,200（指定或输入圆心点坐标）
指定圆的半径或［直径(D)］：'cal（圆的半径采用数学表达式计算）
＞＞＞＞ 表达式：[(425－260)＊(1/3)＋sin(45)]

55.7071 即为 AutoCAD 系统按表达式计算出来的圆的半径值，并在屏幕上绘制出相应的圆。

(2) 已知一任意圆，绘制出半径为该圆 5/7 的同心圆。输入命令 circle，文本窗口出现提示：

指定圆的圆心或［三点(3P)/两点(2P)/切点、切点、半径(T)］：（在屏幕上指定任意圆的圆心）
指定圆的半径或［直径(D)］＜290.4550＞：'cal（圆的半径采用数学表达式计算）
＞＞＞＞ 表达式：rad＊5/7
＞＞＞＞ 给函数 RAD 选择圆、圆弧或多段线：（在屏幕上选择该任意圆）

AutoCAD 系统按表达式计算出圆的半径值，并在屏幕上绘制出相应的圆。

(3) 求任意两条交叉线的夹角。输入命令'cal，文本窗口出现提示：

＞＞ 表达式：ang(int,end,end)（由两条交叉线交点、一条线的端点、另一条线的端点来定义两条交叉线的夹角）

>> 选择图元用于 INT 捕捉：（在屏幕上选择两条交叉线交点）
>> 选择图元用于 END 捕捉：（在屏幕上选择一条线的端点）
>> 选择图元用于 END 捕捉：（在屏幕上选择另一条线的端点）

AutoCAD 系统按表达式计算出两条交叉线夹角的角度。要注意的是，两条交叉线的夹角按从第一条线的端点到第二条线的端点的逆时针方向计算。

四、快速计算器

AutoCAD 的计算功能除了用 cal 命令外，还可用更直观方便的快速计算器来完成。在下拉菜单中选择"工具"→"选项板"→"快速计算器"，快捷键为 Ctrl+8，或在标准工具栏中单击"快速计算器"按钮，弹出"快速计算器"对话框，如图 3-9 所示。

在"快速计算器"对话框中，工具栏区域提供了常用的提取坐标、长度、角度等数据的按钮，"数字键区"标签栏可输入常规的计算表达式，"科学"标签栏可输入常用的数学函数，"单位转换"标签栏可进行距离、角度等单位的转换，"变量"标签栏可提取一些图形数据进行运算。计算表达式可在输入区修改，回车确定后就得出计算结果，并通过"将值粘贴到命令行"按钮快速输入。多个计算过程可在跟踪区回溯，双击后可重新计算。

图 3-9 "快速计算器"对话框

练 习 题

1. 应用 AutoCAD 系统的计算功能求 $3\sin 45°$ 的值。
2. 对一个由简单直线、圆弧组成的复杂封闭图形，查询其惯性矩、面积矩、质心等属性。
3. 采用函数计算的方法，确定任意一条直线与 X 轴之间的夹角值。
4. 绘制出由矩形截面渐变为圆形截面的渐变段的横向剖面：1—1，2—2，3—3。$B=D=100$，如图 3-10 所示。

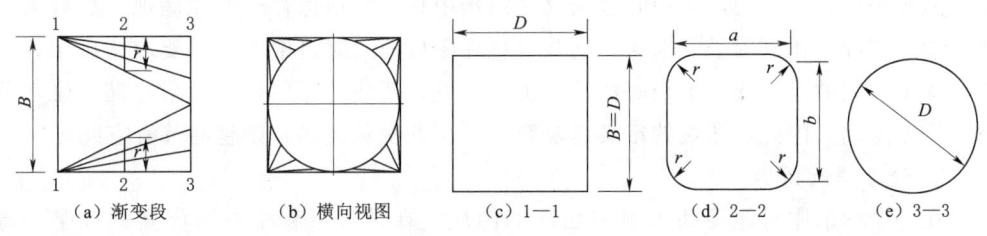

(a) 渐变段　(b) 横向视图　(c) 1—1　(d) 2—2　(e) 3—3

图 3-10 渐变段绘制

5. 某闸墩的厚度为 $d=4$m，尖圆段由两段圆心角为 $45°$，半径为 $1.708d$ 的圆弧组成，试绘制出闸墩的平面图，如图 3-11 所示。

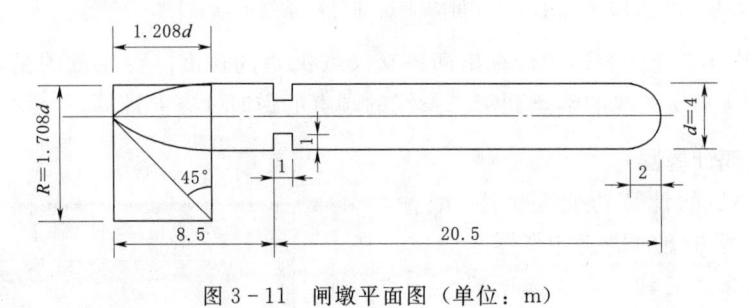

图 3-11　闸墩平面图（单位：m）

思　考　题

1. AutoCAD 系统的内部计算器具有哪些功能？cal 和 'cal 有什么区别？
2. AutoCAD 系统的对象特性管理器能否修改多个图形的共同数据？

第三节　使用图块和外部参照

本节主要介绍 AutoCAD 系统自身图形文件之间相互调用的方法，其中使用图块是图形文件之间相互调用的最基本方法，其次还有外部参照的应用等。

一、使用图块的优越性

图块是 AutoCAD 系统中的一种特殊实体，它是一组图形对象的集合体，可以将该集合体作为一个完整的对象，对该对象进行复制、移动等操作。将标准件做成图块，可以在今后的绘图工作中节省绘图时间。其优越性主要表现在以下方面。

1. 建立图库

利用图块的性质，可以将当前图形中的一组图形对象做成图块，存放在样板图里。如门、窗、标高符号和墙身大样等建筑及结构的节点详图等，可以将它们以块的形式存盘保存，这样在后续的绘制过程中就可重复使用这些块，从而简化绘图过程。这样实际上是建立了用户自己的"零件"库。

2. 节省内存及磁盘空间

图块是单独存放的，使用时数据存储结构中只单纯地保存块的存储地址、放大参数、设计基准、比例因子等信息，这些信息在图块插入时将根据图形要求来确定，而没有各个图元的点、线、半径等信息。也就是说，图块的存储相对图形存储来说，节省了许多空间。因此，图块的定义越复杂，引用的次数越多，则越能节省空间。

3. 便于修改图形

在一个图形中可能要插入很多相同的图块，在设计过程中有可能要修改某个部件，代表这个部件的图形块就需要修改。如果不做图块，修改工作量会很大。但是如果将部件定义为图块,就可以简单地对块进行修改,重新定义一下,那么相应的图形上的所有引用该图块的内容也随之自动更新。

4. 便于加入属性

属性是图块中的文字信息,属性依附于图块,可以随图的变化改变比例和位置。这些文字信息有些是可见的,有些是不可见的,图块可以很好地管理它们。属性不仅可以作为图形的可见部分,而且它还可以从一张图纸中提取出来,并传输给数据库,生成材料表或进行成本核算的原始数据等。

图块的制作和使用方面,分别有定义图块、写图块、插入图块和制作属性图块等方法。

二、定义图块

在文本窗口输入命令 block,或在下拉菜单中选择"绘图"→"块"→"创建",弹出"块定义"对话框,如图 3-12 所示。

图 3-12 "块定义"对话框

"块定义"对话框中的选项如下:

(1)"名称",确定所定义图块的名字。

(2)"基点","拾取点"按钮用于确定图块上的插入基点。确定图块上的插入基点可以直接输入坐标值,也可以直接在图块上选择。

(3)"对象",用于选择要制作图块的图形对象。

(4)"保留",选择该选项则将所选择的对象制作成图块后,原对象仍以原样保留在原图形文件中。

(5)"转换为块",选择该选项则将所选择的对象制作成图块后,原对象也转变为图块,此为默认设置。

(6)"删除",用于确定制作图块之后,是否将原对象在图形文件中删除。

(7)"方式",用于确定图块是否允许分解,是否按统一比例缩放。

(8)"块单位",用于确定图块的单位,用户可以自己认定图块的单位。

(9)"说明",用于输入对该图块的文字说明。

1. 图块的制作

(1)首先在绘图区域内,绘制需要制作成图块的图形对象并选中。

(2)启动创建图块命令,弹出"块定义"对话框,如图3-12所示。

(3)在对话框中确定所需定义图块的名字、单位等,单击"拾取点"按钮,切换到绘图区界面,在准备定义图块的图形对象上选择图块的插入基点,再切换到图块定义的对话框中,单击"确定"按钮,即可完成图块定义。

2. 应用示例

给一个任意形状的线段加上箭头指示图标,如图3-13所示。

(1)绘制一箭头指示图标,并将其制作成图块,命名为A。

(2)绘制一条任意曲线。

(3)在下拉菜单中选择"绘图"→"点"→"定数等分(或定距等分)",或在文本窗口输入命令 divide(或 measure),文本窗口出现提示:

选择要定数等分的对象:(选择需要等分的任意曲线)

输入线段数目或[块(B)]:B(输入B,表示采用图块方式等分所选择的图形对象,回车确认)

输入要插入的块名:A(要插入的块名定义为A,回车确认)

是否对齐块和对象?[是(Y)/否(N)]<Y>:(块和需要等分图形对象对齐,回车确认)

输入线段数目,即可完成给一个任意形状的线段加上箭头指示图标的图形绘制。

用同样的方法可以绘制出堤防边界线,如图3-14所示,注意要将图块的插入基点选择在图块(短直线)的中点上。

图3-13 加上箭头指示图标的任意线段　　　　图3-14 堤防边界线

三、写图块

在 AutoCAD 系统中,可以用 wblock 命令将用当前图形文件制作的图块,以独立图形文件(即.dwg格式)的形式保存到磁盘中。

在文本窗口输入命令 wblock,弹出"写块"对话框,如图3-15所示,其中各组合框的含义如下。

(一)源

在该组合框中可以选择制作图块的来源。其中有以下3个选项:

1. "块"

选择图形文件中已定义的图块名称,以将该图块写出到文件。

2. "整个图形"

将图形界限定义的整个图形区域制作成图块。以整个图形文件制作图块的步骤是：对图块命名，设置图块存储路径，单击"确定"按钮，这样整个当前的图形文件都被制作为图块。

3. "对象"

仅将所选择的图形对象制作成图块，与创建图块的操作相同。以图形对象制作图块的步骤是：选择图形对象，确定插入基点，对图块进行命名，设置图块存储路径，单击"确定"按钮，这样所选择的对象被制作为图块。

（二）基点

该组合框用于选择图块上的插入基点。插入点的选择应考虑在插入图块时，能有助于将图块方便、快捷地引出到需要插入图块的文件中。

图 3-15 "写块"对话框

（三）对象

在该组合框中各选项的含义与"块定义"对话框相同。

（四）目标

该组合框用于确定图块的文件名、设置图块路径以及图形单位。

四、插入图块

已经定义好的图块可以插入到图形的任意位置，还可以改变图块的大小、旋转一定角度或把图块分解后编辑等。在文本窗口输入命令 insert，或在下拉菜单中选择"插入"→"块选项板"，或单击绘图工具栏中的"插入块"按钮，弹出"插入块"对话框，如图 3-16 所示，可以将制作好的图块插入到当前图形中。该对话框中左侧为 4 个标签项，用于确定图块的来源，分别是：当前图形、最近使用、收藏夹、库。选择到对应项，都可以看到其中已有的图块，展示区可查看图块名称和简略图形。对要插入图块定义以下各项：

（1）"插入点"，图块在当前图形文件上的插入点可以直接在屏幕上选择，也可以在该对话框中输入插入点的坐标。

（2）"比例"，用于确定图块插入时的缩放比例，可统一比例或使各个方向的比例不同。

（3）"旋转"，用于确定图块放置的旋转角。

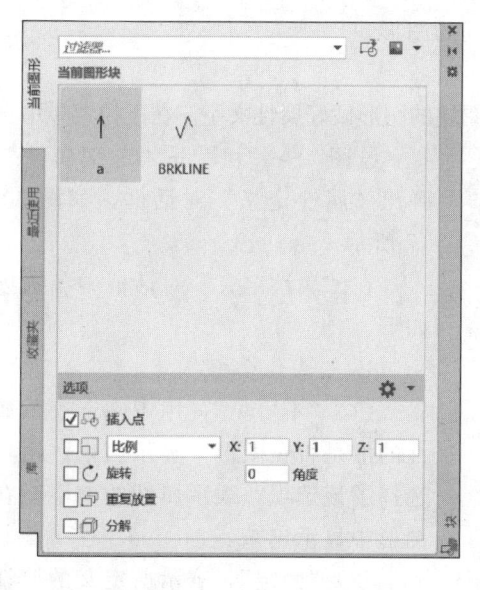

图 3-16 "插入块"对话框

(4)"重复放置",用于确定是否重复插入图块。

(5)"分解",用于确定插入后是否将图块分解。

完成上述设置后,选中需要插入的图块,然后将鼠标移动到当前图形中,可见待插入图块随光标移动,此时文本窗口提示:

指定插入点或[基点(B)/比例(S)/X/Y/Z/旋转(R)]:

指定插入点或重新设置参数后,即可将图块插入到当前图形文件中。

不管是创建图块命令"block"制作的图块,还是写图块命令"wblock"制作的图块,都能在所有的图形文件中灵活引用,只需要打开包含该图块的图形文件即可。

在水利水电工程设计中,常需要将某些结构的局部部位放大,制作成大样图,以便于清晰表达这些局部部位的设计要点。在当前图形文件中,如果直接采用"修改"工具栏上的"缩放"命令,制作成大样图,则在尺寸标注中的文字数据都随之相应放大,又需要重新修改尺寸标注;如果将结构的局部部位制作成图块,再按比例放大,可以直接插入到当前图形文件,而不需要再做修改了。

无论用何种方法制作的图块,都会永久保持创建时所在层的特性。如果图块中的图形对象在多个层上,它将保持原始层的颜色及线型,即无论何时插入图块,它都具有生成该块的层的颜色和线型。但有时希望插入的块的特性与被插入层一样,就只能在0层创建图块,因为0层是透明层,不带有层的特性,而是与插入时所在的层的特性相同。

做好的图块如果不满足要求,其中的图形对象和插入基点都是可以再编辑的。将已有图块分解,重新选择对象和插入基点,覆盖原有的图块名称,就可简单完成图块的重新定义。

五、制作属性图块

AutoCAD系统允许用户为图块附加一些文字信息,称为属性。属性图块适用于那些图形结构相同但其中填写的文字内容不同的图形。

(一)定义属性文字

在制作属性图块之前,首先对准备制作成图块的图形做好属性文字。在下拉菜单中选择"绘图"→"块"→"定义属性",弹出"属性定义"对话框,如图3-17所示。

在"属性定义"对话框中各选项如下:

1. 模式组合框

(1)"不可见",用于确定表示属性的值是否在图形中显示出来。用户选择了该选项,表示属性的值不能在图形中显示出来。

(2)"固定",表示所定义的属性是一个常量。

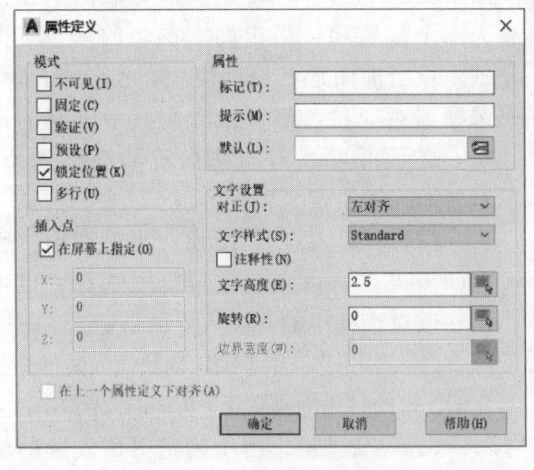

图3-17 "属性定义"对话框

(3)"验证",要求用户对所定义的属性进行确认。
(4)"预设",为属性指定一个初始默认值。

2. 属性组合框

(1)"标记",用于指定所定义的属性的名称。
(2)"提示",用于确定当带属性的图块插入到当前图形窗口后,在文本窗口出现的属性输入提示。
(3)"默认",确定所定义的属性的默认值。

3. 插入点

用于在图块上确定属性文字的插入点。

4. 文字设置

用于确定所定义的属性文字的对正方式、文字样式、文字高度和旋转角度等。

(二) 定义属性图块

首先绘制构成图块的图形对象,再通过"属性定义"对话框,定义图块的属性文字,然后将准备制作图块的图形对象和文字属性一起定义为图块即可。

(三) 插入属性图块

输入命令 insert,或在下拉菜单中选择"插入"→"块选项板",弹出"插入块"对话框,同插入图块的方法一样,将制作好带属性的图块插入到当前图形中,随即出现需要输入的属性文字的提示,在提示下输入文字属性值,回车确认即可。如图 3-18 所示,将带数值的高程图块插入时,可以根据需要输入不同的高程值。

图 3-18 带数值的高程图块

(四) 编辑属性图块

插入后的属性图块还可以编辑修改。用鼠标左键双击属性文字,或选择下拉菜单"修改"→"对象"→"属性"→"单个",弹出"增强属性编辑器"对话框,如图 3-19 所示。该对话框有 3 个标签项,在"属性"标签项中可修改属性值,在"文字选项"标签项中可调整文字内容、样式、大小等,在"特性"标签项中可修改所在图层、颜色等。

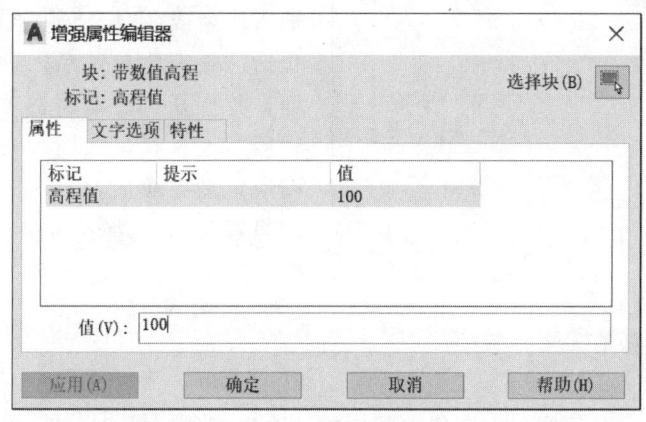

图 3-19 "增强属性编辑器"对话框

第三章　AutoCAD 图形管理

如果插入的属性图块有多个，统一更改文字大小、颜色等可以通过块属性管理器。选择下拉菜单"修改"→"对象"→"属性"→"块属性管理器"，弹出"块属性管理器"对话框，如图 3 - 20 所示。选择需要更改的属性图块，单击"编辑"按钮，弹出"编辑属性"对话框，在其中可以对属性文字的各个特性进行统一更改。修改完成后，有关的所有属性图块都会自动更改。

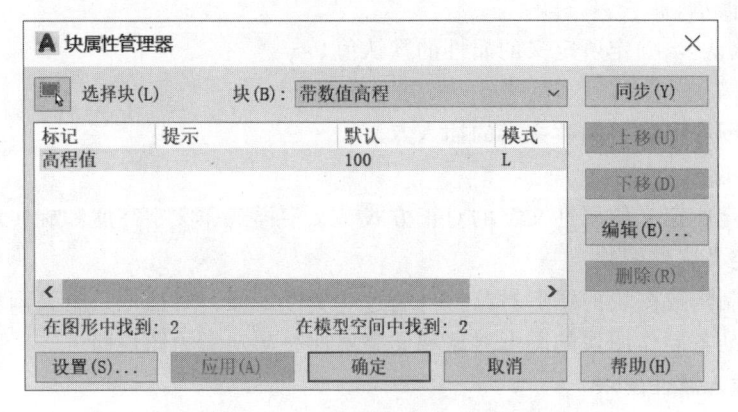

图 3 - 20　"块属性管理器"对话框

六、制作动态图块

动态图块与一般图块相比，更具有灵活性和智能性，可以通过自定义夹点或自定义特性来改变动态图块中的几何图形，这使得用户可以根据需要在位调整图块，而不用定义新的图块。使用块编辑器创建动态图块，用户可以从头创建，也可以在现有的块定义中添加动态行为。

输入命令 bedit，或在下拉菜单中选择"工具"→"块编辑器"，或单击标准工具栏中的"块编辑器"按钮，弹出"编辑块定义"对话框，如图 3 - 21 所示。在"要创建或编辑的块"文本框中输入块名或在列表框中选择已定义的块，单击"确定"按钮后，进入块编辑器界面，并打开"块编写选项板"和"块编辑器"工具栏，如图 3 - 22 所示。动态图块定义完成后，退出时单击"关闭块编辑器"，并选择是否保存更改。

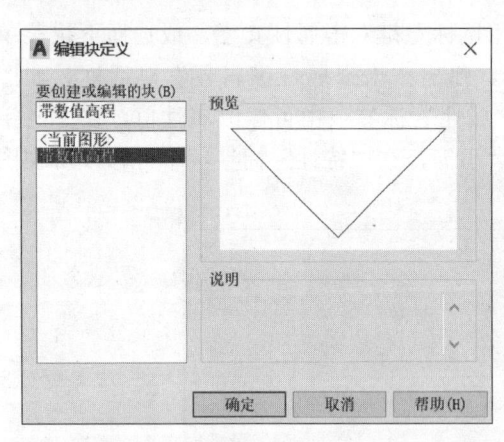

图 3 - 21　"编辑块定义"对话框

（一）块编写选项板

块编写选项板有 4 个标签项：

1. "参数"

参数用于指定几何图形在图块中的位置、距离和角度等。

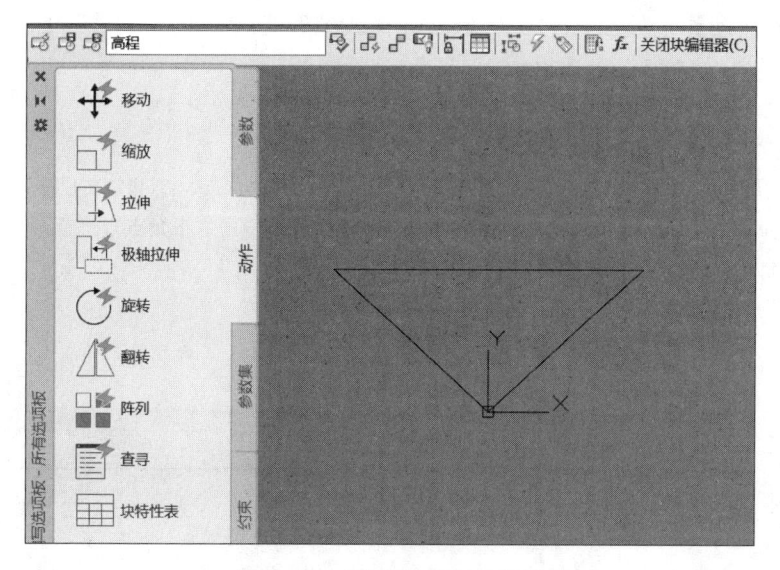

图3-22 "块编辑器"工具栏

2."动作"

用于向块编辑器中的动态图块定义添加操纵动作，即动态块的几何图形将如何变化，应将动作和参数相关联。

3."参数集"

用于向动态块定义添加一个参数和至少一个动作的绑定。将参数集添加到动态块中时，动作将自动与参数相关联。

4."约束"

可将几何对象关联在一起，或指定固定的位置或角度。

(二)"块编辑器"工具栏

该工具栏提供了在块编辑器中使用的创建、保存以及操作动态块的便捷工具。

(三)应用示例

给高程图块加上可拉伸高度的夹点，如图3-23所示。

(1)绘制三角形高程符号，并将其制作成图块。

(2)在下拉菜单中选择"工具"→"块编辑器"，选择高程图块，进入块编辑器界面。

(3)添加参数，如图3-24所示，选择块编写选项板的"参数"标签项，点击"线性"参数，文本窗口出现提示：

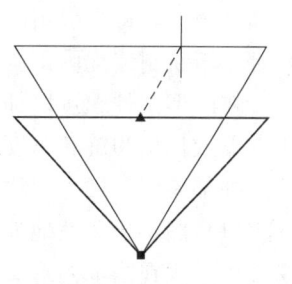

图3-23 可变化高度的高程图块

命令：_BParameter 线性

指定起点或［名称(N)/标签(L)/链(C)/说明(D)/基点(B)/选项板(P)/值集(V)］：(指定高程符号的基点)

指定端点：(指定高程符号上边中点)

指定标签位置：(将"距离1"标签放置到合适位置)

(4) 添加动作,如图 3-25 所示,选择块编写选项板的"动作"标签项,单击"拉伸"动作,文本窗口出现提示:

命令:_BActionTool 拉伸

选择参数:(选择线性参数"距离1")

指定要与动作关联的参数点或输入 [起点(T)/第二点(S)]＜第二点＞:(指定高程符号上边中点)

指定拉伸框架的第一个角点或 [圈交(CP)]:(指定拉伸范围的右下角点)

指定对角点:(指定拉伸范围的左上角点)

指定要拉伸的对象

选择对象:(选择拉伸时会发生变化的三条边,回车确定)

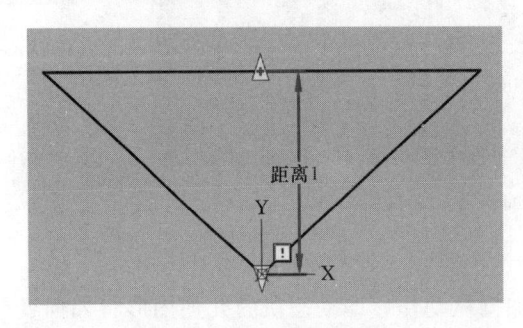

图 3-24 添加线性参数　　　　　　图 3-25 添加拉伸动作

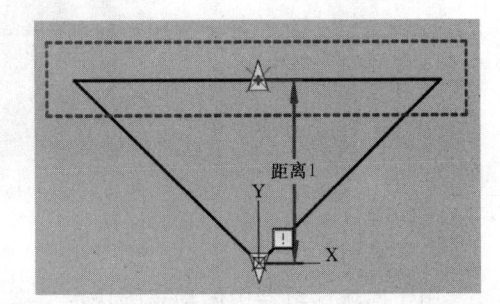

动态图块的动作和参数关联之后,定义完成,单击"关闭块编辑器"按钮,选择"保存更改",退出块编辑器。此时选择高程图块,可以看见出现两个夹点,点击上边中点处的夹点,就可以产生拉伸动作来改变图块的高度,使高程符号变得高瘦或矮胖,适应不同位置的需要。

七、插入外部参照

外部参照就是将一个图形文件与当前图形文件联系起来。当一个图形文件使用了外部参照时,每当引用的外部图形文件发生改变,该图形文件也会随之改变。外部参照常用于绘制装配图。

在图形文件中可以插入许多外部参照,而且每个外部参照都可以有自己的插入点、缩放比例和旋转角度,还可以控制外部参照所依赖的图层和线型属性。

外部参照与插入图块的区别如下:

(1) 图块永久性地插入到当前图形文件;外部参照的信息并不直接加入当前图形文件中,仅在当前图形文件中记录外部参照的引用关系和引用路径。

(2) 外部参照的文件每次改动后的结果,可及时反映到被引用的图形文件中。

由于外部参照的文件仅记录引用关系和引用路径,可有效地减少当前图形文件的容量,这与图块所起作用相同。

在文本窗口输入命令 xref,或在下拉菜单中选择"插入"→"外部参照",弹出"外部参照"对话框,如图 3-26 所示。外部参照管理器用来管理当前文件中每个外部参照的状态。在"文件参照"栏的右上角有两个按钮,可以分别以列表方式或树形方式显示外部参照。以树形方式显示的外部参照不会显示该外部引用的状态，而以列表方式则会显示。选中某个外部参照，在"详细信息"栏会显示该外部参照的详细信息。

通过"外部参照"对话框，可选择插入各种参照，常用的是插入外部图形文件。在对话框左上角的按钮下拉菜单中选择"附着 DWG"，弹出"选择参照文件"对话框，用户根据需要选择引用文件，单击"打开"按钮，弹出"附着外部参照"对话框，其上各选项的含义基本同图块插入对话框。单击"确定"按钮后，文本窗口提示：

指定插入点或［比例（S）/X/Y/Z/旋转（R）/预览比例（PS）/PX（PX）/PY（PY）/PZ（PZ）/预览旋转（PR）］：

在引用外部参照的图形中指定插入点或重新设置比例等参数，即可插入外部参照的图形。

图 3-26 "外部参照"对话框

在外部参照管理器中选中某参照，在上下文菜单中可选择附着、拆离、重载等操作，其中的选项如下：

（1）附着，用于重新选择要插入的外部参照。
（2）拆离，该选项将选中的外部参照与当前图形文件的联系断开。
（3）重载，该选项刷新选中的外部参照与当前图形文件的联系。
（4）卸载，该选项将外部参照从当前图形文件中删除。
（5）绑定，用于选择外部参照与当前图形文件的绑定方式，有绑定和插入两种方式。选择绑定方式，系统只记录文件引用信息，但将外部参照的某些信息如线型、层、标注样式等绑定到当前图形中；选择插入方式，外部参照就同图块一样永久性地插入到当前图形文件中了。
（6）外部参照类型，选择外部参照为附加型或覆盖型。选择覆盖型，则拥有该参照的图形被再次参照时，覆盖型参照将被忽略，即不能被二次引用，而附加型可多次嵌套。
（7）更改路径类型，选择外部参照的文件路径采用绝对路径还是相对路径。

八、编辑外部参照

（一）裁剪外部参照

对外部参照可以进行修剪，只显示其中一部分。选中外部参照，在上下文菜单中选择"剪裁外部参照"，文本窗口提示：

输入剪裁选项
［开（ON）/关（OFF）/剪裁深度（C）/删除（D）/生成多段线（P）/新建边界（N）］＜新建边界＞：（回车，新建裁剪边界）

外部模式 — 边界外的对象将被隐藏。(默认边界外的图形被隐藏)
指定剪裁边界或选择反向选项：
[选择多段线(S)/多边形(P)/矩形(R)/反向剪裁(I)]<矩形>：(回车，采用矩形边界)
指定第一个角点：(指定矩形边界的第一角点)
指定对角点：(指定矩形边界的对角点)

这样就只显示外部参照在指定矩形区域内的部分。

(二) 在位编辑外部参照

选中外部参照，在上下文菜单中选择"在位编辑外部参照"，或用鼠标左键双击参照，弹出"参照编辑"对话框。可选择整个参照图形或其中嵌套的部分，单击"确定"按钮，即可进入编辑状态，此时自动显示"参照编辑"工具栏。要退出在位编辑，在"参照编辑"工具栏中单击"保存参照编辑"或"关闭参照"按钮，也可输入命令 refclose，或在上下文菜单中选择"关闭 REFEDIT 任务"，选择保存或放弃更改。

九、从资源管理器中载入图形

AutoCAD 系统支持从 Windows 的资源管理器拖动图形文件插入到当前图形文件中。打开 Windows 的资源管理器，选择所需要的文件图标，用鼠标拖动其图标进入 AutoCAD 系统的绘图区域，根据文本窗口的提示即可完成插入操作，插入图形作为当前图形的图块。

练 习 题

1. 绘制底宽为 3m，边墙高为 3m，中心角为 135°的城门洞形廊道，完成尺寸标注后，采用写块的方式制作成图块。

2. 用插入图块的方法和从 Windows 的资源管理器中拖放的方法，将题 1 中制作好的图块插入到当前图形窗口中。

3. 制作一带文字属性的图块，并插入到当前图形中。

4. 在当前图形中插入一个外部参照，并进行卸载和重载操作。

5. 以任意曲线为边界，在其上绘制出土基或岩基符号，如图 3-27 所示。

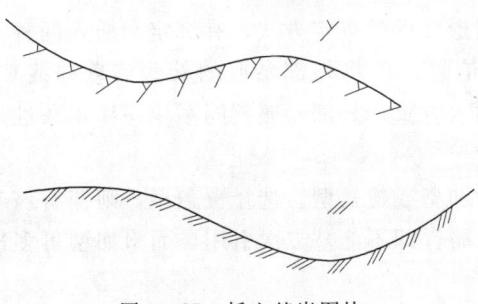

图 3-27 插入基岩图块

思 考 题

1. 图形文件之间的调用方法有哪些？
2. 在图形文件中插入图块和插入外部参照有什么区别？
3. 用定义图块制作的图块和用写块的方法制作的图块有什么区别？
4. 带属性图块的用途有哪些？动态图块的优点是什么？

第四节 图 形 数 据 交 换

在编写设计报告和进行工作汇报时，常常需要将 AutoCAD 环境下的图形输出到 AutoCAD 系统以外的软件环境下应用；同时也需要将 AutoCAD 系统以外的文件，插入到 AutoCAD 环境下应用，AutoCAD 系统和 Windows 系统为用户进行文件数据的交换提供了方便。

一、创建 .wmf 格式的文件

.wmf 格式的文件是 Windows 环境下的图元格式。AutoCAD 环境下的图形文件（.dwg）可以直接输出为 Windows 环境下的图元格式。

在 AutoCAD 环境下打开图形文件，在下拉菜单中选择"文件"→"输出"，弹出"输出数据"对话框，在对话框中给出输出文件名，在保存类型中选择 .wmf 格式，单击"保存"按钮，返回到图形界面，选择需要输出的图形对象，回车确认，就完成 Windows 图元格式的输出，即形成 .wmf 格式文件（Windows Metal File Format）。

.wmf 格式文件可以作为图片插入到 Word 文档中，在 Word 环境中，从下拉菜单中选择"插入"→"图片"→"此设备"，弹出"插入图片"对话框，如图 3-28 所示，根据 .wmf 格式文件保存的路径，选择制作好的图元文件，即可插入到 Word 文档中。

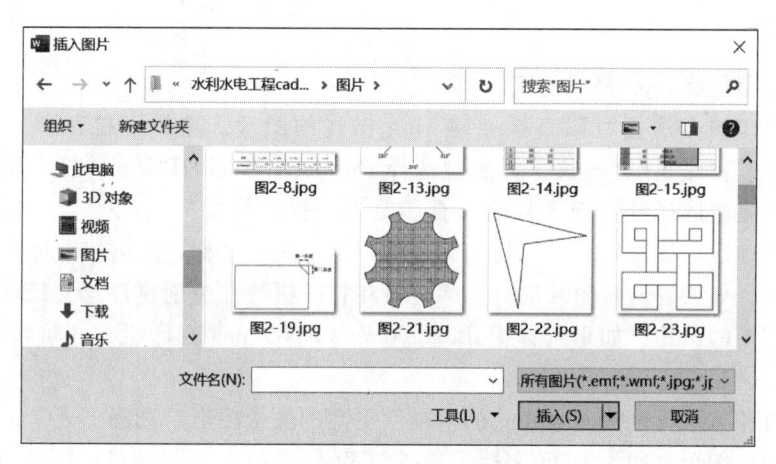

图 3-28 "插入图片"对话框

三维图形也可以按照同样的方法输出为二维（平面）的 .wmf 格式文件，但需要选择好三维观察视角，使制作后的图片看起来表达正确、线条清晰。

除了输出 .wmf 格式文件外，AutoCAD 系统还可以输出符合 IGES 图形标准格式的 .igs 格式文件，以及 MicroStation 图形软件使用的 .dgn 格式文件等。

二、创建 .bmp 格式的文件及 .jpg 格式的文件

.bmp 格式的文件是 Windows 环境下的位图格式，AutoCAD 环境下的图形文

件（.dwg）可以直接输出为 Windows 环境下的位图格式。

.jpg 格式的图片的存储容量比 .bmp 格式的图片的存储容量小得多，可以通过以下步骤进行转换。

（1）打开图形文件，在下拉菜单中选择"文件"→"输出"，弹出"输出数据"对话框，在对话框中输入文件名，在保存类型中选择 .bmp 格式，单击"保存"按钮，返回到图形界面上选择输出对象，回车确认，即形成 .bmp 格式文件。

（2）在 Windows 环境下的"画图"软件界面上，打开 .bmp 格式文件的图片，然后选择菜单"文件"→"另存为"，在保存类型中选择 .jpg 格式，即可将 .bmp 格式文件的图片转化为 .jpg 格式。

三、截图创建 .jpg 格式的文件

将 AutoCAD 系统的图形文件创建为 .wmf 格式的图形和 .bmp 格式的图片文件时，由于在文件转换过程中，丢失了较多的文件信息，致使这些图片在插入到文档后，图片的清晰度不高。可以使用键盘上的 Print Screen 按键截图，可以得到清晰度较好的 .jpg 文件格式的图片文件。

先打开 AutoCAD 系统的图形文件，将需要输出的图形放置在屏幕上合适的位置，按一下键盘上的 Print Screen 按键，Windows 系统生成截图。接着打开 Windows 附件中的"画图"软件界面，选择下拉菜单中的"编辑"→"粘贴"，将整个截图粘贴过来。再在整个截图上选取需要的图形部分，将选择的图形部分通过"复制"→"粘贴"命令，粘贴到一个新建文件上，保存时选择 .jpg 文件格式，同样可以得到需要的图片文件。

四、打印创建 .jpg 格式的文件

通过打印的方法也可以直接创建 .jpg 格式的图片。选择下拉菜单"文件"→"打印"，在"打印机/绘图仪"标签栏选择 PublishToWeb JPG.pc3 打印机，在"图纸尺寸"标签栏选择分辨率，其他如打印范围、打印样式等选项与正常打印设置相同，单击"确定"按钮，结果将打印到文件，确定文件名称，即可将图形打印为 .jpg 格式的图片。如果要调整图片的分辨率，可在打印机特性中创建自定义尺寸，打印得到不同分辨率的图片。如果选择 PublishToWeb PNG.pc3 打印机，还可以创建 .png 格式的图片。

通过打印方法可创建其他格式的清晰度更高的矢量图形，选择 DWG to PDF.pc3 打印机，可将图形打印为 PDF 文档，选择 DWF6 ePlot.pc3 打印机，则输出文件类型为 .dwf。这些矢量图形文件可以无级缩放，数据量较小，便于网上交流。

五、插入 .jpg 文件格式的图片

在水利水电工程设计过程中，有时需要将地形图等图形资料扫描，生成图片文件后引入到 AutoCAD 图形界面，然后对照图片进行描画，使之转化为 AutoCAD 系统的 .dwg 文件格式，以便于重新编辑。AutoCAD 系统提供了在 AutoCAD 界面上插入 .jpg 格式的图片的功能。

在下拉菜单中选择"插入"→"光栅图像参照"，弹出"选择参照文件"对话框，

选择需要插入的图片文件，弹出"附着图像"对话框，如图3-29所示，按提示指定插入点和比例，即可完成图片插入。

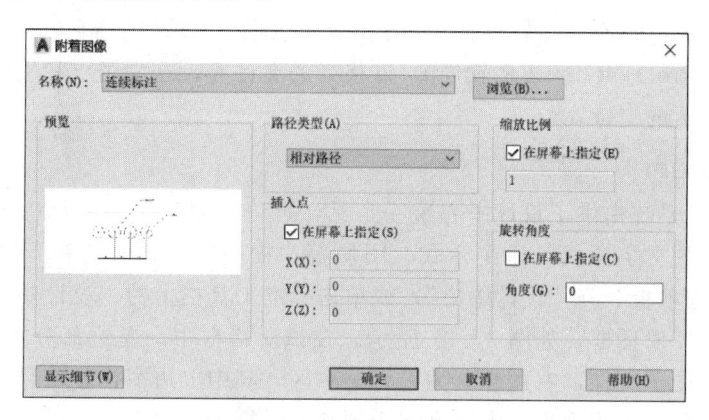

图3-29 "附着图像"对话框

图片插入后，可以调整光栅图。在上下文菜单中选择"图像"→"调整"，弹出"图像调整"对话框，如图3-30所示。通过该对话框，可调整图像的亮度、对比度和淡入度，使图像作为底图，便于描画。

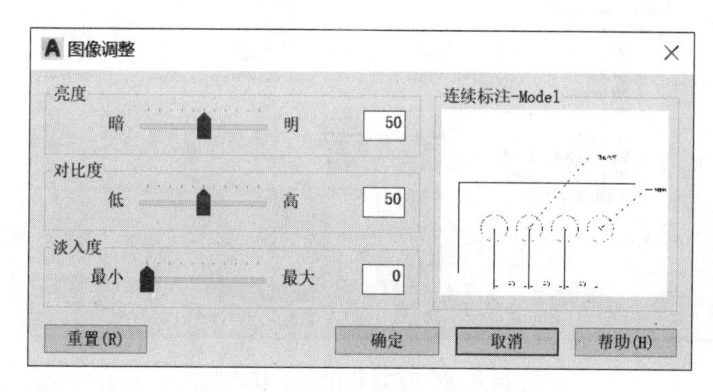

图3-30 "图像调整"对话框

也可对插入的图片进行剪裁，只显示其中一部分。选中图片，然后单击鼠标右键，在上下文菜单中选择"图像"→"剪裁"，类似外部参照，根据命令窗口的提示，设定剪裁范围即可。

插入的图片一般位于0图层，再新建图层，然后以插入的图片为底图，在新建图层上描绘该图片上的点、线等图形元素，重新形成该图片的.dwg文件格式。描绘完毕后，将0图层上插入的图片删除，以减小图形文件的容量，达到描画的目的。

除了图片文件之外，图形文件中还可以插入其他类型文件作为参照底图，如DWF参考底图、DGN参考底图（MicroStation图形文件）、PDF参考底图等，操作方法与插入图片相同。

虽然AutoCAD绘图软件占据市场主流地位，但仍存在其他各具特色的绘图软件。为便于和其他图形软件交换数据，AutoCAD提供了导入其他图形格式文件的功

第三章　AutoCAD 图形管理

能。选择下拉菜单"文件"→"输入",弹出"输入文件"对话框,可以将多种图形格式的文件导入到当前图形,如.pdf 格式的 PDF 文件、符合 IGES 图形标准的.igs 格式的文件、MicroStation 软件的.dgn 格式的文件、CATIA V5 软件的.CATPart 格式的文件、Pro/ENGINEER 软件的.g 格式的文件等,这为用户利用各软件所长提供了广泛而灵活的支持。

六、设计中心

AutoCAD 系统提供了设计中心这一工具,可以很容易组织设计内容,方便使用其他图形文件的文字样式、标注样式、图块等,提高工作效率。在下拉菜单中选择"工具"→"选项板"→"设计中心",或单击标准工具栏上的"设计中心"按钮,弹出"设计中心"对话框,如图 3-31 所示。在该对话框中,左边部分为资源管理器,可以寻找所需图形文件,右边部分为内容显示区,其中上边窗格显示目录内的文件名或图形文件内的可引用内容,中间窗格为预览显示框,下边窗格为说明文本显示框。

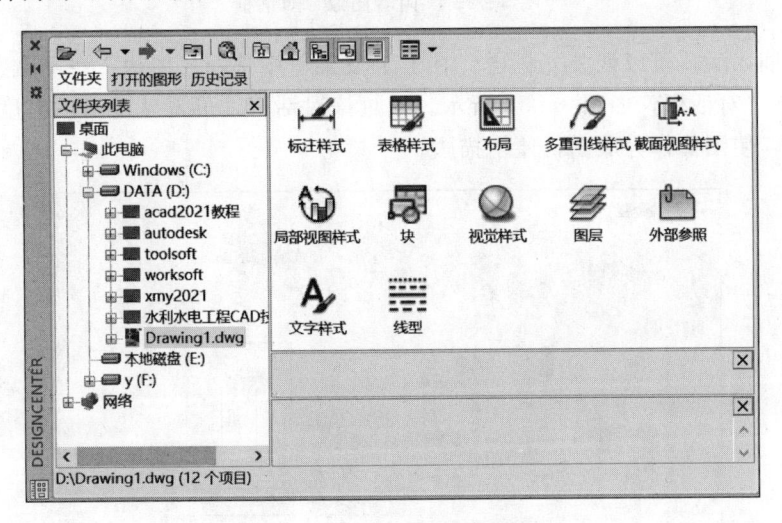

图 3-31　"设计中心"对话框

使用设计中心的方法很简单,比如要使用某个图块,从文件夹列表中选择图形文件,在内容显示区用鼠标左键双击"块",显示区则进一步展示该文件内所有的图块。选择需要的图块,按住鼠标左键,拖动对象至当前图形中即可。若要精确指定图块的位置和比例,选中图块后,单击鼠标右键,在弹出的上下文菜单中选择"插入块",弹出"插入"对话框,如图 3-32 所示,确定图块的插入点、比例和旋转角度即可。

如果要引入图层、文字样式和标注样式等内容,同样先选中需要的对象,然后拖动到当前图形中即可,也可以使用"复制"和"粘贴"的方法,随取随用,无需重复定义各种样式。

为便于使用,设计中心还提供了搜索功能,单击设计中心工具栏中的"搜索"按钮,弹出"搜索"对话框,可根据文件名、图块名、线型名等进行查找,快速定位并重用已有的设计成果。

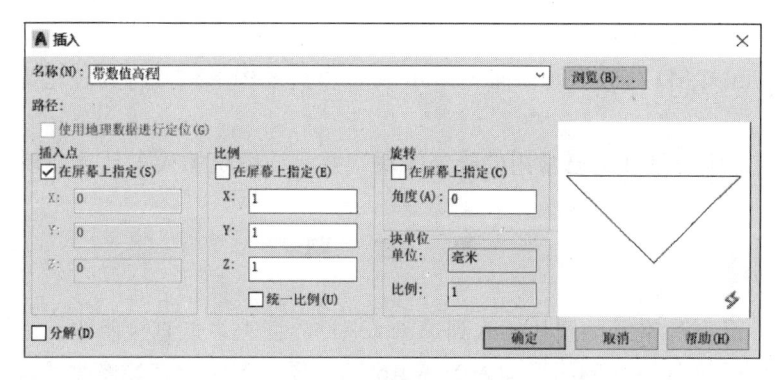

图 3-32 "插入"对话框

七、工具选项板

工具选项板提供组织命令、使用图块及填充图案等的有效方法，还可以包含用户开发的自定义工具。在下拉菜单中选择"工具"→"选项板"→"工具选项板"，或单击标准工具栏上的"工具选项板窗口"按钮，弹出"工具选项板"对话框，如图 3-33 所示。在该对话框中，提供了常用绘图、图案填充、常用各类工程使用的图块等选项板，单击到某个选项板，在显示区中显示该选项板的多个内容，鼠标单击某项，则启动该项对应的命令。选项板太多不易选择时，也可单击对话框左下角的标签位置，在弹出菜单中选择需要的选项板。

使用工具选项板中的图块时，可以用鼠标左键单击所需图块，也可以按住鼠标左键进行拖动，都可以将图块插入到当前图形，然后根据命令窗口提示可重新设置比例、旋转角度等。使用工具选项板中的图案填充时，可以用鼠标左键单击，也可按住拖动所需图案，然后光标放置到封闭区域即可填充，直观且方便。

工具选项板和设计中心还可结合使用，如要将设计中心的图块显示在工具选项板中使用，可在选中图块的上下文菜单中选择"创建工具选项板"，则在工具选项板中创建一个新的选项板，其中包含所选图块，这样非常便于在绘制图形时快速使用。

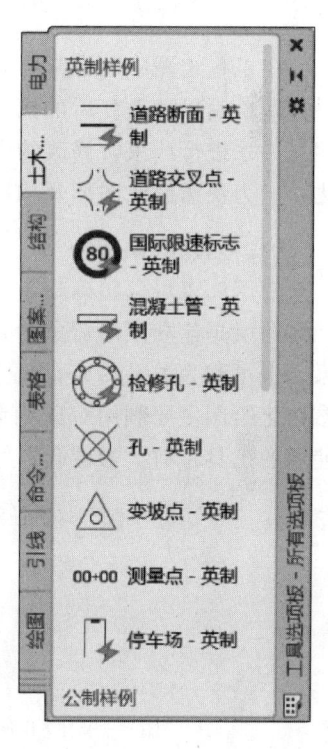

图 3-33 "工具选项板"对话框

练 习 题

1. 创建 Windows 环境下的 .wmf 格式的文件，并插入到 Word 文档中。
2. 创建 .jpg 文件格式的图片，并插入到 Word 文档中。
3. 在 AutoCAD 图形界面上插入 .jpg 文件格式的图片，并将其转化为 .dwg 文件格式。

4. 在 AutoCAD 图形界面上插入 .pdf 文件格式的图形，并将其转化为 .dwg 文件格式。

5. 在设计中心打开自己常用的绘制图块，并将该图块加入工具选项板中使用。

思 考 题

1. 将 .jpg 文件格式的图片插入到 AutoCAD 界面上，能直接修改、编辑吗？
2. 将 .pdf 文件格式的图形输入到 AutoCAD 界面上，能直接修改、编辑吗？
3. 使用设计中心和工具选项板给绘图工作带来了哪些便利？

第五节 二维参数化绘图

在工程绘图中，常常要对工程设计进行优化，也就是要对图形尺寸重新调整。如果重新绘制尺寸改变后的图形，较为耗时费力，AutoCAD 系统通过对图形的尺寸和相互关系进行约束，修改约束和尺寸就可以动态改变图形，即用参数去驱动图形的变化，这为快速修改图形及构造广泛使用的标准图件提供了十分方便的手段。

一、对象约束

使用约束可以精确动态控制图形对象。对象约束有两类：几何约束和尺寸约束。几何约束是建立图形对象的几何特性（如要求直线水平）和设置图形对象间的相互关系，也可称为关系约束；尺寸约束是设定图形对象的尺寸大小，也可称为标注约束。参数化绘图主要利用对象约束来动态调整图形，使用的命令在"参数"下拉菜单中，使用的工具栏有"参数化""几何约束""尺寸约束"，如图 3-34～图 3-36 所示。

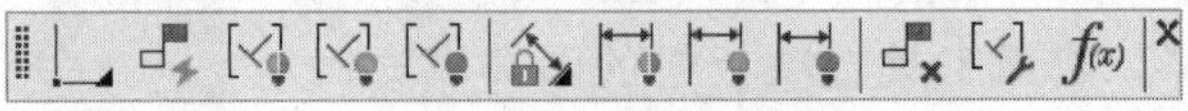

图 3-34 "参数化"工具栏

图 3-35 "几何约束"工具栏 　　　图 3-36 "尺寸约束"工具栏

（一）几何约束

几何约束包括重合、垂直、平行、水平、竖直、同心、相切等。具体如下：
（1）固定：约束一个点或一条曲线，使其相对于世界坐标系固定位置和方向。
（2）水平：约束一条直线或一对点，使其与当前坐标系的 X 轴平行。
（3）竖直：约束一条直线或一对点，使其与当前坐标系的 Y 轴平行。
（4）重合：约束两个点使其重合，或者约束一个点使其位于对象或对象延长部分。
（5）共线：使两条或多条直线在同一无限长直线上。

(6) 同心：约束选定的圆、圆弧或椭圆，使其具有相同的圆心。

(7) 相等：约束两条直线长度相等，或约束圆弧和圆的半径相等。

(8) 垂直：约束两条直线互相垂直。

(9) 平行：使选定的直线互相平行。

(10) 相切：将两条曲线约束为彼此相切或其延长线彼此相切。

(11) 平滑：约束样条曲线使其与其他样条曲线、直线、圆弧等彼此连接并保持 G2 连续性。

(12) 对称：约束两条曲线或两个点相对于选定直线对称。

绘图中可指定二维图形对象或对象上的点之间的几何约束，之后编辑受约束的几何图形时，将保留约束，使之符合设计要求。添加几何约束时，如果约束之间出现冲突，则会提示添加约束无效。删除约束时，选择下拉菜单"参数"→"删除约束"，将删除选定图形对象的所有约束。

如图 3-37 所示的相切圆，先绘制 2 个大圆，设定两者的同心约束，再绘制 5 个小圆，设定相等约束使之大小相等，再设定小圆和大圆之间的相切约束、小圆和小圆之间的相切约束。在设定几何约束的过程中，大圆和小圆的位置动态变化直至满足设计要求。

默认情况下几何约束符号会显示，如果希望图面整洁，可隐藏约束符号，选择下拉菜单"参数"→"约束栏"→"全部隐藏"，隐藏所有几何约束符号，反之也可显示。

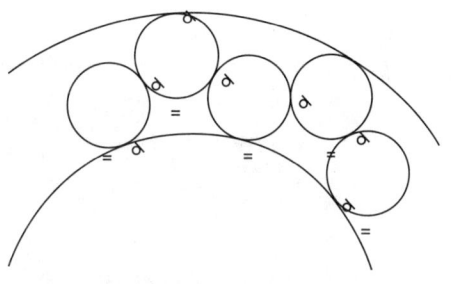

图 3-37 相切圆

如果添加几何约束的过程较为烦琐，还可以采用自动添加约束的方法。先按照正确的几何关系绘制好图形，然后让 AutoCAD 系统自动判断并添加符合条件的约束，选择下拉菜单"参数"→"自动约束"，查看添加的约束是否满足要求，不足的部分再补充即可。

（二）尺寸约束

尺寸约束也称为标注约束，用以限制图形对象的大小，与尺寸标注相似，不同的是可以在后续的编辑工作中实现尺寸的参数化驱动。标注约束如下：

(1) 对齐：约束两点之间的距离。

(2) 水平：约束两点之间 X 方向的距离。

(3) 竖直：约束两点之间 Y 方向的距离。

(4) 角度：约束角度的大小。

(5) 半径：约束圆或圆弧的半径大小。

(6) 直径：约束圆或圆弧的直径大小。

生成尺寸约束时，系统会生成一个表达式，其名称和数值显示在弹出的对话框文本区域中，用户可即刻进行修改。完成尺寸约束后，用户还可以随时更改，只需双击标注约束，或选择下拉菜单"参数"→"参数管理器"，在弹出的"参数管理器"对话框（图3-38）中统一更改，在其中还可添加用户参数，然后用表达式联系各个尺寸，让尺寸计算自动进行。

默认情况下标注约束符号会显示，如果希望图面整洁，选择下拉菜单"参数"→"动态标注"→"全部隐藏"，隐藏所有尺寸约束符号，反之也可显示。即使隐藏尺寸约束符号，只要选中图形，默认其尺寸标注约束全部显示出来，便于查看。

如图3-39所示的直角三角形，如果直接进行绘制，要满足要求的尺寸和几何关系较为困难，用参数化绘图的方法就较为容易。步骤是：先绘制基本草图，确保几何关系成立，如水平线和竖直线，注意斜线用"断开于点"打断，保证构成斜线的两条线段共线，否则需要自动添加这一几何约束；然后用自动约束方法，就可以自动判断添加上几何约束条件；接着添加3个长度尺寸约束，将尺寸设为要求的值，在设定过程中，图形动态变化，但是仍然满足几何约束。所有尺寸设定后，通过尺寸标注，可以验证长度值是否需要。要绘制尺寸数值不同的该图形，只需要修改对应的尺寸约束数值即可，这充分体现了参数化绘图的便利性。

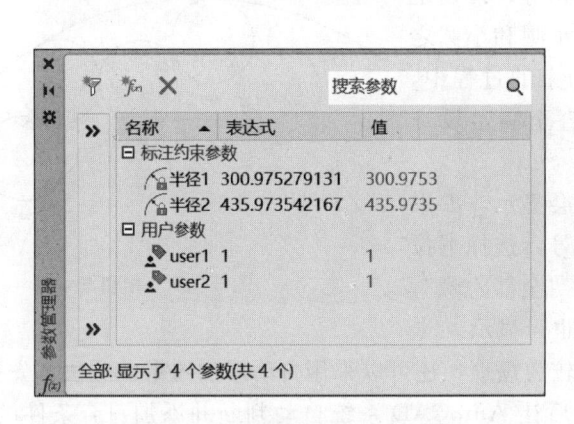

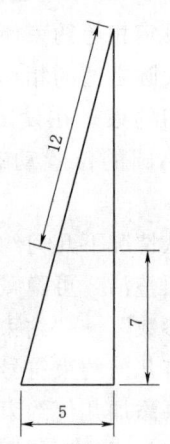

图3-38 "参数管理器"对话框　　图3-39 尺寸约束的直角三角形

（三）约束设置

几何约束和尺寸约束的属性还可以通过"约束设置"来调整，选择下拉菜单"参数"→"约束设置"，或单击"参数化"工具栏上的"约束设置"按钮，弹出"约束设置"对话框，如图3-40所示。

在"约束设置"对话框中有3个标签栏，"几何"标签栏可以控制约束栏上显示或隐藏的几何约束类型；"标注"标签栏可以设置尺寸约束显示为名称、值或名称和表达式；"自动约束"标签栏可以调整判断几何约束时各类约束的优先级。

二、应用示例

绘制尺寸如图3-41所示，但可修改坝高、坝顶宽度、下游坝坡的非溢流重力坝剖面，要求下游坝坡线通过上游坝顶点。

绘制步骤如下：

（1）绘制非溢流重力坝基本剖面的草图，要求几何关系正确，但尺寸不要求正确。

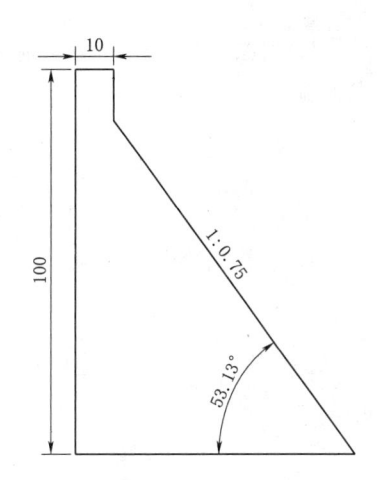

图 3-40 "约束设置"对话框　　图 3-41 可调整尺寸的非溢流重力坝剖面

（2）用"自动约束"添加几何约束。选择下拉菜单"参数"→"自动约束"，选择非溢流重力坝剖面的所有图形，文本窗口出现提示：

选择对象或［设置(S)］：（用矩形框选择所有图形，回车确定）
选择对象或［设置(S)］：已将 9 个约束应用于 5 个对象

（3）添加重合约束，使斜坡线通过坝顶点。选择下拉菜单"参数"→"几何约束"→"重合"，文本窗口出现提示：

选择第一个点或［对象(O)/自动约束(A)］<对象>：（选择坝顶点）
选择第二个点或［对象(O)］<对象>：O（采用对象模式）
选择对象：（选择下游坝坡线）

检查几何约束是否正常，注意自动生成的约束与用户预想的可能不一致，但只要能达到相同效果，仍然可以接受。

（4）添加长度约束。添加坝高、坝顶宽度的长度约束，可以用水平长度或竖直长度，也可用对齐长度。编辑尺寸约束为对应的数值。

（5）通过表达式添加角度约束控制斜坡，如图 3-42 所示。在下拉菜单中选择"参数"→"标注约束"→"角度"，选择底边和下游边坡线，生成尺寸标注后，修改角度的表达式为 atan（1/0.75），自动计算得 53.13°。

这样得到的非溢流重力坝剖面十分便于调整，如果要得到不同坝高或不同下游坝坡的剖面，只需要修改尺寸约束的数值，不再需要重新绘制。

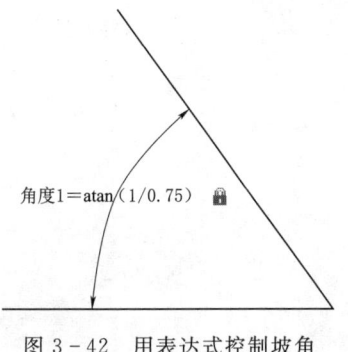

图 3-42　用表达式控制坡角

练 习 题

1. 用参数化绘图方法绘制如图 3-41 所示的非溢流重力坝剖面图,并调整坝高和坝顶宽度。

思 考 题

1. 参数化绘图的优点是什么?适合在哪些情况下使用?

第四章

AutoCAD 三维绘图

本章主要讲述 AutoCAD 系统的三维绘图的基本功能。

第一节 三维图形的显示控制

一、三维坐标系统

AutoCAD 系统本质上是一个三维绘图软件，前面各节中介绍的二维绘图，在系统数据库中都是以三维数据保存的。世界坐标系是 AutoCAD 系统为确定各种三维实体或图形的坐标而建立的一个空间直角坐标系，如图 4-1 所示。

(1) 世界坐标系的 XOY 坐标平面平行于绘图屏幕。

(2) AutoCAD 系统的坐标系遵循右手螺旋法则，当右手的四指从 X 轴正向指向 Y 轴正向时，大拇指伸出的方向即为 Z 轴的正向，如图 4-2 所示。

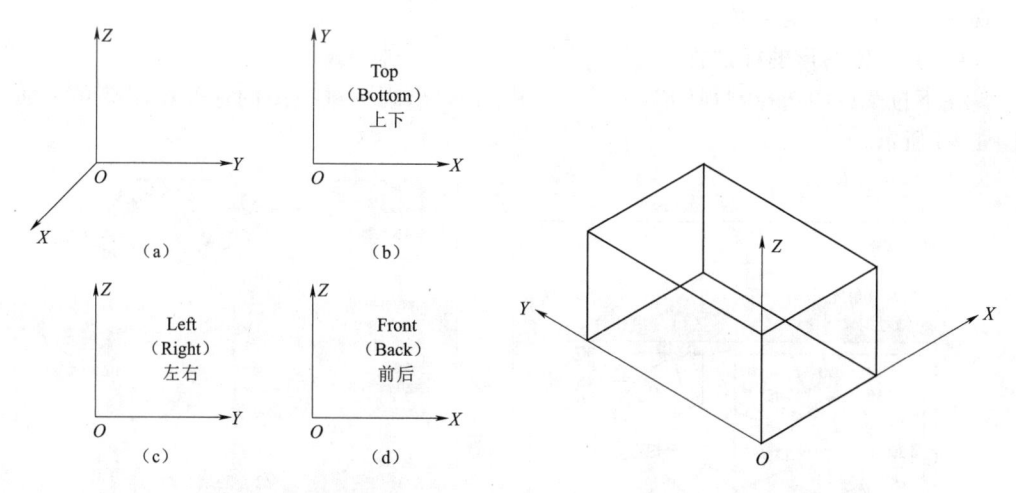

图 4-1 三维空间及用户坐标

图 4-2 右手螺旋法则

(3) AutoCAD 系统将世界坐标系的原点设在屏幕的左下角。

绘制二维图形时，可将屏幕看作平面图纸，当进入三维空间时，必须建立 Z 轴的概念。在三维空间里可以采用以下几种常用的坐标变换方式：直角坐标、柱坐标、球坐标。通常绘图平面为 XOY 平面，为便于绘图，常需要建立用户坐标系统。

在文本窗口输入命令 ucs，文本窗口出现提示：

指定 UCS 的原点或 [面(F)/命名(NA)/对象(OB)/上一个(P)/视图(V)/世界(W)/X/Y/Z/Z

轴(ZA)]＜世界＞：(用户可以选择新建用户坐标系统的方式)

这时默认用 3 点方法确定用户坐标系，即在屏幕上指定 3 个点来定义用户的 UCS 坐标系，第一点指定新的坐标原点，第二点指定 X 轴正方向，第三点指定 Y 轴正方向，而 Z 轴的方向则遵从右手法则自动确定。其余各选项的含义见第二章第六节。

单击状态条上的"动态 UCS"按钮，可开启或关闭动态 UCS。可以使用动态 UCS 在三维实体的平整面上创建对象，无须手动更改 UCS 方向。在执行命令的过程中，将光标移动到三维面上方时，动态 UCS 会临时将 UCS 的 XY 平面与三维实体的平整面对齐，如图 4-3 所示。

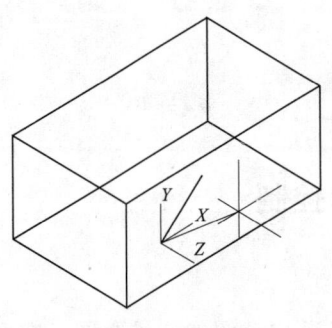

图 4-3 动态坐标系

二、三维图形观察

（一）多视口观察

在下拉菜单中选择"视图"→"视口"，可以对三维图形进行一到四视图的多视口观察，每个视口采用不同的视角，这样便于观察三维模型。

（二）三维视点预设

在下拉菜单中选择"视图"→"三维视图"→"视点预设"，弹出"三维视点预设"对话框，如图 4-4 所示。其中：与 X 轴的角度，用于确定视线与 X 轴的角度，即视线在 XY 平面上的投影线与 X 轴之间的夹角；视线与 XY 平面的夹角，用于确定视线与 XY 平面的夹角。

（三）三维图形的标准视图

在下拉菜单中选择"视图"→"三维视图"，出现三维视图的标准视图菜单，如图 4-5 所示。

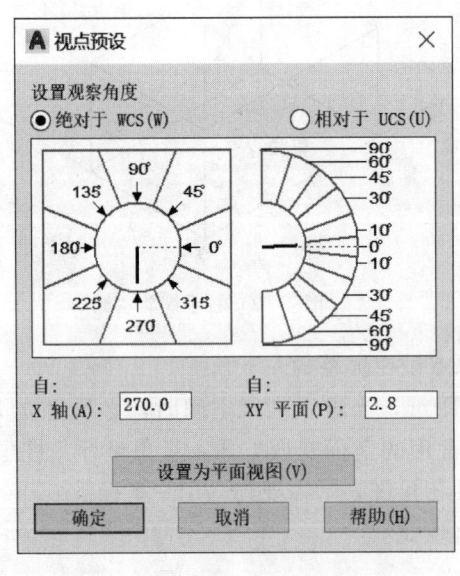

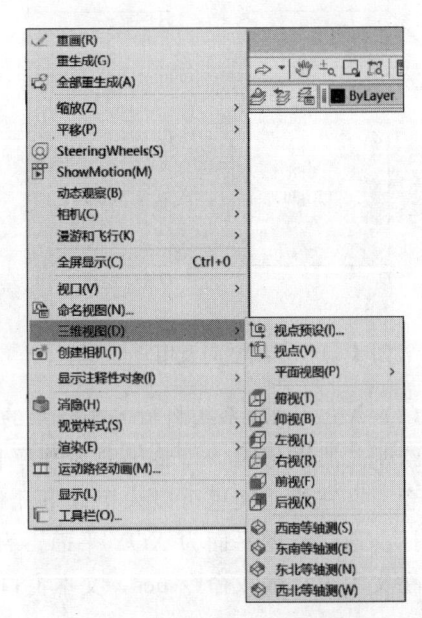

图 4-4 "三维视点预设"对话框　　图 4-5 三维视图的标准视图菜单

第一节 三维图形的显示控制

其中有：

(1) 俯视、仰视。

(2) 左视、右视。

(3) 前视、后视。

(4) 西南等轴测。

(5) 东南等轴测。

(6) 东北等轴测。

(7) 西北等轴测。

（四）三维动态观察

在任意一个工具栏上单击鼠标右键，在弹出的上下文菜单中选中"动态观察"，则出现如图 4-6 所示的"动态观察"工具栏，其中有受约束的动态观察、自由动态观察、连续动态观察的图标按钮。另外，也可选中显示"三维导航"工具栏，如图 4-7 所示，其中也包含了三维动态观察的快捷工具。

视频 4-1-1
三维动态观察

图 4-6 "动态观察"工具栏   图 4-7 "三维导航"工具栏

1. 受约束的动态观察

在下拉菜单中选择"视图"→"动态观察"→"受约束的动态观察"，或在"动态观察"工具栏中单击"受约束的动态观察"按钮，图形窗口上显示出三维动态光标。如果水平移动光标，视点将绕着 Z 轴转动；如果垂直移动光标，视点将沿着 Z 轴移动。从用户的视点观察就像是三维模型正在随着光标拖动而旋转，由于只能沿水平或垂直方向旋转观察，因此称之为受约束的动态观察。

2. 自由动态观察

在下拉菜单中选择"视图"→"动态观察"→"自由动态观察"，或在"动态观察"工具栏中单击"自由动态观察"按钮，图形窗口上显示出三维动态观察器。三维动态观察器有一个三维动态圆形轨道，轨道的四个象限处有一个小圆，如图 4-8 所示，轨道的中心为目标点，用户按住鼠标左键可自由旋转三维图形，并不局限于水平或垂直方向旋转。视图的旋转由光标的表现形式和位置决定，在小圆上和大圆内外拖动鼠标时可进行不同形式的旋转。

3. 连续动态观察

在下拉菜单中选择"视图"→"动态观察"→"连续动态观察"，或在"动态观察"工具栏中单击"连续动态观察"按钮，图形窗口上显示出连续动态观察光标。按住鼠标

图 4-8 三维自由动态观察器

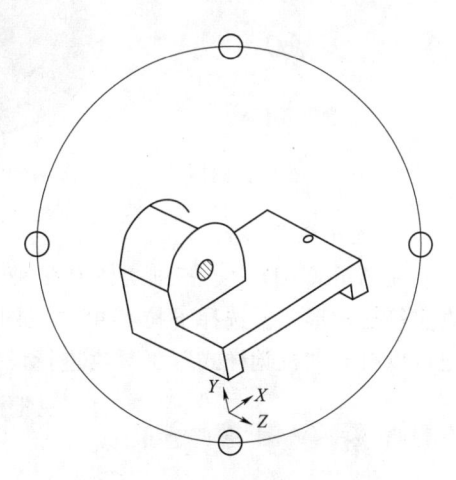

左键拖动，图形按鼠标拖动方向旋转，旋转速度为鼠标的拖动速度。AutoCAD 系统根据用户指定的方向，连续自动地旋转三维模型以便于用户观察。

三种动态观察模式还可以随时转换，动态观察时，在单击鼠标右键弹出的上下文菜单中选择"其他导航模式"下的不同动态观察模式，就切换到其他的动态观察模式。

（五）视图控制器

通过视图控制器 ViewCube，可以方便地转换方向视图。打开该功能时，在图形窗口的右上角自动显示视图控制器，如图 4-9 所示。用鼠标单击控制器的显示面或指示箭头，三维模型就自动转换到相应的方向视图，如单击"上"，就转换到俯视图，再单击"南"，就转换到前视图，单击控制器左上角的"home"图标，就转换到西南等轴测视图。

（六）控制盘

使用控制盘 SteeringWheels，也可以方便地观察三维图形。在下拉菜单中选择"视图"→"SteeringWheels"，显示出控制盘，如图 4-10 所示。控制盘随着鼠标移动，在控制盘中选择某项命令，并按住鼠标左键，拖动鼠标，则图形对象相应发生变化。单击控制盘右下角的下拉箭头，弹出快捷菜单，单击控制盘右上角的关闭箭头，则关闭控制盘。

（七）三维实体的显示形式

1. 消隐

在观察三维图形时，AutoCAD 系统通常以线框方式显示构成三维实体图形的所有线条，用户常常不能正确理解所生成的三维模型。进行消隐操作，可以隐藏实际应被三维实体表面挡住的线条，使图形看起来更符合现实中的视觉感受。重生成命令可以使图形恢复原样。消隐操作只对具有表面的实体对象有效。选择下拉菜单"视图"→"消隐"，三维图形中被遮挡的部分将被隐藏起来，如图 4-11 所示的消隐的长方体。

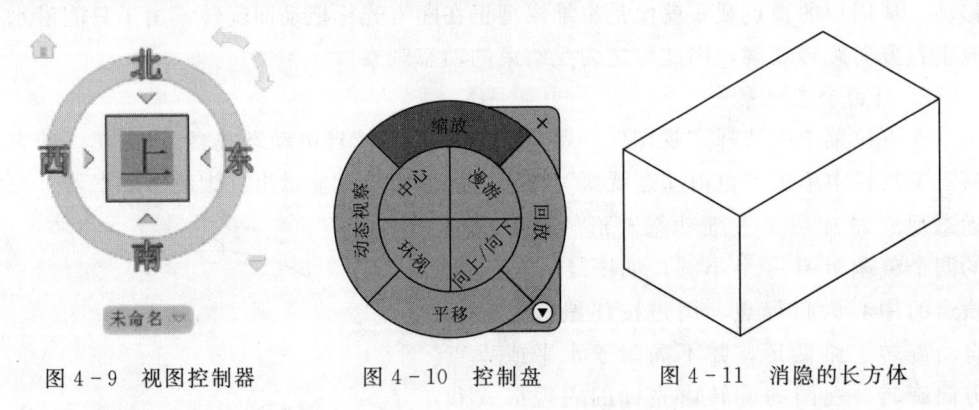

图 4-9 视图控制器　　图 4-10 控制盘　　图 4-11 消隐的长方体

2. 视觉样式

在 AutoCAD 中，三维实体有多种显示形式，包括二维线框、三维线框、隐藏、真实等显示形式。选择下拉菜单"视图"→"视觉样式"，可以设定多种显示形式，也可以打开"视觉样式"工具栏进行设定，如图 4-12 所示。

图 4-12 "视觉样式"工具栏

视觉样式的选项如下：

（1）二维线框，此时用直线和曲线表示对象的边界，光栅和 OLE 对象、线型和线宽都是可见的，显示线框三维 UCS 图标。

（2）线框，显示用直线和曲线表示边界的对象，显示着色三维 UCS 图标。更改视图方向时，不重新生成视图，显示大型三维模型时节省大量时间。

（3）消隐，显示用三维线框表示的对象并隐藏被遮挡的部分。

（4）真实，着色多边形平面间的对象，并使对象的边平滑化。如果已为对象附着材质，将显示已附着到对象的材质。

（5）概念，着色多边形平面间的对象，并使对象的边平滑化。着色使用冷色和暖色之间的过渡，效果缺乏真实感，但是可以更方便地查看模型的细节。

（6）着色，使用平滑着色显示三维对象，不使用材质。

（7）带边缘着色，使用平滑着色和可见边显示三维对象。

（8）灰度，使用平滑着色和单色灰度显示三维对象。

（9）勾画，使用线延伸和抖动边修改器显示手绘效果的二维和三维对象。

（10）X 射线，以局部透明度显示三维对象。

3. 视觉样式管理器

选择下拉菜单"视图"→"视觉样式"→"视觉样式管理器"，或单击"视觉样式"工具栏中的"管理视觉样式"按钮，弹出"视觉样式管理器"对话框，如图 4-13 所示。用鼠标左键双击对话框上部图示的视觉样式，则图形区发生相应变化，还可以对该视觉样式的各项参数进行设置后查看显示效果的变化。

（八）图形观察的快捷菜单

为便于使用各种图形观察方法，在 AutoCAD 图形窗口的左上角提供了图形观察的快捷菜单，便于控制各种观察模式。该图形菜单包含三个部分，单击"-"展开第一部分，可控制视口数量，以及视图控制器、控制盘等的显示；第二部分是选择预设视图，如图 4-14 所示；第三部分是选择视觉样式，无需再从下拉菜单中去寻找。

视频 4-1-2
三维快捷观察

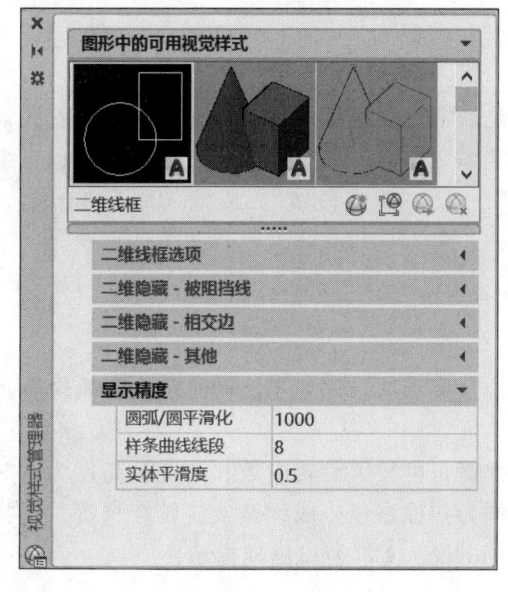

图 4-13 "视觉样式管理器"对话框　　图 4-14 "图形观察"菜单之预设视图

练 习 题

1. 对简单的三维实体进行三维动态观察。
2. 打开包含三维实体的图形文件，用不同的视觉样式观察。
3. 练习使用图形观察的快捷菜单观察三维图形的预设视图。

思 考 题

1. AutoCAD 系统有哪些观察三维实体的方式？
2. 在默认情况下，立方体的长、宽、高分别对应什么坐标轴方向？

第二节 绘制和编辑三维表面

常用的三维模型如下：
(1) 线框模型，由点、线组成。
(2) 表面模型，由平面、曲面组成。
(3) 实体模型，由方体、圆球、圆锥等基本实体组合而成。
(4) 体素模型，由化繁为简的立方块元素组成，如同像素构成平面图像一样。

线框模型只形成了空间骨架，最为简化，但无法表达三维空间中的遮挡关系，表面模型、实体模型和体素模型都属于真正意义上的三维模型，可进行消隐和渲染。由于体素模型对存储和计算的要求较高，还只用于特定的领域，AutoCAD 系统中并未采用，其余的三维模型 AutoCAD 系统均提供支持。

一、三维线框

1. 三维多段线

在平面图形绘制中的"直线"可以是二维直线也可以是三维直线，只要直线端点的坐标是三维的，就成为三维空间中的直线。AutoCAD 提供了平面多段线和三维多段线的绘制方法，选择下拉菜单"绘图"→"三维多段线"，或输入命令 3dpoly，文本窗口出现提示：

指定多段线的起点：（指定某一点或输入坐标点）
指定直线的端点或 [放弃(U)]：（指定下一点）

可见，三维多段线没有平面多段线的众多选项，比如不能同时包含圆弧段等。

2. 螺旋线

螺旋命令可以创建二维螺旋或三维弹簧，可设置旋转圈数和高度，高度为 0 时是平面螺旋，不为 0 时是空间螺旋，适合作为扫掠路径生成弹簧或旋转楼梯等。选择下拉菜单"绘图"→"螺旋"，或输入命令 helix，文本窗口出现提示：

圈数 = 3.0000   扭曲=CCW

指定底面的中心点：（输入螺旋中心点的坐标）

指定底面半径或［直径(D)］＜1.0000＞：100（设定底面半径值）

指定顶面半径或［直径(D)］＜100.0000＞：50（设定顶面半径值）

指定螺旋高度或［轴端点(A)/圈数(T)/圈高(H)/扭曲(W)］＜1.0000＞：50（输入高度或重新指定圈数等）

二、面域

面域是具有边界的平面区域，内部可以包含孔。用户可以将圆、椭圆、封闭二维多段线等直接转换为面域，也可以将由圆弧、直线、样条曲线等围成的封闭区域转换为面域。选择下拉菜单"绘图"→"面域"，或在绘图工具栏中单击"面域"按钮，或输入命令 region，文本窗口提示选择对象，此时选择能围成封闭区域的单独图形或组合图形即可。面域为空间中的平面，在消隐时能够遮挡后方的图形对象。面域之间还能通过并集、交集、差集的布尔运算，生成更为复杂的面域。

三、三维面

绘制空间中由四条边构成的三维面。选择下拉菜单"绘图"→"建模"→"网格"→"三维面"，或输入命令 3dface，文本窗口出现提示：

指定第一点或［不可见(I)］：（指定三维面第一点的坐标）

指定第二点或［不可见(I)］：（指定三维面第二点的坐标）

在输入第一点后，按顺时针或逆时针方向输入其余的三个点，就可创建三维面，如图 4-15 所示。如果在提示下继续输入第二个面上的第三点和第四点，则以第一个面的第三点和第四点作为第二个面的第一点和第二点，生成第二个面。继续输入点可以创建更多的面，按回车键则结束命令。如果在输入某一边时使用选项"I"，则可使该边不可见。

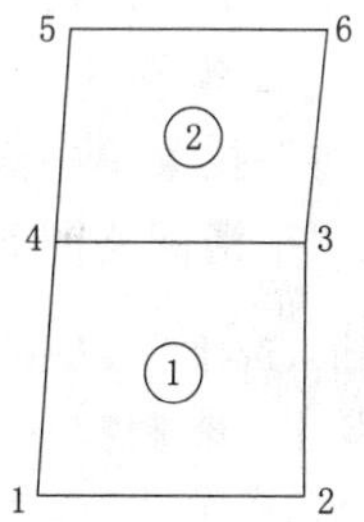

图 4-15 三维面绘制顺序

四、将二维图形转化为三维表面模型

（1）打开对象特性窗口，改变二维图形的厚度值，或输入命令 elev，文本窗口出现提示：

指定新的默认标高 ＜0.0000＞：（AutoCAD 系统默认的标高为 0.0，用户此处可以输入新的标高值）

指定新的默认厚度 ＜0.0000＞：（AutoCAD 系统默认的厚度为 0.0，用户此处可以输入新的厚度值）

（2）转变图形的观察视角，可以观察到由二维图形转化为三维表面模型。

（3）还可以启用三维动态观察器进行观察。

五、创建三维基本曲面网格

在下拉菜单中选择"绘图"→"建模"→"网格"→"图元"，可选择基本三维曲面对象的绘制，如长方体表面、圆柱体表面、棱锥面、球面等，工具栏为"平滑网格图元"，如图 4-16 所示。

图 4-16 "平滑网格图元"工具栏

1. 绘制长方体

在文本窗口输入命令 mesh，或单击"平滑网格图元"工具栏中的"网格长方体"按钮，文本窗口出现提示：

输入选项［长方体(B)/圆锥体(C)/圆柱体(CY)/棱锥体(P)/球体(S)/楔体(W)/圆环体(T)/设置(SE)］＜圆柱体＞：_BOX（绘制长方体表面）

指定第一个角点或［中心(C)］：（在屏幕上指定长方体的一个角点）

指定其他角点或［立方体(C)/长度(L)］：（指定长方体底面的另一个角点）

指定高度或［两点(2P)］＜0.0000＞：（输入长方体的高度）

在文本窗口提示下，依次输入相应参数，即可完成长方体表面的绘制。

2. 棱锥体

在文本窗口输入命令 mesh，或选择"平滑网格图元"工具栏中的"网格棱锥体"按钮，文本窗口出现提示：

输入选项［长方体(B)/圆锥体(C)/圆柱体(CY)/棱锥体(P)/球体(S)/楔体(W)/圆环体(T)/设置(SE)］＜长方体＞：_PYRAMID（绘制棱锥体表面）

4 个侧面　外切

指定底面的中心点或［边(E)/侧面(S)］：（在屏幕上指定或输入棱锥面底面的中心点）

指定底面半径或［内接(I)］＜127.4747＞：（输入棱锥面底面的半径）

指定高度或［两点(2P)/轴端点(A)/顶面半径(T)］＜118.3141＞：（在屏幕上指定棱锥体的高度）

在文本窗口提示下，依次输入相应的参数，即可完成棱锥体的绘制。

3. 圆锥

在下拉菜单中选择"绘图"→"建模"→"网格"→"图元"→"圆锥体"，或选择"平滑网格图元"工具栏中的"网格圆锥体"按钮，文本窗口出现提示：

输入选项［长方体(B)/圆锥体(C)/圆柱体(CY)/棱锥体(P)/球体(S)/楔体(W)/圆环体(T)/设置(SE)］＜棱锥体＞：_CONE（绘制圆锥体表面）

指定底面的中心点或［三点(3P)/两点(2P)/切点、切点、半径(T)/椭圆(E)］：（在屏幕上指定或输入圆锥面底面中心点坐标）

指定底面半径或［直径(D)］＜127.4747＞：（输入圆锥面底面的半径）

指定高度或［两点(2P)/轴端点(A)/顶面半径(T)］＜118.3141＞：（输入圆锥体的高度）

圆锥体顶面半径不输入时默认为 0，绘制出圆锥；若输入不为 0 的数值，则绘制出圆台。

同样可根据文本窗口提示，绘制网格圆柱体、网格球体、网格圆环体、网格楔体。

六、创建三维曲面网格

采用 3dmesh 命令创建三维网格，要求输入由 M 行 N 列构成的各顶点（网格交点）的 X、Y、Z 坐标，可以真正建立三维不规则曲面网格，形成表现山脉起伏的三维地形表面。由 M 和 N 方向上线段所形成的网格点数量最大为 256×256。

例如由 12 个点表示的三维网格如图 4-17 所示。

在建立三维不规则曲面网格时，坐标值的输入工作量较大，而且容易出错，可以借助于 Excel 的数据整理功能，对三维坐标值进行处理，达到快速、准确地完成三维不规则曲面网格绘制的目的。借助于 Excel 进行数据整理，如图 4-18 所示，选择 E 列数据，再选择"复制"工具，切换到 AutoCAD 界面，输入命令 3dmesh，在文本窗口出现提示：

输入 M 方向上的网格数量：4（M 方向上的网格数量为 4）
输入 N 方向上的网格数量：3（N 方向上的网格数量为 3）
为顶点（0,0）指定位置：（单击鼠标右键，出现上下文菜单，选择"粘贴"命令，即可完成如图 4-17 所示的三维不规则曲面网格绘制）

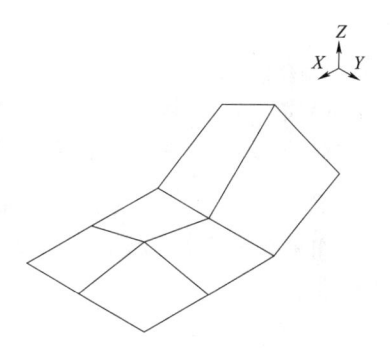

图 4-17 三维网格图

图 4-19 为采用 3dmesh 命令生成的一段河谷的三维曲面图形。

图 4-18 Excel 整理三维曲面数据　　图 4-19 河谷三维曲面图形

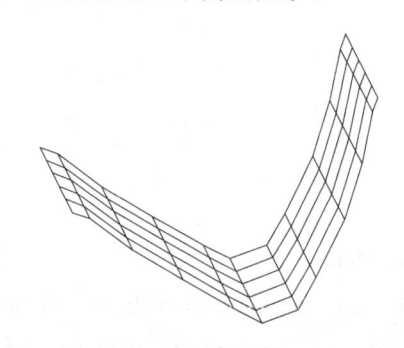

七、旋转曲面

二维图形绕轴旋转形成三维旋转曲面。在下拉菜单中选择"绘图"→"建模"→"网格"→"旋转网格"，或在文本窗口输入命令 revsurf，文本窗口出现提示：

当前线框密度：SURFTAB1＝6　　SURFTAB2＝6（用户可以选择 SURFTAB1、SURFTAB2，改变当前线框密度）

选择要旋转的对象：（在屏幕上选择要旋转的图形对象）
选择定义旋转轴的对象：（在屏幕上选择定义旋转轴的图形对象）
指定起点角度<0>：（可以重新指定，或回车确认）
指定包含角（＋＝逆时针，－＝顺时针）<360>：（可以重新指定，或回车确认）

按照文本窗口提示输入自己设定的参数，即可完成三维旋转表面的绘制，如图 4-20 所示。系统变量 SURFTAB1 控制旋转方向上的网格数目，SURFTAB2 控制旋转轴线方向上的网格数目。

八、直纹曲面

对不同高程上的等高线，可以创建三维直纹曲面。在下拉菜单中选择"绘图"→"建模"→"网格"→"直纹网格"，或在文本窗口输入命令 rulesurf，文本窗口出现

121

提示：

当前线框密度：SURFTAB1=20

选择第一条定义曲线：（在屏幕上选择需要形成直纹曲面的第一条等高线）

选择第二条定义曲线：（在屏幕上选择需要形成直纹曲面的第二条等高线）

即形成两条等高线间的直纹曲面，其中线框密度参数 SURFTAB1 可以进行调整修改。如果有多条等高线，就需要连续使用几次直纹曲面命令，形成如图 4-21 所示的直纹曲面。

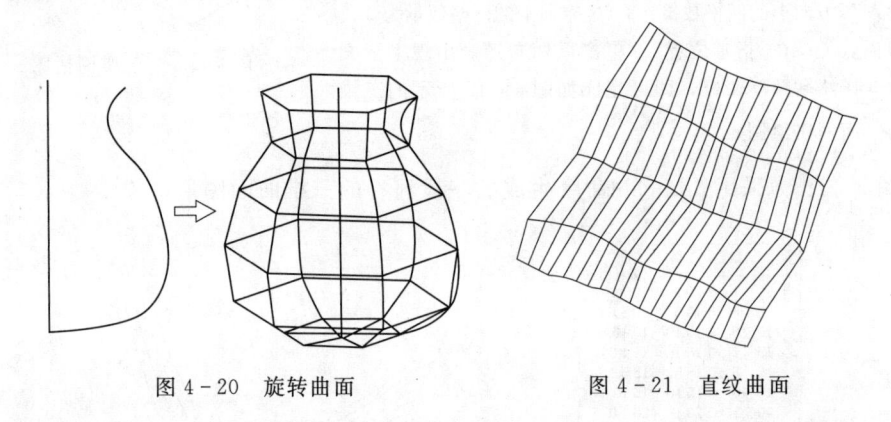

图 4-20　旋转曲面　　　　　图 4-21　直纹曲面

九、平移曲面

平面图形沿一条曲线平移就形成平移曲面。在下拉菜单中选择"绘图"→"建模"→"网格"→"平移网格"，或在文本窗口输入命令 tabsurf，文本窗口出现提示：

当前线框密度：SURFTAB1=20

选择用作轮廓曲线的对象：（在屏幕上选择需要平移的图形）

选择用作方向矢量的对象：（在屏幕上选择定义平移路径的图形）

即形成平移曲面，相当于两条边界线相同的直纹曲面，如图 4-22 所示。其中线框密度参数 SURFTAB1 可以进行调整修改。

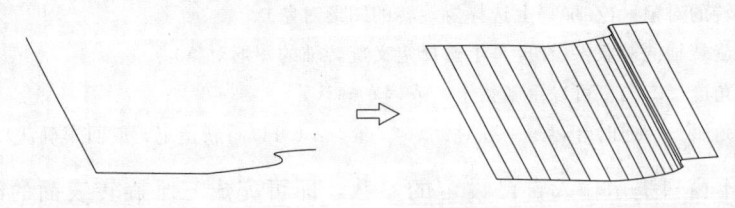

图 4-22　平移曲面

十、边界曲面

由四条边界曲线剖分连接后就形成边界曲面。在下拉菜单中选择"绘图"→"建模"→"网格"→"边界网格"，或在文本窗口输入命令 edgesurf，文本窗口出现提示：

当前线框密度：SURFTAB1＝20   SURFTAB2＝15
选择用作曲面边界的对象 1：（在屏幕上选择第一条边界线）
选择用作曲面边界的对象 2：（在屏幕上选择第二条边界线）
选择用作曲面边界的对象 3：（在屏幕上选择第三条边界线）
选择用作曲面边界的对象 4：（在屏幕上选择第四条边界线）

即形成边界曲面，相当于完全由边界定义的三维曲面网格，如图 4-23 所示。其中线框密度参数 SURFTAB1 和 SURFTAB2 可以调整。在命令行中输入 SURFTAB1，以改变 M 方向的默认值；在命令行中输入 SURFTAB2，以改变 N 方向的默认值。

十一、网格编辑

AutoCAD 系统提供了对网格编辑的功能，如提高平滑度、优化网格等。在下拉菜单中选择"修改"→"网格编辑"，可选择对三维网格的多种编辑操作，工具栏为"平滑网格"，如图 4-24 所示。

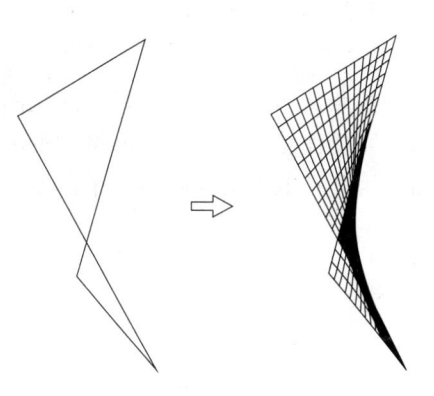

图 4-23 边界曲面

1. 提高平滑度

在下拉菜单中选择"修改"→"网格编辑"→"提高平滑度"，或单击"平滑网格"工具栏中的"提高网格平滑度"按钮，文本窗口出现提示：

选择要提高平滑度的网格对象：（选择网格对象）
选择要提高平滑度的网格对象：（回车确定，并退出命令）

图 4-24 "平滑网格"工具栏

按照文本窗口提示选择要平滑的网格，即可提高该网格的平滑度，如果不够平滑，还可以继续提高，如图 4-25 所示。

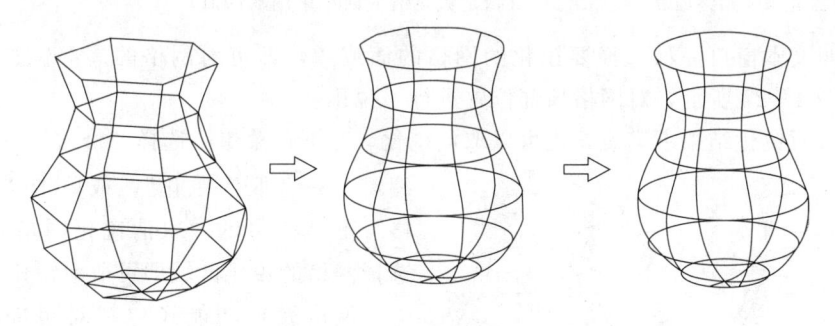

图 4-25 提高网格的平滑度

如果要加快显示速度，也可以降低网格的平滑度。在下拉菜单中选择"修改"→"网格编辑"→"降低平滑度"，或单击"平滑网格"工具栏中的"降低网格平滑度"按钮，选择要降低平滑度的网格即可。

2. 优化网格

优化网格是增加网格中的面数，提供对精细建模的支持。在下拉菜单中选择"修改"→"网格编辑"→"优化网格"，或单击"平滑网格"工具栏中的"优化网格"按钮，文本窗口出现提示：

选择要优化的网格对象或面子对象：（选择网格对象）
选择要优化的网格对象或面子对象：（回车确定，并退出命令）

按照文本窗口提示选择要细化的网格，即可提高该网格的精细度，如图4-26所示。需要注意的是，如果网格的平滑度较低，不需要更多面数来表达，则无需细化网格，因此一般先提高网格的平滑度，再提高网格的精细度。

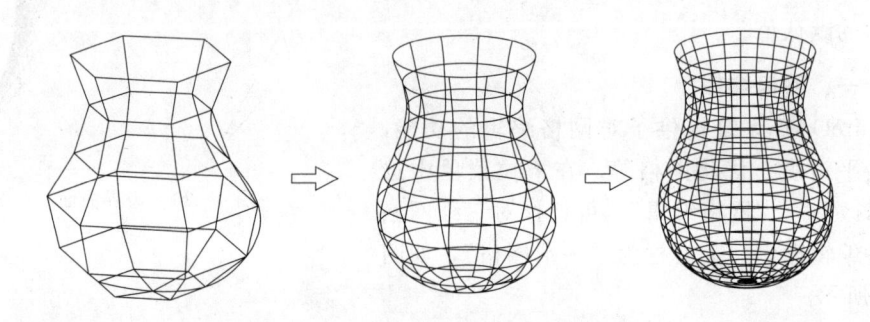

图4-26 提高网格的精细度

3. 锐化网格

锐化网格使平滑网格的面或边出现锐化，局部出现变形，可看作在网格局部降低平滑度。在下拉菜单中选择"修改"→"网格编辑"→"锐化"，或单击"平滑网格"工具栏中的"锐化网格"按钮，文本窗口出现提示：

选择要锐化的网格子对象：（选择网格对象的面或边）
选择要锐化的网格子对象：（回车确定多个选择完毕）
指定锐化值［始终（A）］＜始终＞：（指定锐化值或回车采用默认值）

按照文本窗口提示选择要锐化的网格的面或边，即可对网格的局部位置进行锐化，如图4-27所示，对网格顶部位置进行了锐化。

如果对锐化结果不满意，也可以取消锐化。在下拉菜单中选择"修改"→"网格编辑"→"取消锐化"，或单击"平滑网格"工具栏中的"取消锐化网格"按钮，选择网格的锐化区域即可取消锐化。

网格编辑功能还包括对组成面的合并、分割、拉伸、闭合等操作，还可将网格转换为平滑曲面或具有镶嵌面的曲面，封闭的网格还可转换为平滑实体或具有镶嵌面的实体。

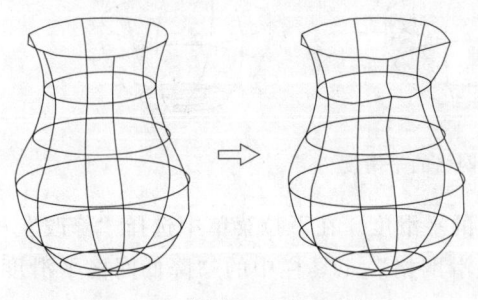

图4-27 锐化网格的局部位置

练 习 题

1. 创建两个基本的三维网格图元，并动态观察网格的空间形状。
2. 创建简单的三维旋转网格和直纹网格，并动态观察网格的空间形状。

思 考 题

1. 网格是曲面吗？为什么可以用网格表达三维形体？
2. 如何对生成的网格面进行细化？

第三节　三维实体造型和编辑

实体模型能够完整描述实际物体的三维特征，比三维线框、三维曲面更为自然，是现今三维模型优先采用的类型。用于三维实体造型的工具栏主要为"建模"工具栏和"实体编辑"工具栏。

在任一工具栏上单击鼠标右键弹出上下文菜单，选中"建模"选项，则显示"建模"工具栏，如图 4-28 所示。"建模"工具栏有绘制基本三维实体、拉伸或旋转形成三维实体、移动或阵列等工具。同样可显示"实体编辑"工具栏，如图 4-29 所示。"实体编辑"工具栏有布尔运算、实体面操作、圆角、抽壳等工具。

图 4-28　"建模"工具栏

图 4-29　"实体编辑"工具栏

一、基本三维实体

选择"建模"工具栏上的"长方体""球体""圆锥体"等基本三维模型绘制工具，或在下拉菜单中选择"绘图"→"建模"→选择所需要绘制的长方体、球体、圆锥体等三维模型绘制工具，按照文本窗口提示输入自己设定的参数，即可完成基本三维实体模型的绘制。

例如绘制长方体时，在文本窗口输入命令 box，或选择"长方体"绘制工具，文本窗口出现提示：

命令：_box
指定第一个角点或 [中心(C)]：（指定或输入长方体的一个角点的坐标）
指定其他角点或 [立方体(C)/长度(L)]：L（选择输入长方体尺寸的方式）
指定长度：20（输入长方体的长度）

指定宽度：10（输入长方体的宽度）

指定高度或［两点(2P)］＜10.00＞：30（输入长方体的高度）

按照文本窗口提示输入自己设定的参数，即可完成长方体的绘制，如图4-30所示。

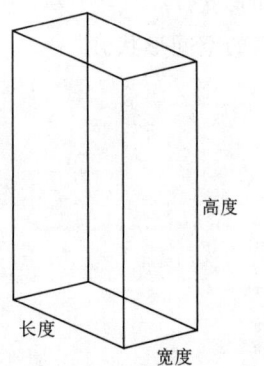

绘制多段体时，在文本窗口输入命令polysolid，或选择"多段体"绘制工具，文本窗口出现提示：

命令：_polysolid

高度 ＝ 80.0000，宽度 ＝ 5.0000，对正 ＝ 居中

指定起点或［对象(O)/高度(H)/宽度(W)/对正(J)］＜对象＞：H（指定多段体的高度）

指定高度＜80.0000＞：2850（输入高度值）

高度 ＝ 2850.0000，宽度 ＝ 5.0000，对正 ＝ 居中

指定起点或［对象(O)/高度(H)/宽度(W)/对正(J)］＜对象＞：W（指定多段体的宽度）

指定宽度＜5.0000＞：240（输入宽度值）

高度 ＝ 2850.0000，宽度 ＝ 240.0000，对正 ＝ 居中

图4-30 绘制长方体

指定起点或［对象(O)/高度(H)/宽度(W)/对正(J)］＜对象＞：（在屏幕上指定起点）

指定下一个点或［圆弧(A)/放弃(U)］：（指定多段体的下一个点）

此时生成一个长方体，而且可连续指定下一个点，连续生成长方体，如同绘制折线段一样，特别适合绘制类似房屋墙体等的三维实体。在指定"对象"选项时，还可将已有的线段或多段线转换为具有宽度和高度的实体。

同样按照提示可完成球体、圆柱体、圆锥体、楔体、圆环、棱锥体、螺旋等的绘制。

二、将二维图形转化为三维实体

1. 拉伸实体

平面图形通过拉伸的方法形成实体，开放的曲线形成曲面，闭合的曲线形成实体。例如首先绘制一个平面六边形，在文本窗口输入命令extrude，或选择"建模"工具栏上的"拉伸"工具，文本窗口出现提示：

当前线框密度：ISOLINES＝4，闭合轮廓创建模式 ＝ 实体

选择要拉伸的对象或［模式(MO)］：_MO

闭合轮廓创建模式［实体(SO)/曲面(SU)］＜实体＞：_SO

选择要拉伸的对象或［模式(MO)］：（在屏幕上选择需要拉伸的图形对象即六边形）

指定拉伸的高度或［方向(D)/路径(P)/倾斜角(T)/表达式(E)］＜30.0000＞：P（采用路径方法拉伸）

选择拉伸路径或［倾斜角(T)］：（在屏幕上选择拉伸路径）

按照文本窗口提示输入设定的参数，即将二维图形拉伸为三维实体模型，如图4-31所示。

2. 旋转实体

二维图形通过旋转的方法生成实体。绘制需要旋转的平面图形，在文本窗口输入

命令 revolve，或选择"建模"工具栏上的"旋转"工具，文本窗口出现提示：

当前线框密度：ISOLINES=4，闭合轮廓创建模式 = 实体
选择要旋转的对象或［模式(MO)］：(在屏幕上选择需要旋转的图形对象)
选择要旋转的对象或［模式(MO)］：(可继续选择对象或回车结束选择)
指定轴起点或根据以下选项之一定义轴［对象(O)/X/Y/Z］＜对象＞：(回车使用对象模式指定旋转轴)
选择对象：(选择作为旋转轴的图形对象)
指定旋转角度或［起点角度(ST)/反转(R)/表达式(EX)］＜360＞：(重新指定角度，或回车采用默认值)

　　按照文本窗口提示输入自己设定的参数，即将二维图形通过旋转生成三维实体，如图 4-32 所示。

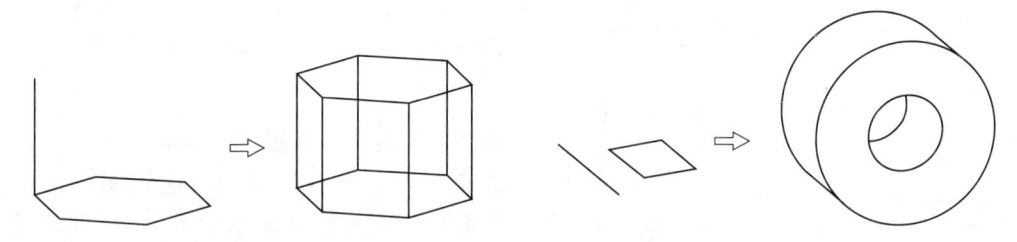

图 4-31　拉伸绘制六棱柱　　　　图 4-32　旋转绘制有孔圆柱

3. 扫掠实体

　　二维图形通过沿路径扫掠的方法生成实体。绘制需要扫掠的平面图形和扫掠路径，在文本窗口输入命令 sweep，或选择"建模"工具栏上的"扫掠"工具，文本窗口出现提示：

当前线框密度：ISOLINES=4，闭合轮廓创建模式 = 实体
选择要扫掠的对象或［模式(MO)］：_MO
闭合轮廓创建模式［实体（SO）/曲面（SU）］＜实体＞：_SO
选择要扫掠的对象或［模式(MO)］：(在屏幕上选择需要扫掠的图形对象)
选择要扫掠的对象或［模式(MO)］：(可继续选择对象或回车结束选择)
选择扫掠路径或［对齐(A)/基点(B)/比例(S)/扭曲(T)］：(选择图形作为扫掠路径)

　　按照文本窗口提示输入自己设定的参数，即将二维图形沿路径扫掠生成三维实体，还可以设置扫掠过程中的扭曲角度，即沿扫掠路径全部长度的旋转角度，如图 4-33 所示。

4. 放样实体

　　由多个横截面生成三维实体，闭合的横截面生成实体，开放的横截面生成曲面。绘制需要放样的多个平面图形，在文本窗口输入命令 loft，或选择"建模"

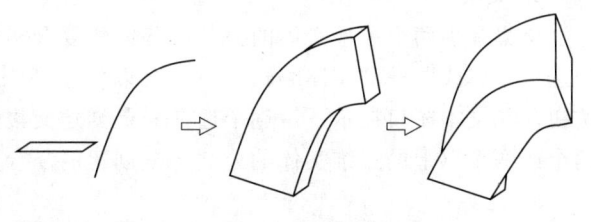

图 4-33　扫掠绘制异形柱

工具栏上的"放样"工具，文本窗口出现提示：

当前线框密度：ISOLINES＝4，闭合轮廓创建模式 ＝ 实体

按放样次序选择横截面或［点(PO)/合并多条边(J)/模式(MO)］：_MO 闭合轮廓创建模式［实体(SO)/曲面(SU)］＜实体＞：_SO

按放样次序选择横截面或［点(PO)/合并多条边(J)/模式(MO)］：（在屏幕上选择需要放样的多个截面图形）

按放样次序选择横截面或［点(PO)/合并多条边(J)/模式(MO)］：（可继续选择对象或回车结束选择）

选中了 2 个横截面

输入选项［导向(G)/路径(P)/仅横截面(C)/设置(S)］＜仅横截面＞：（回车按默认生成放样实体）

按照文本窗口提示输入自己设定的参数，即将多个闭合截面放样生成三维实体，如图 4-34 所示。

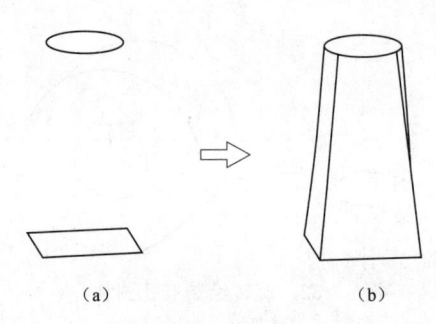

图 4-34　放样绘制渐变柱

三、布尔运算创建复合三维实体

从基本的三维实体模型，应用实体的并集、交集及差集方法（布尔运算），可以创建复合的三维实体模型，如图 4-35 所示。

1. 并集

并集是合并两个或两个以上的三维实体，构成一个复合实体。在下拉菜单中选择"修改"→"实体编辑"→"并集"，或单击"实体编辑"工具栏中的"并集"按钮，在文本窗口提示下，逐个选择需要合并的三维实体，回车确认，即完成两个或两个以上的三维实体的合并。

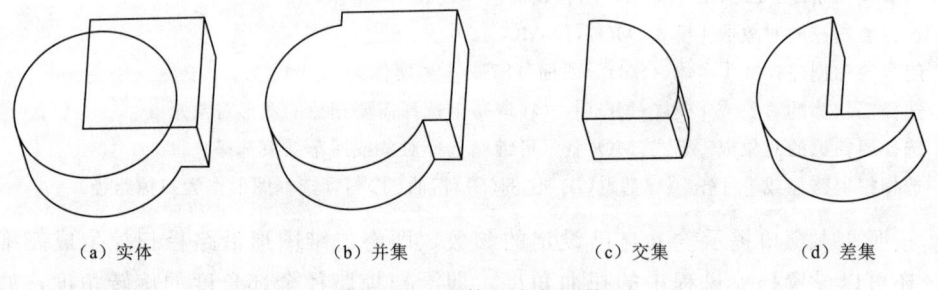

（a）实体　　　　（b）并集　　　　（c）交集　　　　（d）差集

图 4-35　实体的布尔运算

2. 交集

交集是用两个三维实体的公共部分创建复合实体，删除非重合部分。在下拉菜单中选择"修改"→"实体编辑"→"交集"，或单击"实体编辑"工具栏中的"交集"按钮，在文本窗口提示下，逐个选择需要创建交集的三维实体，回车确认，即形成用两个或两个以上的三维实体的公共部分创建的复合实体。

3. 差集

差集是删除两个三维实体的公共部分。在下拉菜单中选择"修改"→"实体编

辑"→"差集",或单击"实体编辑"工具栏中的"差集"按钮,在文本窗口提示下,先选择要从中减去的三维实体对象,再选择要去除的三维实体对象,回车确认,即构成新的复合实体。

四、三维操作

与编辑平面图形类似,在三维空间中,AutoCAD 系统也提供了三维移动、三维旋转、三维镜像、三维阵列等操作。

1. 三维移动

该命令与二维移动命令类似,在三维空间中移动图形对象。选择下拉菜单"修改"→"三维操作"→"三维移动",或单击"建模"工具栏中的"三维移动"按钮,文本窗口出现提示:

选择对象:(选择要移动的图形对象,回车结束确认)
指定基点或[位移(D)]<位移>:(指定移动的基准点)
指定第二个点或<使用第一个点作为位移>:(指定基准点移动到的点)

图形对象即按两点间的位移增量进行移动。

2. 三维旋转

该命令在三维空间中旋转图形对象。选择下拉菜单"修改"→"三维操作"→"三维旋转",或单击"建模"工具栏中的"三维旋转"按钮,文本窗口出现提示:

UCS 当前的正角方向:ANGDIR=逆时针 ANGBASE=0
选择对象:(选择要旋转的图形对象,回车结束确认)
指定基点:(指定旋转的基准点)
拾取旋转轴:(指定旋转轴)
指定角的起点或键入角度:(指定旋转角度)

图形对象即按基点、旋转轴和角度完成旋转。

3. 三维镜像

该命令在三维空间中镜像图形对象。选择下拉菜单"修改"→"三维操作"→"三维镜像",或输入命令 mirror3d,文本窗口出现提示:

选择对象:(选择要镜像的图形对象,回车结束确认)
指定镜像平面(三点)的第一个点或[对象(O)/最近的(L)/Z 轴(Z)/视图(V)/XY 平面(XY)/YZ 平面(YZ)/ZX 平面(ZX)/三点(3)]<三点>:(默认按三点指定镜像平面)
是否删除源对象?[是(Y)/否(N)]<否>:(选择是否保留原有图形)

图形对象即对空间中的平面完成镜像,如图 4-36 所示。

4. 三维阵列

该命令在三维空间中阵列图形对象。选择下拉菜单"修改"→"三维操作"→"三维阵列",或输入命令 3darray,文本窗口出现提示:

选择对象:(选择要阵列的图形对象,回车结束确认)
输入阵列类型[矩形(R)/环形(P)]<矩形>:P(选择环形阵列)
输入阵列中的项目数目:8(指定阵列中的复制数目)

指定要填充的角度（＋＝逆时针，－＝顺时针）<360>：（输入环形阵列的角度）
旋转阵列对象？[是(Y)/否(N)]<Y>：（回车默认在阵列时旋转图形）
指定阵列的中心点：（指定环形阵列的圆心）
指定旋转轴上的第二点：（指定第二个点确定旋转轴）

图形对象即对空间中的旋转轴完成三维环形阵列，如图4-37所示。

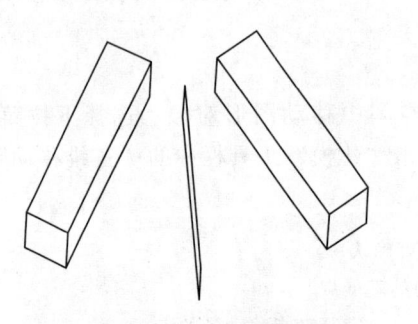

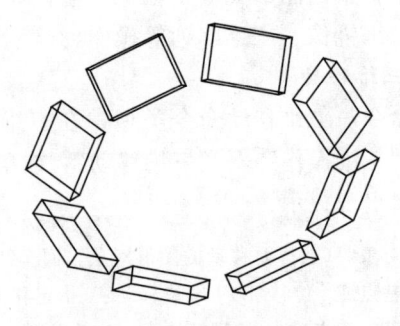

图4-36　三维镜像　　　　　图4-37　三维环形阵列

5．三维对齐

该命令在三维空间中移动并旋转图形对象，使之与其他图形对象对齐，可以用一个、两个或三个点对作为对齐标准。选择下拉菜单"修改"→"三维操作"→"三维对齐"，或单击"建模"工具栏中的"三维对齐"按钮，文本窗口出现提示：

选择对象：（选择要对齐的图形对象，回车结束确认）
指定源平面和方向…
指定基点或 [复制(C)]：（指定第一个点作为基准点）
指定第二个点或 [继续(C)]<C>：（可选择第二个点或不选）
指定第三个点或 [继续(C)]<C>：（可选择第三个点或不选）
指定目标平面和方向…
指定第一个目标点：（指定基准点移动到的目标点）
指定第二个目标点或 [退出(X)]<X>：（选择第二个点的配对点或退出）
指定第三个目标点或 [退出(X)]<X>：（选择第三个点的配对点或退出）

图形对象即使用空间中的最多三对点完成自动对齐，达到平面的贴合，不足三对点则是点对齐或线对齐，如图4-38所示。下拉菜单中"修改"→"三维操作"→"对齐"的功能与三维对齐相同，只是点的指定顺序不同。

6．操纵器控制

除了三维操作命令外，AutoCAD系统还提供了直观的操作方法。选中三维模型，该模型上显示跟随的局部三维坐标系，如图4-39所示。如果显示为坐标轴状态，则进行平移控制，根据提示可操纵选中图形对象进行X方向、Y方向、Z方向、XY平面内、YZ平面内、ZX平面内的动态移动，如图4-39（a）所示；如果显示为环形状态，则进行旋转控制，根据提示可操纵选中图形对象进行绕X轴、Y轴、Z轴的动态旋转，如图4-39（b）所示。单击鼠标右键，在上下文菜单中可选择采用何种操纵模式，还可切换为动态缩放模式。

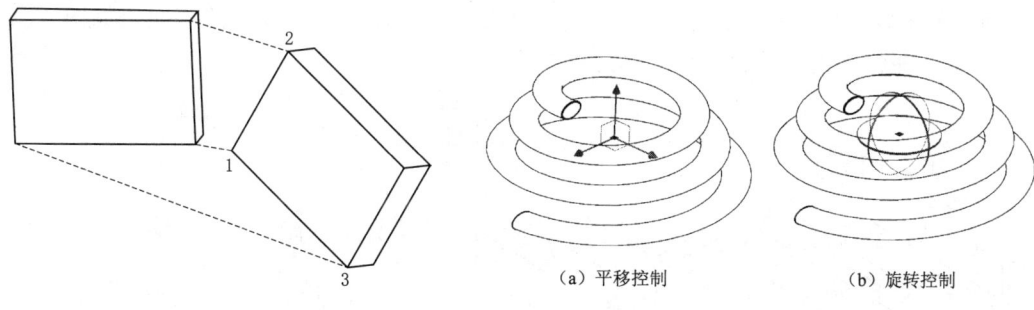

图 4-38 实体的三维对齐

(a) 平移控制　　(b) 旋转控制

图 4-39 图形的操纵器控制

7. 干涉检查

该命令在三维空间中考察图形对象是否发生重合。选择下拉菜单"修改"→"三维操作"→"干涉检查",或输入命令 interfere,文本窗口出现提示:

选择第一组对象或[嵌套选择(N)/设置(S)]:(选择要检查的第一组图形对象,回车结束确认)
选择第二组对象或[嵌套选择(N)/检查第一组(K)]<检查>:(选择要检查的第二组图形对象)

若选择的两组图形对象发生了干涉,则高亮显示重合部分,在弹出的"干涉检查"对话框中,去掉勾选"关闭时删除已创建的干涉对象",则生成干涉部分的三维模型,相当于布尔运算的"交集"命令。

8. 剖切三维实体

选择下拉菜单"修改"→"三维操作"→"剖切",或在文本窗口输入命令 slice,在文本窗口提示下,选择三维实体对象,指定需要剖切的截面上的不在一条直线上的三个点,选择三维实体对象上要保留的一边,回车确认即可。

五、编辑实体

有些命令为二维和三维共有的命令,但在三维绘制中与二维有所不同,如倒角和圆角命令。

1. 三维倒角

在文本窗口输入命令 chamfer,或选择修改工具栏"倒角"工具,可以将三维实体角点用平面拉平。倒角时可选择对某一边倒角或对基面上的所有环边倒角,如图 4-40 所示。

2. 三维圆角

在文本窗口输入命令 fillet,或选择修改工具栏"圆角"工具,可以将三维实体边用圆弧面平滑过渡。选择倒圆操作的边,设定圆角半径,可选择对某一边圆角或与该边相邻的链边同时圆角,如图 4-41 所示。

3. 剖切截面

在文本窗口输入命令 section,选择三维实体对象,指定需要截取的

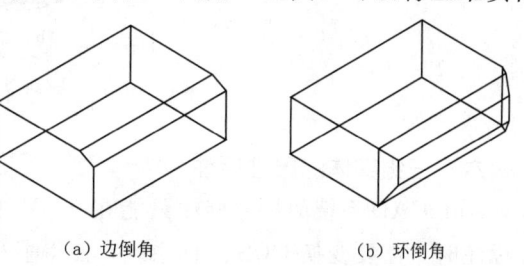

(a) 边倒角　　(b) 环倒角

图 4-40 对实体棱边倒角

截面上的不在一条直线上的三个点,回车确认。完成后可选择截取的截面,如图 4-42 所示,并将该截面移出三维实体之外。

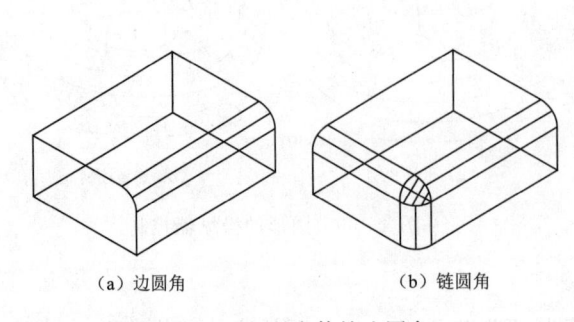

(a) 边圆角　　(b) 链圆角

图 4-41　对实体棱边圆角

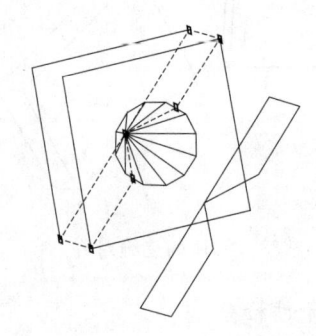

图 4-42　剖切三维实体得到截面

4. 抽壳

该命令将三维实体转化为具有一定厚度的中空壳体。在文本窗口输入命令 shell,或单击"实体编辑"工具栏的"抽壳"工具,选择需要抽壳的实体,再选择删除的面,设定壁厚,回车确认后,即可从实体表面向内偏移,形成空腔,如图 4-43 所示。

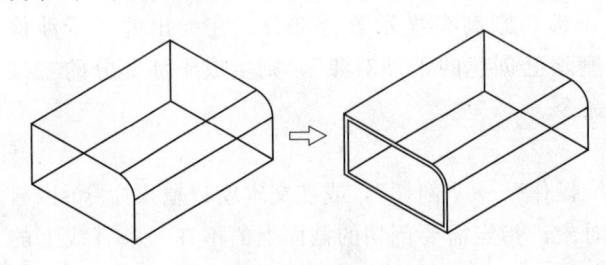

图 4-43　抽壳三维实体

5. 夹点编辑

与二维对象夹点编辑功能相似,利用夹点编辑功能,可以很方便地对三维实体进行编辑。首先单击要编辑的图形对象,系统显示编辑夹点,然后选择某个夹点后拖动,则三维对象随之改变。选择不同的夹点,可以编辑对象的不同参数,当夹点显示为红色时即可操作,如图 4-44 所示。

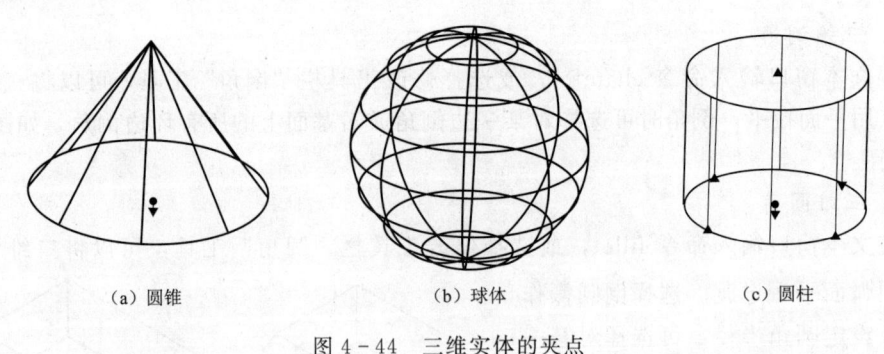

(a) 圆锥　　(b) 球体　　(c) 圆柱

图 4-44　三维实体的夹点

六、三维实体的尺寸标注

AutoCAD 系统的尺寸标注只能在 XOY 平面上实现。因此在进行三维实体的尺寸标注时,需要变换 UCS 坐标系,使得书写尺寸文本的方向为 X 轴正方向或 Y 轴正方向,如图 4-45 所示。

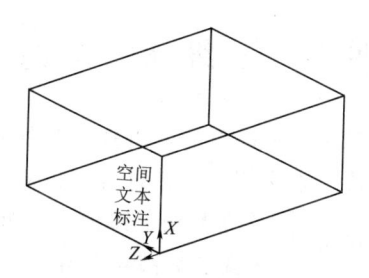

图 4-45　空间文本标注

练　习　题

1. 创建两个基本三维实体，并合并成一个实体。
2. 创建两个基本三维实体，从中减去一个实体。
3. 在三维实体上作一截面并移出实体之外。
4. 如图 4-46 所示，采用并集或拉伸方法，绘制非溢流重力坝三维图形，并进行尺寸标注。其中立方体长（L）100m，宽（B）10m，高（H）100m；楔体长（L）100m，宽（B）63.75m，高（H）85m。
5. 如图 4-47 所示，绘制一个边长为 3m 的正三角形平面桁架，桁架梁的横断面为圆形，圆半径为 $R=0.1$m，在各个桁架梁的起点和终点处作半径为 0.2m 的实体圆球，表示桁架梁在该点的焊点。

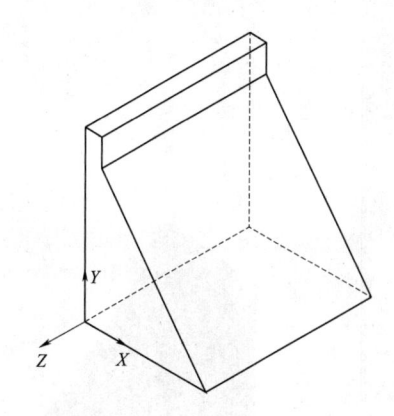

图 4-46　非溢流重力坝三维图形　　　图 4-47　正三角形平面桁架

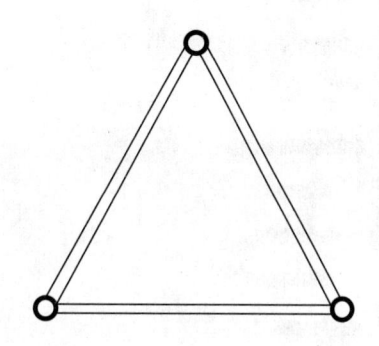

思　考　题

1. 在空间坐标系中，如何绘制圆或圆柱体？
2. 如何用操纵器对三维实体进行空间位置操作？
3. 如何进行三维实体的尺寸标注？

第四节　三维模型渲染

渲染是通过给三维模型赋予合适的材质，选择恰当的光源，设置协调的背景或场景，以及设置渲染参数等，使三维实体非常接近现实世界中的实体效果。由于渲染涉及许多光学知识，其处理的算法相当复杂，所以主要掌握渲染的用法，主要使用的工具栏为"渲染"工具栏，如图4-48所示。

图4-48 "渲染"工具栏

一、渲染

选择下拉菜单"视图"→"渲染"→"高级渲染设置"，或单击"渲染"工具栏的"高级渲染设置"按钮，弹出"渲染预设管理器"对话框，如图4-49所示。

在该对话框中，可以指定渲染位置：窗口、视口或面域。"窗口"选项是新打开一个渲染窗口，此时可以设置窗口的像素大小，也就是选择渲染图片的显示精度。"视口"是直接渲染到当前视口，"面域"是只渲染当前视口中某个区域，这两种方法无需指定渲染图片大小，而由当前视口的像素精度确定。然后指定渲染的级别，级别越高渲染效果越好，但所需时间越长，系统预设级别为"中"。单击"渲染"按钮，就开始渲染过程。渲染结束后，可观察到渲染结果，如果是渲染到窗口，则可将结果保存到文件。在系统默认设置下可观察渲染效果，如图4-50所示。

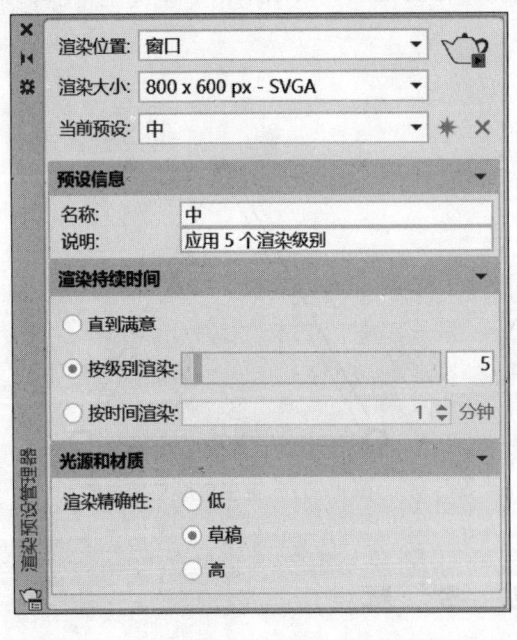

图4-49 "渲染预设管理器"对话框　　图4-50 默认设置的渲染效果

二、材质

如果要表现三维实体的真实属性，需要对三维模型赋予材质，选择下拉菜单"视图"→"渲染"→"材质浏览器",或单击"渲染"工具栏中的"材质浏览器"按钮,弹出"材质浏览器"对话框,如图 4-51 所示。

选择需要的材质类型,单击鼠标右键,选择"添加到"→"文档材质",或直接单击"将材质添加到文档中"按钮,则将该材质引入到当前文档。用鼠标左键双击文档内的材质类型,可打开"材质编辑器"对话框,如图 4-52 所示。单击材质示意图旁的三角形下拉符号,可设置适用于该材质的场景、环境、渲染精度等,还可调整材质的颜色、图像、风化、染色等,得到需要的材质效果。

图 4-51 "材质浏览器"对话框

图 4-52 "材质编辑器"对话框

选择需要的材质类型,将其直接拖动到对象上,就为三维模型附着了材质。将视觉样式转换为"真实"时,就显示出附着材质后的图形。设定材质后,渲染效果如图 4-53 所示。

三、贴图

贴图功能是指在实体附着带纹理的材质后,调整实体或面上纹理贴图的方向。选择下拉菜单"视图"→"渲染"→"贴图"下的各项,或使用"贴图"工具栏,如图 4-54 所示。

也可输入命令 materialmap,文本窗口提示:

选择选项[长方体(B)/平面(P)/球面(S)/柱面(C)/复制贴图至(Y)/重置贴图(R)]<长方体>:(选择贴图类型)

图 4-53 附着材质后的渲染效果

第四章　AutoCAD 三维绘图

其中：平面贴图将图像映射到平面上，可以被缩放以适应对象；长方体贴图将图像映射到类似长方体的实体上，该图像将在对象的每个面上重复使用；球面贴图是在水平和垂直两个方向上使图像弯曲，在南北极点被压缩为一个点；柱面贴图是将图像映射到圆柱形对象上，图像的高度将沿圆柱体的轴缩放。选择柱面贴图后的渲染效果如图4－55所示。

四、灯光

使用光照将使三维模型渲染获得良好的明暗效果，从而使三维实体更加真实。在没有添加用户光源时，系统默认设置跟随视点一起移动的两个平行光源，以使三维模型可见。选择下拉菜单"视图"→"渲染"→"光源"下的各项，或使用"光源"工具栏，如图4－56所示。

图4－54　"贴图"工具栏　　图4－55　柱面贴图的渲染效果　　图4－56　"光源"工具栏

AutoCAD系统提供了四种光源类型：点光源、聚光灯、平行光、天光。点光源可以均匀地向四周照射，用于场景中普通照明；聚光灯像电筒一样从一点发出光束，离光源越远光束会变得越宽，同时有一个照射中心；平行光是指像太阳那样地从无限远处照射过来的光源；天光用于模拟地球上某地某时真实的太阳光且产生真实的阴影效果。

添加光源时会弹出对话框，询问是否关闭默认光源，系统建议关闭，因为默认光源不会在界面中显示，不利于灵活调整。也可用系统变量DEFAULTLIGHTING控制，为1是打开，为0则关闭。

比如，在非溢流重力坝三维模型的下游边坡的上方添加一个点光源，移动光源的位置以观察不同的照明效果。单击"渲染"工具栏上的"新建点光源"按钮，文本窗口提示：

指定源位置 <0,0,0>：（设定点光源的位置）
输入要更改的选项 [名称(N)/强度因子(I)/状态(S)/光度(P)/阴影(W)/衰减(A)/过滤颜色(C)/退出(X)] <退出>：（更改点光源的特性或回车退出）

也可通过特性管理器来设置点光源的特性，选择该光源，打开"特性"面板，可调整灯光颜色、灯光强度等特性，如图4－57所示。设置后重新渲染，效果如图4－

58 所示。

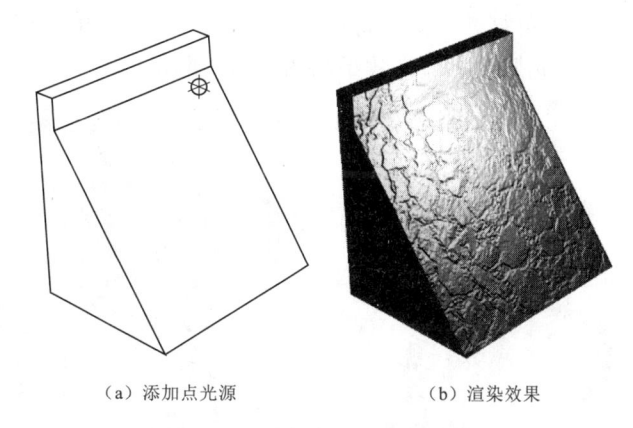

图 4-57 调整点光源特性　　图 4-58 添加点光源的渲染效果

单击"渲染"工具栏上的"新建聚光灯"，在左侧面添加一个聚光灯，选择该光源，打开"特性"面板，可调整聚光角角度、灯光强度等特性，如图 4-59 所示。设置后重新渲染，效果如图 4-60 所示。

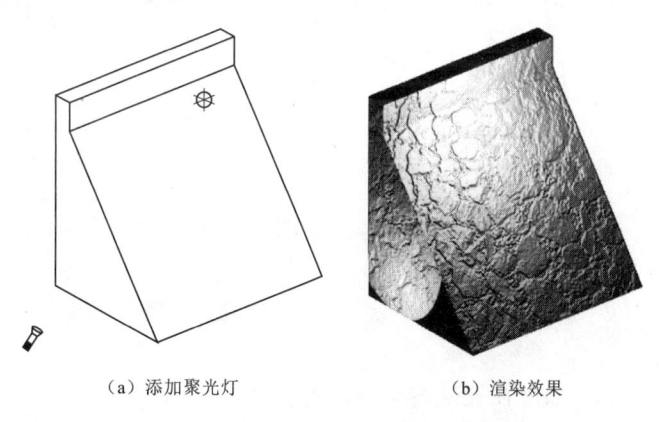

图 4-59 调整聚光灯特性　　图 4-60 添加聚光灯的渲染效果

平行光可以在视口中的任意位置指定来源点和目标点，以定义光线的方向，且平行光的强度并不随距离的增加而衰减。在图形中，不会用轮廓来标识平行光和阳光。单击"渲染"工具栏上的"新建平行光"，添加垂直向下的平行光，来源点可用（0，0，0），目标点用（0，0，-1），由于图形上没有"平行光"轮廓，可单击"渲染"工具栏上的"光源列表"按钮，弹出"模型中的光源"对话框，如图 4-61 所示。选择添加的平行光，双击鼠标左键，打开"特性"面板，可调整灯光强度，设置后重新渲染，效果如图 4-62 所示。

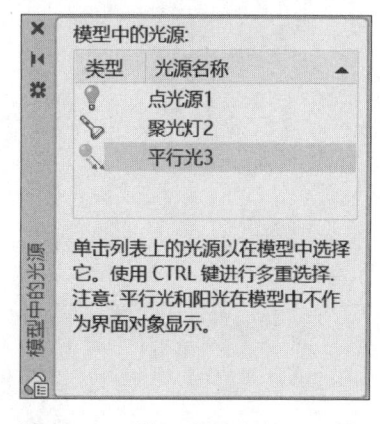

图 4-61 "模型中的光源"对话框

第四章　AutoCAD 三维绘图

天光模拟太阳光的特性，是一种特殊的平行光。单击"渲染"工具栏上的"阳光特性"，可打开"阳光特性"对话框，如图 4-63 所示，将状态设置为"开"，就可以添加天光照明，渲染效果如图 4-64 所示。

图 4-62　添加平行光的渲染效果　　图 4-63　"阳光特性"对话框　　图 4-64　添加天光的渲染效果

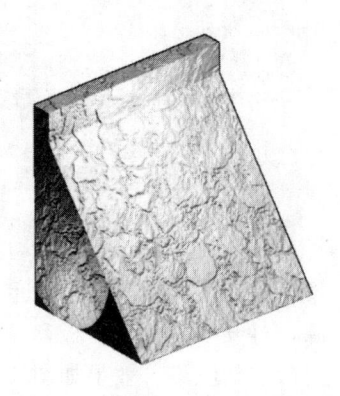

练　习　题

1. 选择合适的材质，对如图 4-46 所示的非溢流重力坝三维模型进行渲染。

思　考　题

1. 如何在三维渲染中设置合理的光源？

第五章

AutoCAD 绘图应用

本章主要以具体实例讲述 AutoCAD 系统的二维和三维绘图功能。

第一节 水利水电工程 CAD 制图规定

一、图幅与图框

《水力发电工程 CAD 制图技术规定》(DL/T 5127—2001)中规定的图幅及幅面代号见表 5-1，图幅及图框如图 5-1 所示，图纸通用标题栏如图 5-2 所示。

表 5-1　　　　　　　　　图 幅 及 幅 面 代 号　　　　　　　　单位：mm

幅面代号	A0	A1	A2	A3	A4
$B \times L$	841×1189	594×841	420×594	297×420	210×297
e	20	20	20	10	10
c	10	10	10	5	5
a	25	25	25	25	25

二、图线标准

根据不同的用途，图线的宽度宜从下列线宽中选择：0.18mm、0.25mm、0.35mm、0.5mm、0.7mm、1.0mm。在绘制工程设计图时，应根据不同的结构含义，采用不同的线型、线宽及颜色，见表 5-2。

三、文本字体

水利水电工程 CAD 制图所使用的字体，应符合《技术制图 字体》(GB/T 14691—1993)中的有关规定。汉字的文字高度不应小于

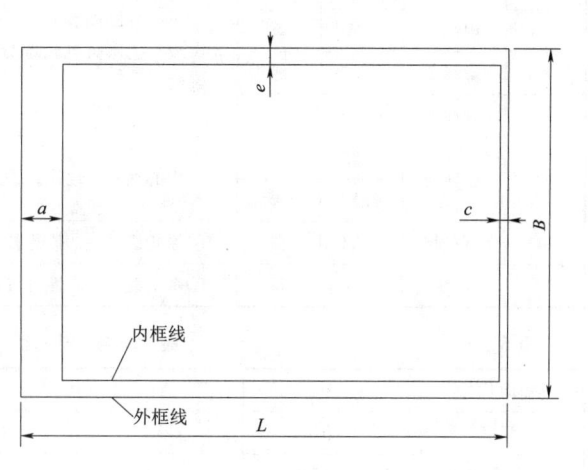

图 5-1　图幅及图框

3.5mm，数字及字母的高度不应小于 2.5mm。常用的文本尺寸高度宜在下列尺寸中选择：2.5mm、3.5mm、5mm、7mm、10mm、14mm、20mm。最小字符高度见表 5-3。

第五章 AutoCAD 绘图应用

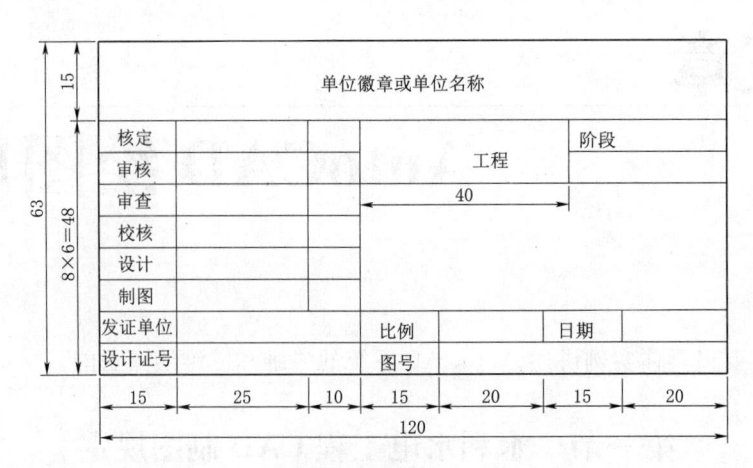

图 5-2 图纸通用标题栏（单位：mm）

表 5-2 图 线

线型编号	图线名称	线宽/mm	颜色	一 般 用 途
1	实线1	1.0	蓝	①外轮廓线及建筑物轮廓线；②钢筋；③小型断层线；④结构分缝线；⑤材料断层线；⑥标题字符；⑦母线
		0.7	红	
2	实线2	0.5	黄	①剖面线；②重合剖面轮廓线；③粗地形线；④风化界线；⑤示坡线；⑥钢筋图结构轮廓线；⑦表格中的分格线；⑧曲面上的素线；⑨边界线；⑩引出线；⑪细地形线；⑫尺寸线、尺寸界线；⑬设备和元件的可见轮廓线
3	实线3	0.35	绿	
4	实线4	0.25	白	
5	实线5	0.18	青	
6	虚线1	0.7	红	①单线管路图和三线管路图不可见管线；②推测地层界线；③不可见轮廓线；④不可见轮廓分界线；⑤原轮廓线；⑥设备和元件的不可见轮廓线
7	虚线2	0.5	黄	
8	虚线3	0.35	绿	
9	虚线4	0.25	白	
10	点划线	0.25	白	①中心线；②轴线；③对称线
		0.18	青	
11	双点划线	0.25	白	①原轮廓线；②假想投影轮廓线；③两剖面对接线
12	点线	0.5	黄	①牵引线；②岩性分界线

表 5-3 最 小 字 符 高 度 单位：mm

幅面代号	A0	A1	A2	A3	A4
汉字	5	5	3.5	3.5	3.5
数字及字母	3.5	3.5	2.5	2.5	2.5

第二节 二维图形绘制示例

【例 5-1】 绘制中国结图形。

绘制步骤如下：

（1）绘制 100×100 正方形。

（2）以 100×100 正方形的左下角为基点，绘制 40×40 正方形。

（3）在 40×40 正方形中间绘制一个边长为 40/3 的小正方形，如图 5-3（a）所示，采用"偏移"命令完成。

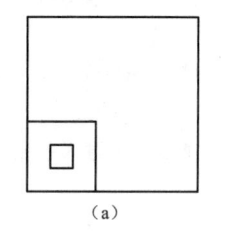

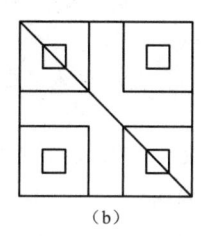

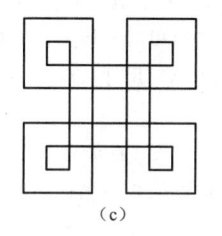

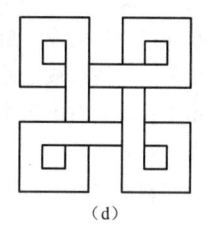

图 5-3 中国结

命令：_offset
当前设置：删除源＝否　图层＝源　OFFSETGAPTYPE＝0
指定偏移距离或［通过(T)/删除(E)/图层(L)］＜通过＞：40/3（输入偏移距离）
选择要偏移的对象，或［退出(E)/放弃(U)］＜退出＞：（选择 40*40 正方形）
指定要偏移的那一侧上的点，或［退出(E)/多个(M)/放弃(U)］＜退出＞：（在 40*40 正方形内指定点，即完成边长为 40/3 的小正方形的绘制）

（4）采用"阵列"方式得到四角。以 100×100 正方形的对角线的中点为基点，以如图 5-3（b）所示中对角线左下角的图形为对象，进行环型阵列，阵列项目总数为 4。将 100×100 正方形和对角线删除，连接内部最近的角点和最小正方形的角点，如图 5-3（c）所示。

（5）图形整理。将阵列分解为独立的线段，采用快速修剪方法将多余的线删除，即可完成中国结的绘制，如图 5-3（d）所示。

【例 5-2】 绘制齿轮图形。

绘制步骤如下：

（1）绘制一个半径为 100 的大圆。

（2）以所绘制圆上的一点为圆心，绘制一个半径为 30 的小圆，并进行修剪，如图 5-4（a）所示。

（3）以半径为 100 的大圆的圆心为环形阵列的圆心，以半径为 20 的圆弧为对象，进行环形阵列，阵列项目总数为 8。阵列完毕后，进行修剪和图案填充，即可完成齿轮图形的绘制，如图 5-4（b）所示。

【例 5-3】 绘制铁艺门立面图。

绘制步骤如下：

（1）选择矩形工具，绘制外框线：长×宽＝90×200。

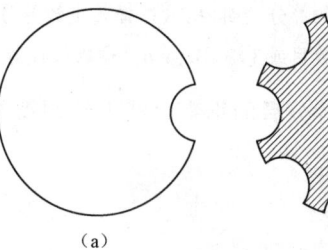

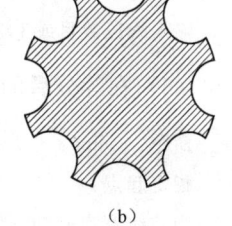

图 5-4 齿轮

第五章 AutoCAD 绘图应用

（2）选择偏移工具，以偏移距离分别为 8、2，绘制出双层内框线。

（3）绘制单层内框线，长×宽＝50×150，如图 5-5（a）所示。

命令：_rectang

指定第一个角点或［倒角（C）/标高（E）/圆角（F）/厚度（T）/宽度（W）］：fro［输入"捕捉自"（FRO）命令，用于捕捉确定单层内框的左下角点］

基点：<偏移>：@10,15（在屏幕上指定双层内框的左下角点为基点，再输入单层内框的左下角点与双层内框的左下角点的相对坐标，回车确认）

指定另一个角点或［面积（A）/尺寸（D）/旋转（R）］：fro［输入"捕捉自"（FRO）命令，用于捕捉确定单层内框的右上角点］

基点：<偏移>：@-10,-15（在屏幕上指定双层内框的右上角点为基点，再输入单层内框的右上角点与双层内框的右上角点的相对坐标，回车确认）

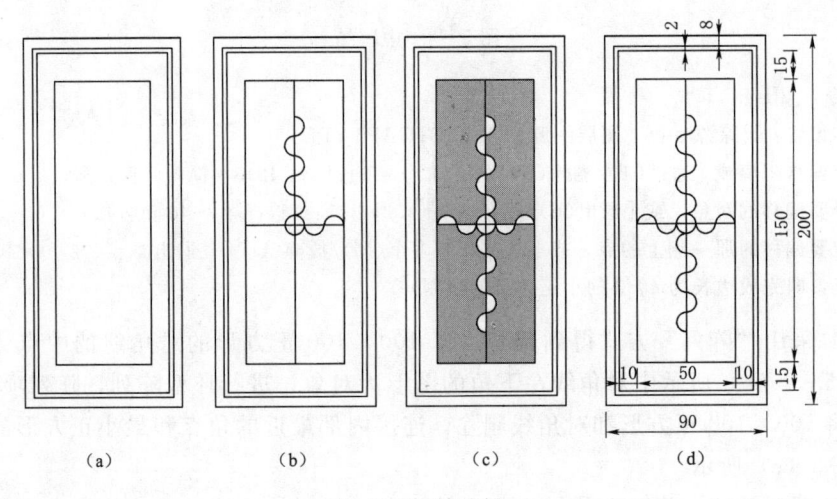

（a）　　（b）　　（c）　　（d）

图 5-5　铁艺门

（4）在单层内框中绘制两条互相垂直的直线。通过单层内框两条边线的中点，绘制两条互相垂直的直线，以两条直线的交点为圆心，绘制一个半径为 5 的小圆，在小圆和直线的交点上，将两条直线打断，形成两条独立的水平直线和两条独立的垂直直线。

（5）对其中的一条垂直直线进行 6 等分。

命令：_divide

选择要定数等分的对象：（选择要定数等分的一条垂直的直线）

输入线段数目或［块（B）］：6（输入线段等分数目）

（6）在等分后的垂直直线上绘制铁艺曲线。

命令：_pline

指定起点：

当前线宽为 0.0000

指定下一个点或［圆弧（A）/半宽（H）/长度（L）/放弃（U）/宽度（W）］：A（采用圆弧方式绘制铁

艺曲线）

指定圆弧的端点（按住 Ctrl 键以切换方向）或［角度（A）/圆心（CE）/方向（D）/半宽（H）/直线（L）/半径（R）/第二个点（S）/放弃（U）/宽度（W）］：A（采用角度方式确定圆弧的包含角度）

指定夹角：180（圆弧的包含角度为180°）

指定圆弧的端点（按住 Ctrl 键以切换方向）或［圆心（CE）/半径（R）］：（连续地选择垂直直线上的等分点，回车确认，即完成垂直直线上铁艺曲线的绘制）

水平直线上铁艺曲线的绘制同理，2 等分后用圆弧多段线连接，如图 5-5（b）所示。

（7）对水平和垂直铁艺曲线进行镜像及图案填充，如图 5-5（c）所示。

【例 5-4】 绘制弧形闸门示意图。

绘制步骤如下：

首先建立一个实线层、一个虚线层。

（1）绘制一条长 8m 的垂直直线。

命令：_line
指定第一个点：
指定下一点或［放弃（U）］：8（跟踪垂直方向，输入直线长度，回车确认）

（2）以 8m 长的垂直直线的两端点为起点和终点，采用"起点、端点、半径"绘制半径为 10m 的圆弧。

命令：_arc
指定圆弧的起点或［圆心（C）］：（在屏幕上指定直线的一个端点为起点）
指定圆弧的第二个点或［圆心（C）/端点（E）］：_e（指定另一个端点）
指定圆弧的端点：（在屏幕上指定直线的另一个端点为终点）
指定圆弧的中心点（按住 Ctrl 键以切换方向）或［角度（A）/方向（D）/半径（R）］：_r（指定圆弧的半径）
指定圆弧的半径（按住 Ctrl 键以切换方向）：10（输入圆弧的半径，回车确认）

（3）对所绘制的圆弧进行 5 等分。

命令：_divide
选择要定数等分的对象：（选择所绘制的圆弧）
输入线段数目或［块（B）］：5（输入线段等分数目，回车确认）

（4）绘制连接圆弧上的等分点和圆心的两条直线，作为弧形闸门的支臂，如图 5-6（a）所示。

（5）对表示弧形闸门支臂的两条直线进行 4 等分。

（6）以支臂直线上的等分点为依据，绘制连接两条支臂直线间的三角桁架梁，如图 5-6（a）所示。

命令：_pline（选择多段线工具）
指定起点：（指定支臂直线上的一个等分点）
当前线宽为 0.0000

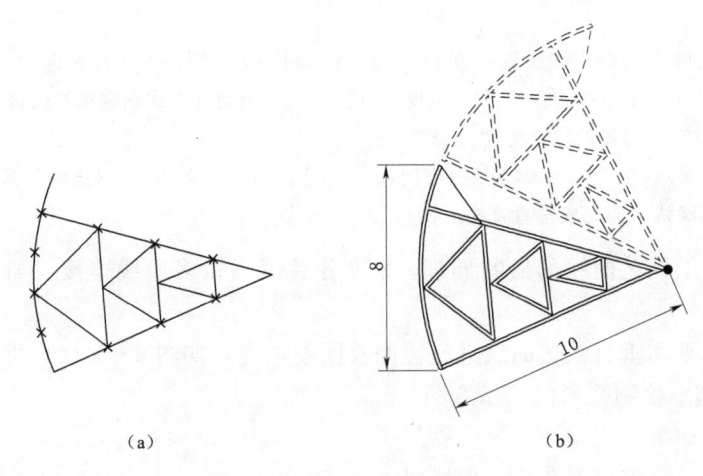

图 5-6 弧形闸门示意图（单位：m）

指定下一个点或 [圆弧(A)/半宽(H)/长度(L)/放弃(U)/宽度(W)]：(连接等分点，绘制 3 个三角桁架梁)

（7）对弧面、两条支臂直线及 3 个三角桁架梁进行偏移，偏移距离为 0.2（以表示弧形闸门为空间结构物）。

命令：_offset
当前设置：删除源＝否　图层＝源　OFFSETGAPTYPE＝0
指定偏移距离或 [通过(T)/删除(E)/图层(L)] <通过>：0.2（指定偏移距离）
选择要偏移的对象，或 [退出(E)/放弃(U)] <退出>：(选择弧面、两条支臂、3 个三角桁架梁向内偏移)

（8）采用围栏的方式修剪多余的线头，连接上部的小支臂。

（9）复制并旋转弧形闸门到开启的位置。

命令：_rotate
UCS 当前的正角方向：ANGDIR＝逆时针　ANGBASE＝0
选择对象：(选择已绘制好的弧形闸门)
指定基点：(指定旋转的中心)
指定旋转角度，或 [复制(C)/参照(R)] <0>：C（保留原有图形）
旋转一组选定对象。
指定旋转角度，或 [复制(C)/参照(R)] <0>：(将弧形闸门旋转到开启的位置)

（10）将其中一扇闸门放到虚线层上。选择开启位置上的闸门，在图层下拉列表框中选择虚线层，即将该位置的闸门放到虚线层上。改变线型比例因子，使虚线正常显示。再在闸门的端点绘制一个内径为 0、外径为 0.5m 的圆环，表示弧形闸门的支铰，如图 5-6（b）所示。

【例 5-5】 坐标轴的绘制。

绘制步骤如下。

（1）方法一。

1) 绘制一条长 100m 的带箭头的线段。

命令：_qleader（采用"快速引线"工具）
指定第一个引线点或[设置(S)]：（在屏幕上确定第一个点）
指定下一点：100（在屏幕上确定第二个点）
连续回车退出"引线"命令。

2) 选择"多行文字"命令 mtext，在坐标轴的左端书写文字，同时绘制短线。
3) 选择"阵列"命令 array，用矩形阵列方式为所有文字和短线的位置定位。
4) 分解阵列，然后对文字进行修改，结果如图 5-7 所示。

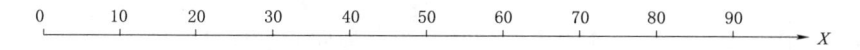

图 5-7 坐标轴示意图（一）

（2）方法二。

1) 绘制一条长 100m 的带箭头的线段。先绘制一条长 100m 的线段，再用多段线绘制箭头。

命令：_pline（采用"多段线"工具）
指定起点：（指定箭头的起点）
当前线宽为 0.0000
指定下一个点或 [圆弧(A)/半宽(H)/长度(L)/放弃(U)/宽度(W)]：W（设定多段线的宽度）
指定起点宽度 <0.0000>：（箭头起点宽度为 0，回车采用默认值）
指定端点宽度 <0.0000>：1（输入箭头终点宽度为 1）
指定下一个点或 [圆弧(A)/半宽(H)/长度(L)/放弃(U)/宽度(W)]：（指定箭头的终点）

回车退出"多段线"命令。
2) 将所绘制的线段 10 等分。

命令：_divide
选择要定数等分的对象：（在屏幕上选择所绘制的线段）
输入线段数目或[块(B)]：10（输入线段等分数目，回车确认）

3) 以线段的左端点为原点，建立用户坐标系。

命令：UCS（建立用户坐标系）
当前 UCS 名称：* 世界 *
指定 UCS 的原点或 [面(F)/命名(NA)/对象(OB)/上一个(P)/视图(V)/世界(W)/X/Y/Z/Z轴(ZA)] <世界>：（在屏幕上指定线段的左端点为原点）
指定 X 轴上的点或 <接受>：（回车接受坐标系的方向保持不变）

4) 采用坐标横标注方式，标注坐标轴上的文字。先将标注样式中尺寸界线的起点偏移量设置为 0，文字的垂直方向设定为居中，再使用坐标标注。

命令：_dimordinate（采用坐标标注）
指定点坐标：（在屏幕上依次指定每个等分点）

指定引线端点或[X 基准(X)/Y 基准(Y)/多行文字(M)/文字(T)/角度(A)]：（指定引线的终到位置）

标注文字＝10　标注文字＝20　标注文字＝30……

完成的坐标轴如图 5-8 所示。

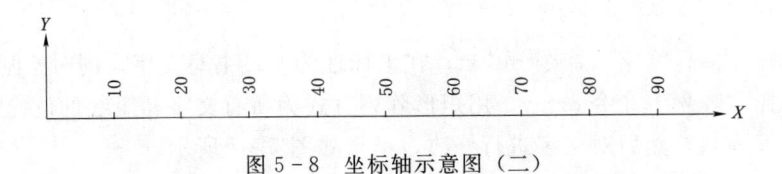

图 5-8　坐标轴示意图（二）

【例 5-6】 应用坐标标注方式完成某渡槽纵剖面图上桩号标注。

说明：在水利水电工程中，有许多纵向尺寸远大于横向尺寸的结构，如堤防工程、渠道工程等。设计时，习惯用桩号的方式标注这类结构的纵向尺寸。绘制步骤如下：

（1）建立用户坐标系。以桩号 0+380 为起点，向左（X 轴反方向）绘制一条长度为 380m 的水平直线，以长 380m 的水平直线的左端点为原点（以使得本题目中起始桩号为 0+380），建立用户坐标。输入命令 UCS，文本窗口出现提示：

当前 UCS 名称：＊世界＊

指定 UCS 的原点或[面(F)/命名(NA)/对象(OB)/上一个(P)/视图(V)/世界(W)/X/Y/Z/Z 轴(ZA)]＜世界＞：（在屏幕上指定长 380m 的水平直线的左端点为原点）

指定 X 轴上的点或 ＜接受＞：（回车接受坐标系的方向保持不变）

（2）打开"修改标注样式"对话框中的"主单位"标签，在前缀中填写"桩号 0+"，将"线"标签栏中尺寸界线的起点偏移量设置为 0。

（3）打开"文字样式"对话框，在"字体名"下拉列表框中，选择中文字体名。

（4）采用横坐标标注方式进行桩号标注，如图 5-9 所示。

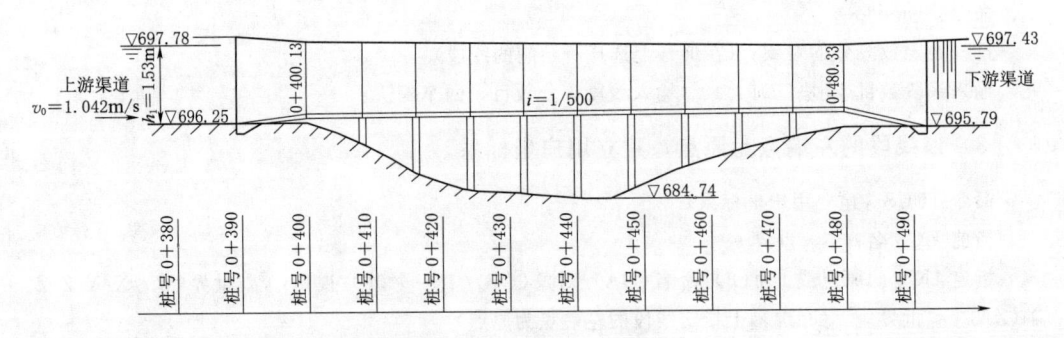

图 5-9　某渡槽纵剖面图

【例 5-7】 绘制五角星图案，并进行填充。

绘制步骤如下：

（1）建立两个图层。

（2）在第一个图层上绘制正五边形。

命令：_polygon

输入侧面数<4>：5（输入5，绘制正五边形）

指定正多边形的中心点或[边(E)]：E（以绘制边长方式绘制正五边形）

指定边的第一个端点：指定边的第二个端点：100（输入边长100，回车确认，完成正五边形的绘制）

(3) 在正五边形内，选择"直线"工具草绘五角星，如图5-10（a）所示。

(4) 选择第二个图层为当前图层，采用"多段线"工具描绘五角星图形。

命令：_pline

指定起点：

当前线宽为 0.0000

指定下一个点或[圆弧(A)/半宽(H)/长度(L)/放弃(U)/宽度(W)]：（依次描绘五角星图形）

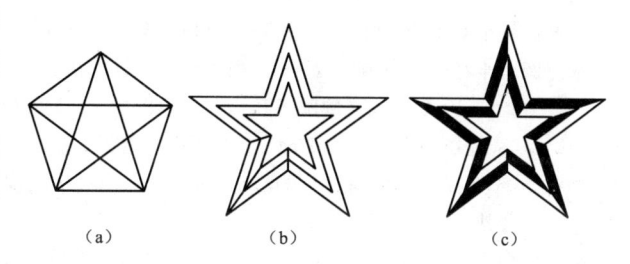

图 5-10 五角星图案

描绘完毕后，关闭第一个图层。

(5) 采用"偏移"命令，将原有的五角星图形向外和向内绘制两个五角星图形。

命令：_offset

当前设置：删除源=否 图层=源 OFFSETGAPTYPE=0

指定偏移距离或[通过(T)/删除(E)/图层(L)]<通过>：10（输入偏移距离）

选择要偏移的对象，或[退出(E)/放弃(U)]<退出>：（选择用"多段线"工具描绘的五角星图形）

指定要偏移的那一侧上的点，或[退出(E)/多个(M)/放弃(U)]<退出>：（向外和向内偏移两个五角星图形）

(6) 绘制直线，将三层五角星的一个角点连接并封闭起来，如图5-10（b）所示。

(7) 选择"填充"命令，对五角星的一个角进行填充。

(8) 选择"环形阵列"命令，完成五角星图案的绘制。

命令：_arraypolar

选择对象：（选择填充图案，回车确认）

类型=极轴 关联=是

指定阵列的中心点或[基点(B)/旋转轴(A)]：（指定五角星的中点为阵列中心点）

选择夹点以编辑阵列或[关联(AS)/基点(B)/项目(I)/项目间角度(A)/填充角度(F)/行(ROW)/层(L)/旋转项目(ROT)/退出(X)]<退出>：I（需要指定环形阵列的数目）

输入阵列中的项目数或[表达式(E)]<6>：5（输入阵列项目的数目）

完成五角星图案的绘制，如图5-10（c）所示。

【例 5-8】 绘制由矩形截面渐变为圆形截面的渐变段中 2—2 剖面图，$B=D=100$。

第五章 AutoCAD 绘图应用

绘制步骤如下：

(1) 绘制边长为 100 的矩形。

(2) 设置倒圆半径。

命令：_fillet
当前设置：模式 = 修剪，半径 = 0.0000
选择第一个对象或 [放弃(U)/多段线(P)/半径(R)/修剪(T)/多个(M)]：R（设置倒圆半径）
指定圆角半径 <0.0000>：'cal（采用表达式计算的方法计算倒圆半径）
>>>> 表达式：dee（倒圆半径为渐变段图中 2—2 断面处所示一段线段 r 的长度）
>>>> 选择一个端点给 DEE：（在屏幕上选择 r 线段的一个端点）
>>>> 选择下一个端点给 DEE：（在屏幕上选择 r 线段的另一个端点）
正在恢复执行 FILLET 命令。
指定圆角半径 <0.0000>：25（表达式计算出该线段的长度值，并将其设置为倒圆的半径）

(3) 对矩形的 4 个角进行倒圆。文本窗口出现提示：

选择第一个对象或 [放弃(U)/多段线(P)/半径(R)/修剪(T)/多个(M)]：P [选择"多段线 (P)"，因为"矩形"工具绘制的矩形为多段线]
选择二维多段线或 [半径(R)]：（在屏幕上选择所绘制的矩形，回车确认）

4 个角已被倒圆角，即完成 2—2 剖面图的绘制，如图 5-11 所示。

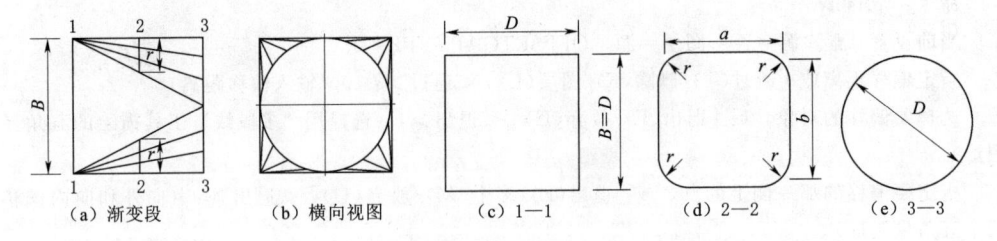

图 5-11 矩形截面渐变为圆形截面示意图

【**例 5-9**】 某渠道渠首部位的横断面从矩形断面，如图 5-12（a）所示，渐变到梯形断面，如图 5-12（b）所示，试绘制出矩形断面渐变到梯形断面横剖视图，如图 5-12（d）所示。

绘制步骤如下：

(1) 将图 5-12（a）和（b）按中心线重合到一起，并找到梯形断面渐变到矩形断面中对应的线段，如图 5-12（e）所示。

(2) 将对应的线段分别等分为相同的等份。

(3) 用直线分别连接对应线段上的等分点，即完成矩形断面渐变到梯形断面的横剖视图，如图 5-12（d）所示。

【**例 5-10**】 绘制非溢流重力坝剖面图（如图 5-13 或图 A-1 所示）。

绘制步骤如下（以 m 为单位绘制）：

(1) 绘制的主要步骤。遵循从整体到局部、主要到次要的思路，绘制非溢流重力坝剖面图的各阶段可分为：①绘制坝体轮廓；②绘制排水廊道；③绘制基础和帷幕；

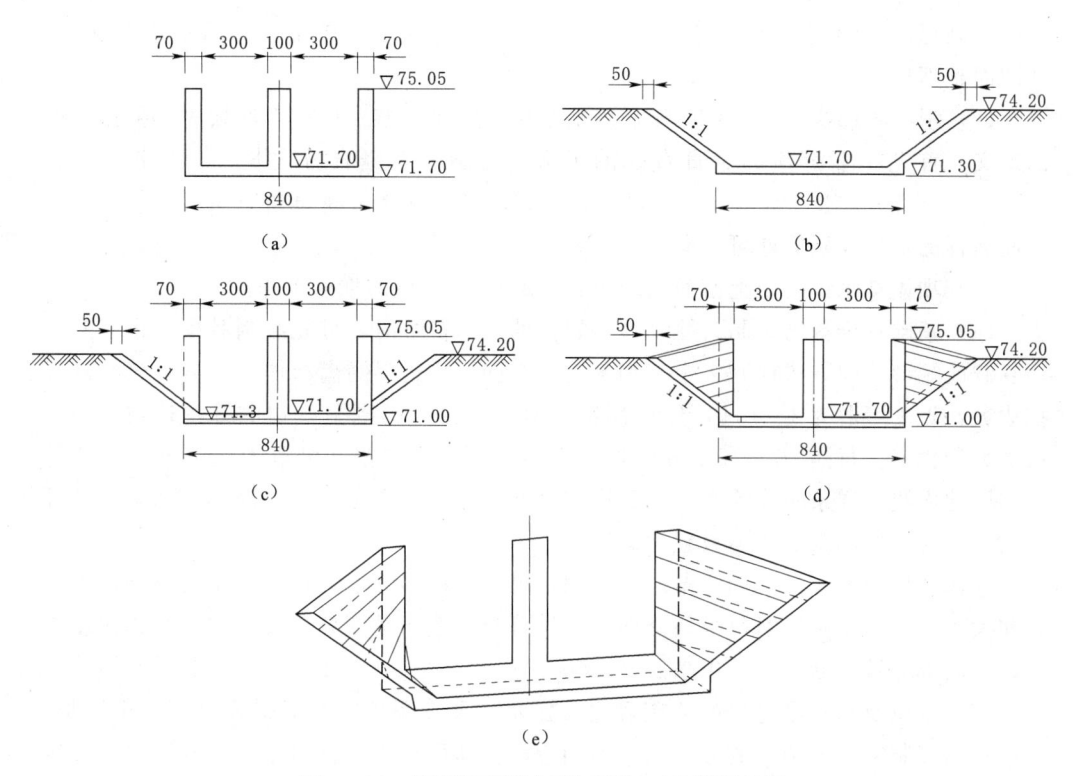

图 5-12 梯形断面渐变到矩形断面的横断面图

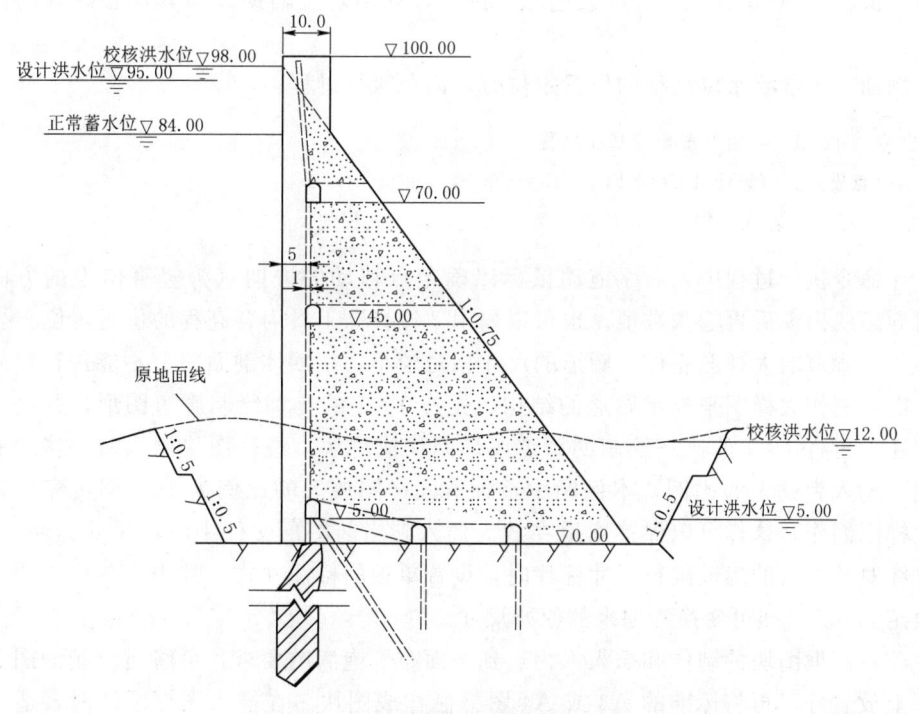

图 5-13 非溢流重力坝剖面图（单位：m）

④标注高程；⑤绘制廊道大样；⑥标注尺寸；⑦绘制填充图案；⑧添加说明文字；⑨图面整理。

（2）坝体轮廓线下游1∶0.75斜坡的绘制。绘制下游1∶0.75斜坡时，依据坡度的定义，首先在下游顶部竖直直线的下端，绘制一个竖直方向长1，水平方向长0.75（或竖直方向长10，水平方向长7.5）的直角三角形，将直角三角形的斜边向建基面高程的水平线延伸即可。

（3）坝体排水设施距上游面的距离：1/20～1/10倍的坝前水深。

（4）基础及帷幕的绘制。绘制坝基岩体的表示符号时，可先绘制其中一个，然后用复制或矩形阵列方法得到多个。坝基上下游的开挖边界距离坝体3～5m，先绘制开挖边坡，坡度可取为1∶0.5，然后用镜像对称方法可得到另一边的开挖边坡。为维持边坡的稳定，每隔10m高度可设置一级马道，马道的宽度可取为2～3m。河床部分的原地面线用样条曲线绘制，然后用"打断于点"的方法，在开挖部分和未开挖部分断开，将开挖部分的线型设置为虚线。

坝体基础的灌浆帷幕用样条曲线绘制，可设置较多的定义点，便于调整帷幕的形状和大小，然后绘制切断符号并修剪，将帷幕分为上下两部分，表示实际帷幕深度较深，中间部分被切断不表示出来。

（5）水位及高程等符号的绘制和定位。水位及高程等符号只需要绘制一个图形，其余采用复制或插入图块的方式放置到相应位置即可。先需要用点进行各高程位置定位，定位的方法是：选择绘制"点"命令，将起始点置于建基面高程上，开启状态行中的"极轴""对象捕捉""对象追踪"选项，利用定位辅助线为其他各高程的位置定位。

例如：正常蓄水位高程的位置定位时，命令执行过程：

命令：_point（起始点置于建基面高程上）
当前点模式： PDMODE=0 PDSIZE=0.0000
指定点：84（输入正常蓄水位所在高程，为正常蓄水高程的位置定位）

在命令执行过程中，右手拖动鼠标以确定点移动的方向（为竖直向上的方向），在引导虚线出现后再输入数值。也可以采用"偏移"工具为各高程的位置定位。

（6）廊道的大样图制作。廊道的尺寸相对较小，在坝体剖面图上不能进行尺寸标注，需要制作大样图来表示廊道的结构。先按1∶1的比例绘制廊道图形，并进行尺寸标注，再将1∶1的比例绘制的廊道图形制作成图块，进行图块插入时，将"缩放比例"输入为放大的比例，本例题中，廊道大样图放大的比例为10，即可完成廊道的大样图制作，这样可以保持廊道在放大插入到当前图形文件中时，尺寸标注不变。也可在对放大后的廊道进行尺寸标注时，设置单独的标注样式，其中主单位的比例因子设定为0.1，即可变换为原来的原始尺寸。

（7）图框图块的制作和插入。为达到图面布置饱满的要求，可将所绘制的图形在屏幕上放置好，再将标准的A3或A4图框制作成图块。在插入图框图块时，适当调整"缩放比例"的数值，使得图框内不留太多的空白，充分利用图纸的表示空间。

(8) 标注文字的字体选择。标注文字可以选用默认的字体，也可以选择自己喜欢的字体。比如类似于手工绘图的字体可选用 gbeitc.shx 字体，并且选择大字体。修改字体时，简单的方法是直接修改默认的标准样式，但更好的方法是单独建立一个文字样式，然后将该样式的字体设定为需要的字体。

【例 5-11】 某房屋首层平面图和二层平面图如图 A-2 所示，试按要求绘制房屋平面设计图。

基本设计资料如下：

(1) 墙体厚度为 240mm。

(2) c1 宽 1200mm，c2 宽 1500mm，m1 宽 2400mm，m2 宽 1000mm，m3 宽 800mm；门、窗一般可以按两种方式放置：①放置到门或窗一段墙体的正中间位置；②放置到需要设置门或窗一段墙体的一端，一般离墙体角点的距离为 200mm。

(3) 两级楼梯各为 10 级台阶，台阶宽 240mm。

(4) ①轴线—②轴线距离 2400mm；②轴线—③轴线距离 1200mm；③轴线—④轴线距离 1800mm；④轴线—⑤轴线距离 3600mm。

(5) Ⓐ轴线—Ⓑ轴线距离 4500mm；Ⓑ轴线—Ⓒ轴线距离 1350mm；Ⓒ轴线—Ⓓ轴线距离1350mm；Ⓓ轴线—Ⓔ轴线距离1800mm；Ⓔ轴线—Ⓕ轴线距离2400mm。

绘制步骤如下（以 mm 为单位绘制）：

(1) 设置实线、点划线、墙体线、门窗等图层。

(2) 绘制墙体纵横向轴线。在点划线层上绘制墙体纵横向轴线（先绘制一条轴线，其他各轴线采用偏移的方式绘制，如图 5-14 所示）。

(3) 选择"多线"命令，在墙体线层绘制墙体线。

1) 创建新的"多线"样式"A"：鼠标对正于中线，多线比例=240。

2) 选择绘制"多线"。

命令：_mline
当前设置：对正 = 无，比例 = 240，样式 = A
指定起点或［对正(J)/比例(S)/样式(ST)］：(按图 5-14 所示的要求绘制墙体线)

3) 选择"多线修改"命令（在"修改"菜单中，选择"对象"→"多线"，打开"多线修改"对话框，选择角点结合，以便对墙体线的角点进行修正）。

命令：_mledit
选择第一条多线：(选择角点结合的第一条多线)
选择第二条多线：(选择角点结合的第二条多线，如图 5-14 所示)

(4) 开启点划线层、门窗层，绘制墙体上的门窗。

1) 制作门（"m"）图块（按宽度 100mm 制作，插入时再根据实际宽度缩放）。

命令：_line
指定第一个点：
指定下一点或［放弃(U)］：100
指定下一点或［放弃(U)］：100（绘制两条长度为 100，垂直相交的水平直线和垂直直线）

第五章　AutoCAD 绘图应用

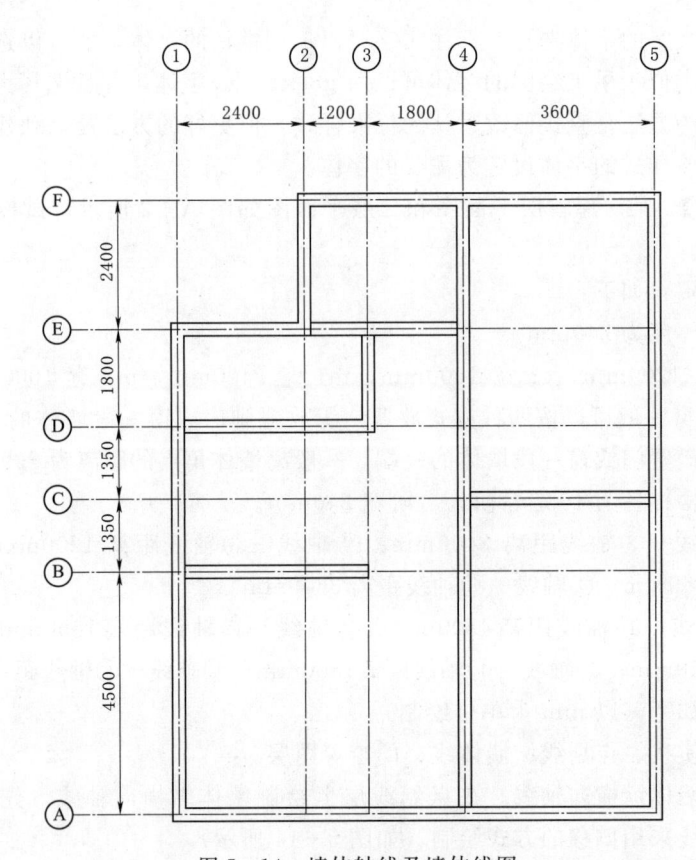

图 5-14　墙体轴线及墙体线图

命令：_arc
指定圆弧的起点或 [圆心(C)]：(指定圆弧的起点)
指定圆弧的第二个点或 [圆心(C)/端点(E)]：C
指定圆弧的圆心：(指定圆弧的圆心)
指定圆弧的端点(按住 Ctrl 键以切换方向) 或 [角度(A)/弦长(L)]：(指定圆弧的端点)
命令：_block (将绘制的门图形制作成图块)
指定插入基点：(指定水平线和垂直线的交点为插入基点)
选择对象：指定对角点：找到 3 个 [回车确认，完成门图块制作，如图 5-15(a) 所示门图块]

2) 制作窗（"c"）图块（按长度 100mm，宽度 240mm 制作窗图形，插入时再根据实际宽度缩放）。

命令：_rectang
指定第一个角点或 [倒角(C)/标高(E)/圆角(F)/厚度(T)/宽度(W)]：
指定另一个角点或 [面积(A)/尺寸(D)/旋转(R)]：D（输入方式为尺寸）
指定矩形的长度 <10.0000>：100
指定矩形的宽度 <10.0000>：240
指定另一个角点或 [面积(A)/尺寸(D)/旋转(R)]：(指定角点的方向以得到矩形)
命令：_explode (将矩形分解，以便于后面使用"偏移"工具)

选择对象：找到 1 个
命令：_offset
当前设置：删除源＝否　图层＝源　OFFSETGAPTYPE＝0
指定偏移距离或［通过(T)/删除(E)/图层(L)］＜通过＞：80［将矩形长度方向线段，按偏移距离 80mm，偏移两条，如图 5-15（b）所示］
命令：_block（将绘制的窗图形制作成图块）
指定插入基点：（以 240mm 长线段的中点为插入基点）
选择对象：指定对角点：找到 6 个［回车确认，完成窗图块制作，如图 5-15（b）所示窗图块］

3）插入门图块。关闭"墙体线"图层，在"门窗"图层上采用"FRO"的方法，在"墙体纵横向轴线"图层上确定门图块的插入点的位置，根据门的大小，按 X、Y 方向同比例放大的方式，将门图块插入到指定的位置。

4）插入窗图块。关闭"墙体线"图层，在"门窗"图层上采用"FRO"的方法，在"墙体纵横向轴线"图层上确定窗图块的插入点位置，根据窗的大小，按 X 方向比例放大，Y 方向比例不变的方式，将窗图块插入到指定的位置。

例如，Ⓐ轴线上靠左端的窗户 c1 长 1500mm，位于 2400mm 长的墙体的中间，离左端墙体轴线的距离为 450mm。单击"插入块"按钮，弹出"图块"面板，在"当前图形"的图块中选择"c"，在缩放比例组合框中选择"比例"，X 方向比例填写 15，即在 X 方向放大 15 倍，Y 方向比例不变，保持为 1，如图 5-16 所示。然后将光标移动到图形区域：

指定插入点或［基点(B)/比例(S)/X/Y/Z/旋转(R)］：fro［在屏幕上指定插入点，采用"捕捉自(fro)"方式］
基点：＜偏移＞：@450，0（指定左端墙体轴线交点为基点，窗户离左端墙体轴线的相对距离为@450，0，回车确认）

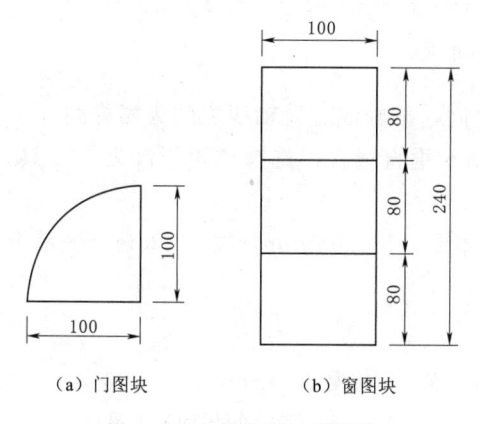

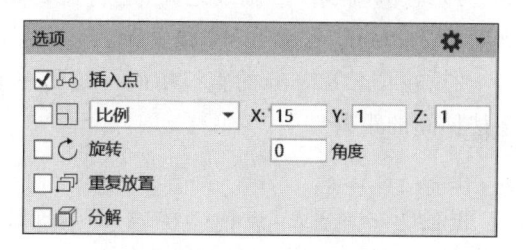

图 5-15　制作门、窗图块　　　图 5-16　插入窗图块的比例设置

即完成Ⓐ轴线上靠左端的窗户 c1 的插入绘制，也可用对象追踪的方法来确定图块插入位置。其他门或窗按相同的方式插入绘制，只是缩放比例不同，有的需要设置旋转角度。

5）开启"墙体线"图层，对图形进行适当的修剪，如图5-17所示。

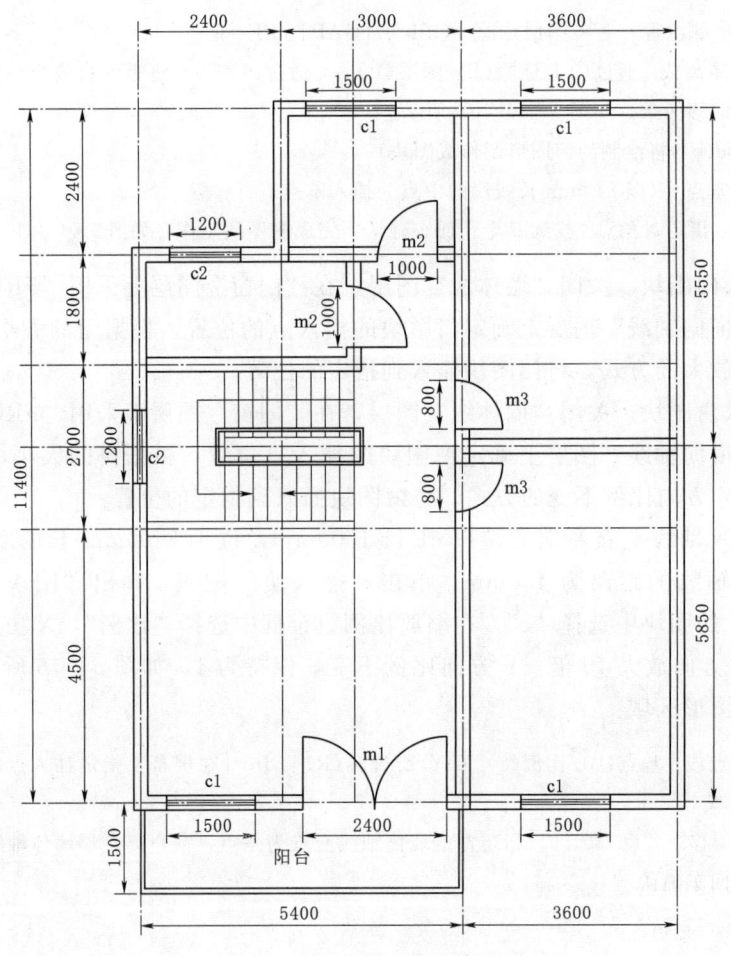

图5-17 门窗布置图

（5）绘制楼梯间图形。①轴线—③轴线之间，Ⓑ轴线—Ⓓ轴线之间为楼梯间。

1）在Ⓑ轴线—Ⓓ轴线之间，绘制长2460mm垂直线，再选择"矩形阵列"工具，列间距240mm，绘制出10级台阶。

2）在长2460mm的直线中间，绘制一个矩形，长2400mm，宽300mm（表示上下楼梯间的距离）。

命令：_rectang

指定第一个角点或［倒角(C)/标高(E)/圆角(F)/厚度(T)/宽度(W)］：fro

基点（以长2460mm的直线中点为基点）：＜偏移＞：@0，−150（指定矩形的右下角点）

指定另一个角点或［面积(A)/尺寸(D)/旋转(R)］：D（用尺寸方法确定矩形）

指定矩形的长度 ＜10.0000＞：2400

指定矩形的宽度 ＜10.0000＞：300

指定另一个角点或［面积(A)/尺寸(D)/旋转(R)］：（指定另一角点的方位，完成矩形的绘制）

3) 采用偏移的方式（距离 100mm、50mm）绘制两个矩形，作为楼梯上栏杆的示意图，如图 5-18 所示。

（6）将绘制墙体的多线分解，以便对墙体进行填充。对墙体线进行整理，形成封闭区域，然后用实体填充墙体。

（7）按图 A-2 所示的要求，将所绘制平面图复制修改为首层平面图和二层平面图。首层平面图楼梯处不同，只有单侧楼梯。二层平面图有一个阳台，阳台栏杆偏移值取为 100mm。

（8）在房屋的纵横轴线间进行尺寸标

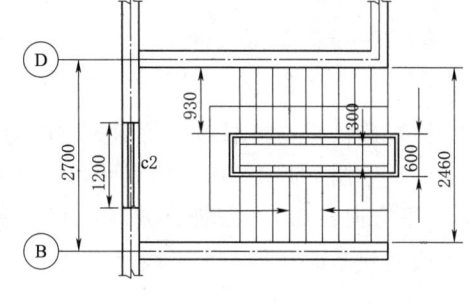

图 5-18 楼梯间布置图

注。添加必要的说明文字和比例尺，最后添加图框，完成房屋平面图绘制。

【例 5-12】 某溢流重力坝剖面基本资料见表 5-4 和表 5-5，试绘制溢流重力坝剖面图，如图 A-3 所示。

表 5-4　　　　　　　　　　堰顶 WES 曲线

坐标	1	2	3	4	5
X	0.00	4.00	8.00	12.00	16.67
Y	0.00	0.92	3.31	7.01	12.88

表 5-5　　　　　　　　　　溢流坝剖面设计参数

序号	剖面特性	特征值	序号	特征水位	特征值
1	椭圆长半轴	5.00m	1	正常蓄水位	94.00m
2	椭圆短半轴	4.00m	2	设计洪水位	96.00m
3	下游坡比	1:0.7	3	下游设计洪水位	15.00m
4	堰顶高程	88.00m	4	校核洪水位	98.10m
5	建基面高程	0.00m	5	下游校核洪水位	17.00m
6	坝顶高程	99.30m			
7	反弧半径	20.00m			
8	挑角 θ	25°			

绘制步骤如下（以 m 为单位绘制）：

（1）建立用户坐标，新建坐标原点为堰顶 WES 曲线的起点，坐标轴的方向不变。

（2）绘制堰顶曲线。将堰顶的 WES 曲线的坐标值，按如图 5-19 所示的格式写入 Excel 中。选择 C1～C5 列后，进行复制。在 AutoCAD 环境下选择"样条曲线"工具，文本窗口出现提示后，将 Excel 中 C1～C5 列的坐标值粘贴到文本窗口，文本窗口出现如下命令执行过程：

命令：_spline
当前设置：方式=拟合　节点=弦

第五章 AutoCAD 绘图应用

指定第一个点或［方式(M)/节点(K)/对象(O)］：0,0
输入下一个点或［起点切向(T)/公差(L)］：4,−0.92
输入下一个点或［端点相切(T)/公差(L)/放弃(U)］：8,−3.31
输入下一个点或［端点相切(T)/公差(L)/放弃(U)/闭合(C)］：12,−7.01
输入下一个点或［端点相切(T)/公差(L)/放弃(U)/闭合(C)］：16.67,−12.88

回车确认，调整堰顶点的切矢方向为水平方向，即可完成堰顶 WES 曲线的绘制。

（3）绘制下游 1∶0.7 的直线段。在堰顶 WES 曲线的末端绘制一个竖直方向长1，水平方向长 0.7（或竖直方向长 10，水平方向长 7）的直角三角形，将直角三角形的斜边向建基面高程的水平线延伸即可，如图 5－20 所示。

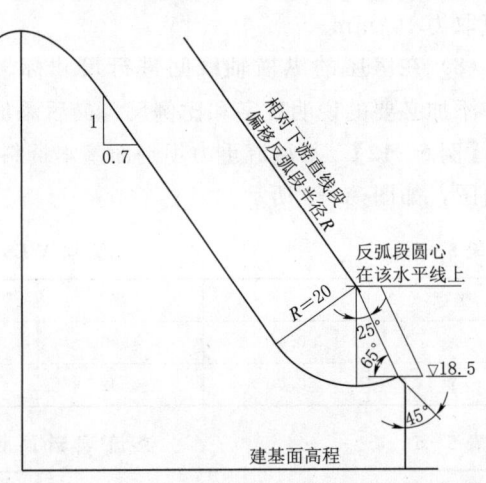

图 5－19　Excel 中 WES 曲线的格式　　图 5－20　下游直线段和反弧段绘制示意图

（4）反弧段的绘制如图 5－20 所示。从建基面开始，确定反弧段末端高程，再用极轴追踪方法绘制反弧段圆心和反弧段末端的连线。以连线端点为准绘制水平辅助线，反弧段圆心即在此水平线上，然后对下游 1∶0.7 坡度的直线进行偏移，偏移距离为反弧段半径 R 的长度，两条直线的交点即为反弧段圆心。采用"圆心—半径"的方式绘制圆，然后对圆修剪，就得到反弧段。

（5）挑坎的绘制。在挑坎末端沿与垂直方向成 45°夹角的方向绘制一段长 1～2m 的直线后，再绘制垂直线与建基面相交，以避免挑坎末端形成锐角构造，如图 5－20 所示。

（6）绘制上游 1/4 椭圆曲线。先根据椭圆的长半轴和短半轴半径绘制出整个椭圆，命令行提示为

命令：_ellipse
指定椭圆的轴端点或［圆弧(A)/中心点(C)］：C（选择椭圆中心方式绘制）
指定椭圆的中心点：fro（采用"捕捉自"方式在屏幕上找椭圆中心）
基点：（以用户坐标原点，即堰顶 WES 曲线的起点为基点）＜偏移＞：
＜偏移＞：@0,−4（椭圆中心与用户坐标原点偏移：0,−4）
指定轴的端点：6（沿 X 轴方向，在文本窗口输入 6，确定一个轴端点）

156

指定另一条半轴长度或［旋转（R）］：（捕捉堰顶 WES 曲线的起点作为另一个轴端点，完成椭圆绘制）

对绘制的椭圆进行修剪，得到上游 1/4 椭圆曲线，如图 5-21（a）所示。

（7）溢流坝剖面上游面的绘制应考虑与非溢流坝剖面的配合。重力坝剖面设计时，首先应拟定非溢流重力坝剖面尺寸，包括非溢流重力坝剖面的高度、上下游边坡、坝顶的宽度等，并通过坝体的应力和稳定分析进行修正确定。非溢流重力坝剖面尺寸确定后，再进行溢流重力坝剖面设计。

溢流坝重力剖面下游的 WES 曲线与非溢流重力坝剖面在 C 点相切，C 点的斜率等于非溢流重力坝剖面的下游坡率 m，即溢流重力坝剖面下游直线段的斜率，一般与非溢流重力坝剖面下游坝坡相同。当溢流重力坝的溢流面曲线宽度超出非溢流重力坝剖面时，可将溢流重力坝的上游做成倒悬的堰顶，既要满足溢流面曲线的要求，又要满足非溢流重力坝剖面的底宽要求，如图 5-21（b）所示；或直接做成垂直的上游面，如图 5-21（c）所示，本例题作为绘图练习，两种处理方式都可以。

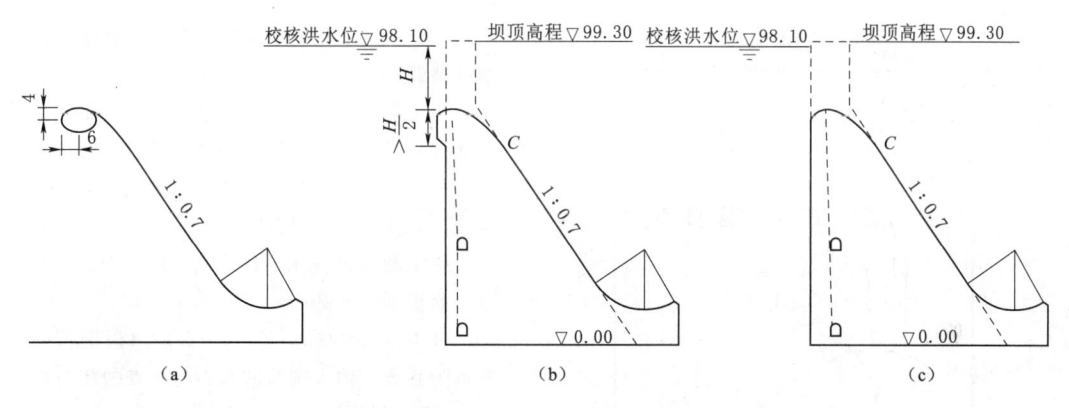

图 5-21 溢流坝剖面与非溢流重力坝剖面配合（虚线表示非溢流重力坝剖面）

（8）溢流重力坝坝顶上的构造布置。首先需要了解溢流重力坝坝顶上的构造要求。

1）工作闸门一般布置在堰顶稍向下游的部位；检修闸门与工作闸门之间的距离一般为 2m 左右，以便于闸门及启闭设备的检修。

2）工作闸门顶部高程为正常水位＋超高（1.0～1.5m）；工作闸门开启后的底缘高程及工作闸门支铰的高程，应高于校核水位泄水时的水面线，使得闸门吊起后的最低点与溢流水面线保持足够距离，以保证校核水位泄水时为自由泄流，并使漂浮物能畅通排泄；门式启闭机的高度应为检修闸门的高度＋超高（1.0～1.5m），以便于检修闸门能脱槽使用和检修，如图 5-22 所示。

3）闸墩的作用是分隔闸孔、承受传递水压力、支承闸墩上部结构重量。闸墩平面形式应使水流平顺，减少孔口水流的侧收缩。闸墩上游头部一般采用半圆形，下游头部采用尖圆形。闸墩的长度在满足溢流坝顶上的构造要求，如交通桥、工作桥及启闭设备的布置情况下，尽可能使结构布置紧凑，如图5-23所示。

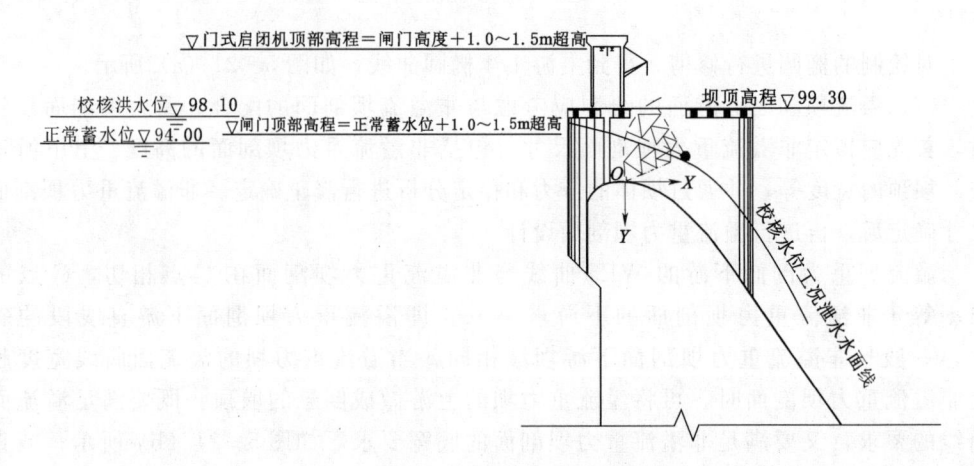

图5-22 溢流坝坝顶上的构造要求

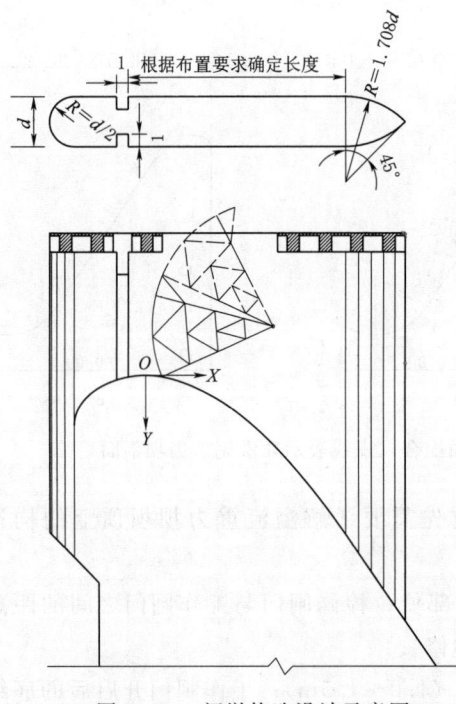

图5-23 闸墩构造设计示意图

闸墩下游尖圆段部分的画法如下：

命令：_arc（采用起点—圆心—角度方式绘制圆弧）

指定圆弧的起点或［圆心（C）］：（在屏幕上捕捉直线端点为尖圆段部分圆弧的起点）

指定圆弧的第二个点或［圆心（C）/端点（E）］：_c（指定圆心）

指定圆弧的圆心：fro（采用："fro"命令，捕捉圆弧的圆心）

基点：＜偏移＞：@0，-6.83（以圆弧的起点为基点，输入圆弧的圆心与基点的相对距离，捕捉到圆心）

指定圆弧的端点（按住Ctrl键以切换方向）或［角度（A）/弦长（L）］：_a（指定角度）

指定夹角（按住Ctrl键以切换方向）：-45（输入圆弧的包含角，回车确认）

命令：_mirror（采用"镜像"命令完成尖圆段部分的绘制）

选择对象：找到1个（选择前面所绘制的圆弧，回车确认）

指定镜像线的第一点：指定镜像线的第二点：（在屏幕上指定镜像轴线）

要删除源对象吗？［是(Y)/否(N)］＜否＞：（回车确认，镜像完成尖圆段部分的绘制）

在闸墩立面图的上、下游曲面部分，需要对应地绘制素线，以表现曲面部分的立体感，如图5-23所示。

（9）布置工作桥（一般宽3～5m）与交通桥（一般宽5～10m）。工作桥与交通桥一般采用板梁结构形式，从横截面上看为T形梁结构，其结构尺寸可参考图5-24。

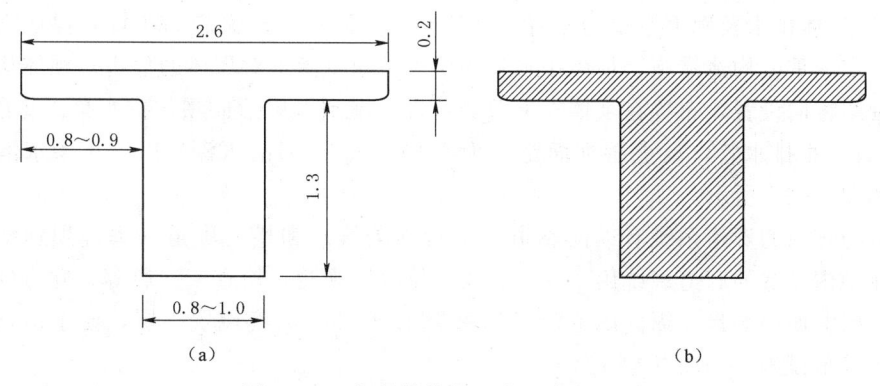

图 5-24 板梁结构的尺寸（单位：m）

(10) 溢流重力坝剖面的细部构造。

1) 边墩及导墙的布置。在溢流重力坝两侧边缘与非溢流重力坝的连接处，需要布置边墩，边墩的作用是分隔溢流坝段和非溢流坝段。导墙是边墩向下游的延续，导墙一般布置在溢流坝两侧边缘与非溢流坝（水电站）的连接处，用于分隔下泄水流与坝后电站的出水水流。采用挑流消能时，导墙延伸至与鼻坎末端齐平；采用底流消能时，导墙延伸至消力池护坦末端。导墙的高度应高出掺气后的溢流水面以上 1.0～1.5m，如图 5-25 所示。

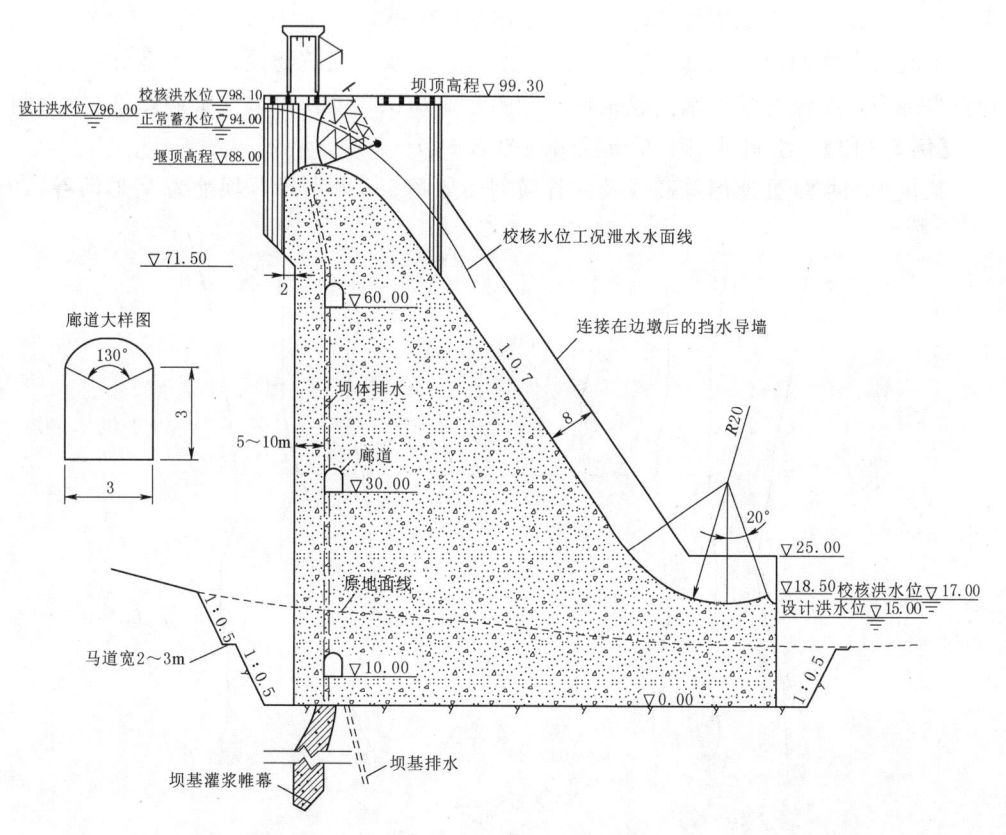

图 5-25 溢流重力坝剖面的细部构造（单位：m）

2) 坝体排水及廊道系统的布置。坝体、坝基防渗排水设施的布置是保证重力坝安全稳定的重要构造措施，坝体排水管的作用是减少渗水对坝体的危害。坝体排水管沿坝轴线方向设置，布置在坝体靠上游侧，自左岸到右岸形成坝体排水幕。每隔2～3m布置一根排水管，离上游坝面距离为1/20～1/10坝前水深，以防止渗水溶滤作用，如图5-25所示。

重力坝内的廊道系统有纵向廊道（平行坝轴线）和横向廊道（垂直坝轴线）两种。在坝内设置的廊道系统用于基础灌浆、排水、观测、检查、交通等，廊道的断面形式一般为城门洞形。纵向廊道沿坝高每隔15～20m高度设置一层，便于检查巡视和设置其他设施，如图5-25所示。

3) 帷幕灌浆和坝基排水。帷幕灌浆是在坝踵附近钻孔，进行深层高压灌浆，充填地基中的裂隙和渗水通道，形成一道连续的防渗构造，其作用是减小坝底渗透水压力，降低坝底渗流坡降。设置坝基排水的目的是进一步降低坝底渗透压力。坝基排水通过在灌浆廊道下游侧沿坝轴线方向钻设排水孔，便于水流渗出，如图5-25所示。

4) 开挖线的绘制。在建造大坝时，首先要进行坝基的开挖，即挖出覆盖层及风化破碎的岩石，使大坝建在新鲜或微风化基岩上。开挖深度应根据大坝的工程等级、坝高和基岩条件确定。

岩石的开挖边坡一般为1∶0.3～1∶0.7，并且每隔5～10m的高度可以设置一级水平马道，以保证开挖边坡的稳定性，如图5-25所示。

溢流重力坝剖面的细部构造设计，需要有一定水工建筑物设计的专业知识。本例题作为练习，在没有学习水工建筑物设计的专业知识之前，可以先参照图A-3绘制。

【例5-13】 绘制拱坝平面布置图（图A-4）。

某拱坝的坝址处地形等高线及河谷横剖面如图5-26所示，坝址为V形河谷，河

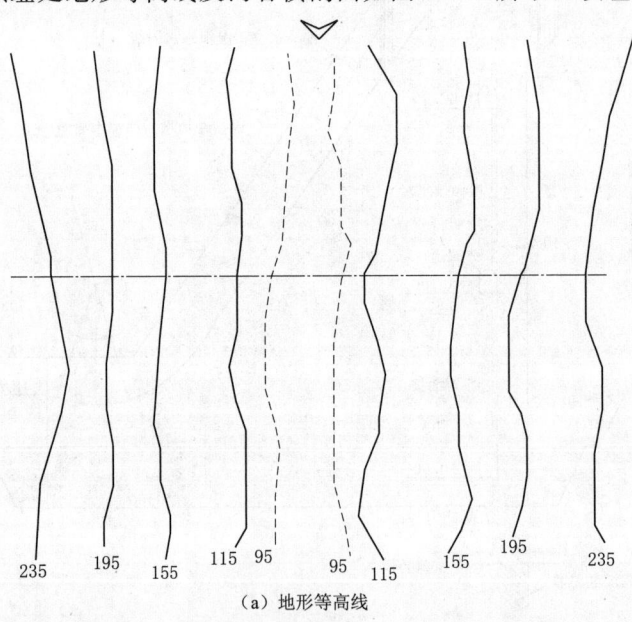

（a）地形等高线

图5-26（一） 坝址处地形等高线及河谷横剖面（单位：m）

(b) 河谷横剖面

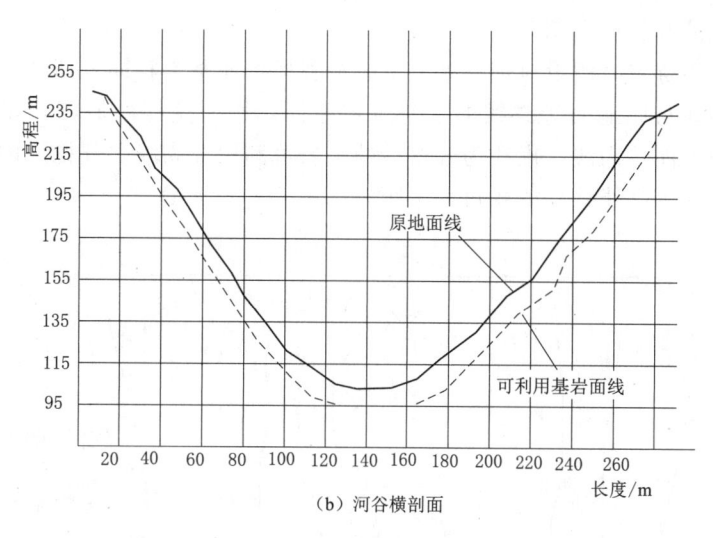

图 5-26（二） 坝址处地形等高线及河谷横剖面（单位：m）

床段建基面高程为 95.0m，初步确定坝顶高程为 235.0m，拱圈为圆弧轴线形式，拱冠梁剖面如图 5-27 所示，顶部厚度 $T_C=10$m，底部厚度 $T_B=40$m。

绘图要求如下：
(1) 按 5 层水平拱圈进行拱坝的平面布置。
(2) 绘出基岩开挖线。

以下为几点说明：
(1) 拱坝平面布置的任务是根据拟定的拱冠梁剖面和拱圈的轴线形式，通过平面布置，确定各高程上拱圈的半径 R、中心角 Φ（或半中心角 Φ_A）和厚度 T 等设计参数。

(2) 拱坝的平面布置是反复调整、修改的过程。即便是有经验的工程师，也不能一次确定各高程上拱圈的半径 R、中心角 Φ（或半中心角 Φ_A）和厚度 T 等设计参数，需要反复调整和修改，直至满足拱坝设计规范的要求，达到拱坝的优化设计。

(3) 拱坝的平面布置应尽可能使坝体左右对称布置，以避免产生附加扭转矩。但天然河谷总会存在着不对称性，所以在布置拱坝的平面形状时，难以避免存在着局部的左右不对称的情况。

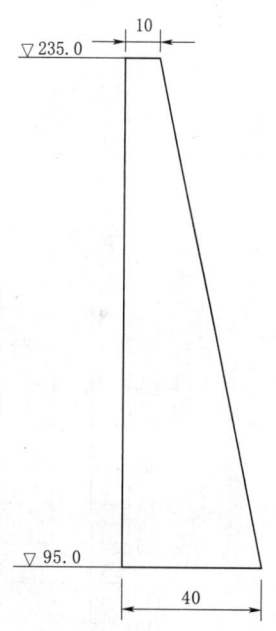

图 5-27 拱冠梁剖面

绘制步骤如下：
(1) 确定开挖后的基岩可利用等高线及河谷对称中心线。天然的河谷需要经过开挖，即挖除坝址处的覆盖层及风化破碎的岩石，才能建造大坝。因此首先需要在坝址地形图上，根据坝址处河谷横剖面图上可利用基岩面，确定开挖后的基岩可利用等高线及河谷对称中心线，拱坝应布置在开挖后的基岩可利用等高线上。

实际工程中，在坝址处需要给出多个河谷横剖面及相应位置的可利用基岩面，以便于确定开挖的基岩可利用等高线。

本例题作为练习,假设该坝址处上下游河谷横剖面基本相同,即认为开挖后的基岩可利用等高线与原地面等高线的走势基本相同,按照这样的原则,如图5-28所示,实线为原地面等高线,虚线为开挖后的基岩可利用等高线。开挖后的基岩可利用等高线与原地面等高线移动的相对水平距离如图5-28所示。

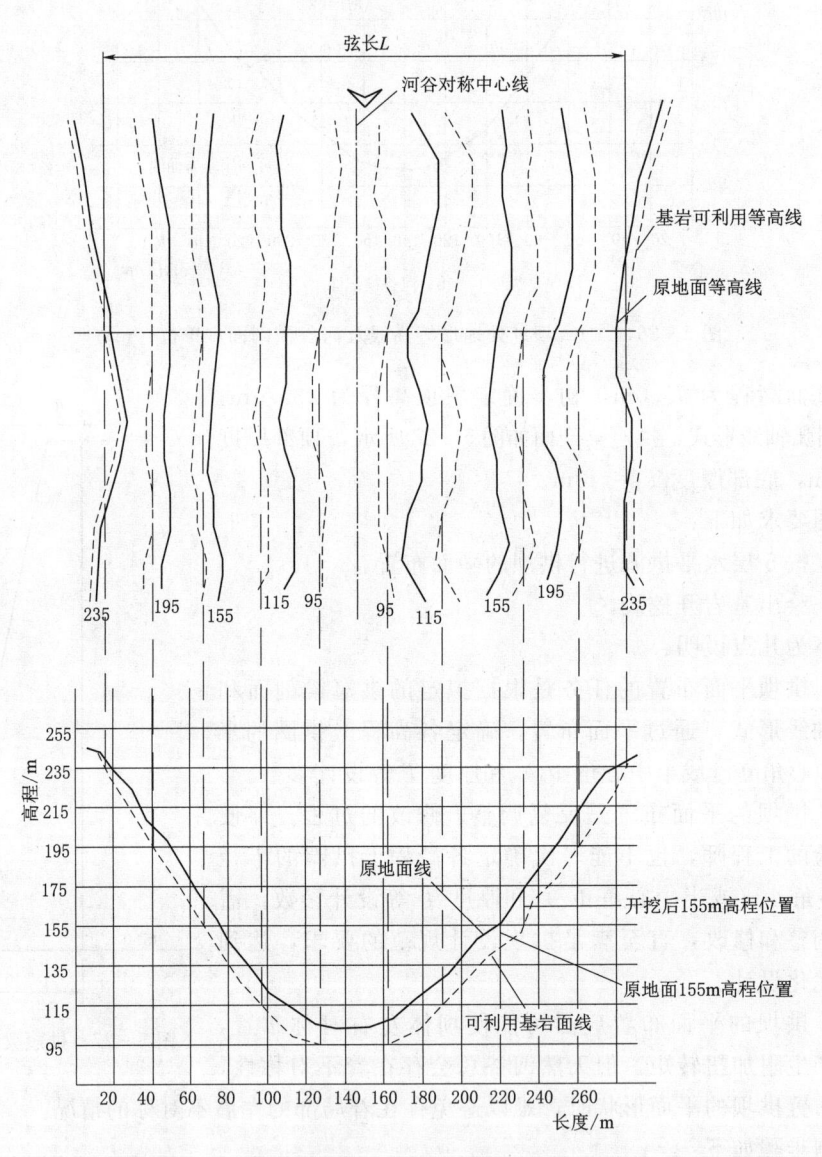

图5-28 开挖后的基岩可利用等高线示意图(单位:m)

注意:如图5-28所示,开挖后基岩可利用等高线的范围是初步假设的,实际的开挖范围需要在确定了坝基面后,再根据施工、岩体状况等确定大坝基坑的开挖边界线,开挖边界线内即为开挖范围,开挖边界外的基岩可利用等高线实际并未开挖出来,即是虚拟的。

确定河谷对称中心线的位置时，尽可能使左右两侧相应高程等高线，到河谷对称中心线的水平距离相等，但由于河谷不可能完全对称，故河谷中心线并非坝顶拱圈弦长的垂直平分线，而是稍微有所偏移。

（2）确定拱冠梁剖面的有关参数。根据给定的地形等高线，对拱冠梁剖面进行分层，确定各层拱圈的高程及厚度，如图5-29所示。

（3）布置顶层拱圈。顶层拱圈的布置过程是：首先选择半中心角 Φ_A，再在已绘制出基岩可利用等高线的图上，量出初步拟定的坝轴线位置的顶拱内弧弦长 L，即为左右河谷在坝顶高程235.0m处的直线距离，用于初步确定顶拱内弧半径和圆心位置等设计参数。

顶拱内弧半径为 $R_内=(L/2)/\sin\Phi_A$，顶拱外弧半径为 $R_外=R_内+T_C$。其中：L 为左右河谷在坝顶高程235.0m处的直线距离，m；T_C 为顶层拱圈（拱冠梁顶部）厚度，m；Φ_A 为顶层拱圈的半中心角，根据拱坝的设计要求，拱圈的半中心角可在30°～60°范围内选取，一般顶层拱圈可偏大选取，本例题初步选择 $\Phi_A=55°$。命令执行过程为

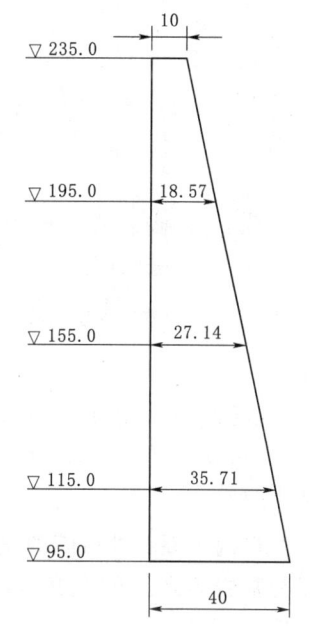

命令：_MEASUREGEOM（测量坝轴线位置的顶拱内弧弦长 L）
输入一个选项［距离（D）/半径（R）/角度（A）/面积（AR）/体积（V）/快速（Q）/模式（M）/退出（X）］＜距离＞：_distance
指定第一点：（指定左岸河谷在坝顶高程235.0m处，基岩可利用等高线与顶拱内弧弦长的交点）
指定第二个点或［多个点(M)］：（指定右岸河谷在坝顶高程235.0m处，基岩等高线与弦长的交点）
距离 = 269.4649，XY 平面中的倾角 = 180，与 XY 平面的夹角 = 0
X 增量 = －269.4649，Y 增量 = 0.0000，Z 增量 = 0.0000
命令：CAL（计算顶拱内弧半径）
＞＞ 表达式：269.4649/2/sin(55)（输入计算顶拱内弧半径的公式）
164.477951（系统返回计算出的顶拱内弧半径）

图 5-29 拱冠梁剖面分层及各层拱圈的参数（单位：m）

根据以上初步拟定的设计参数，选择"起点—端点—半径"的圆弧绘制工具，画出顶层拱圈内弧，检查圆心是否在拟定的河谷对称中心线上：

1）若圆心不在河谷对称中心线上，显然顶层拱圈不能用前面拟定的设计参数，以河谷对称中心线为依据进行左右对称布置，需要修改和调整初步拟定的设计参数。

2）对于修改和调整的方法，如图5-30所示，可以在该圆心附近的河谷对称中心线上，确定一个顶层拱圈的圆心位置，这时顶层拱圈的弦长不能以河谷对称中心线左右对称。选择"圆心—起点—角度"绘制通过弦长一端的圆弧，然后修剪于河谷对称中心线。由于左右两段圆弧在中心线处连接并相切，选择"起点—端点—方向"绘制另一半圆弧，保证两段圆弧连接的平顺光滑。

3) 测量由相切的两段圆弧构成的顶拱内弧的半中心角,确认 $\Phi_A=50°\sim60°$,若不满足,可调整圆心和河谷中心线位置,最后以测量的实际中心角为最终设计参数。

4) 外拱圈应用"偏移"工具绘制。命令执行过程如下:

命令:_offset
当前设置:删除源=否 图层=源
OFFSETGAPTYPE=0
指定偏移距离或[通过(T)/删除(E)/图层(L)]<通过>:10(输入顶层拱圈厚度)
选择要偏移的对象,或[退出(E)/放弃(U)]<退出>:(选择内拱圈弧线)
指定要偏移的那一侧上的点,或[退出(E)/多个(M)/放弃(U)]<退出>:(选择内拱圈上游方向一点)

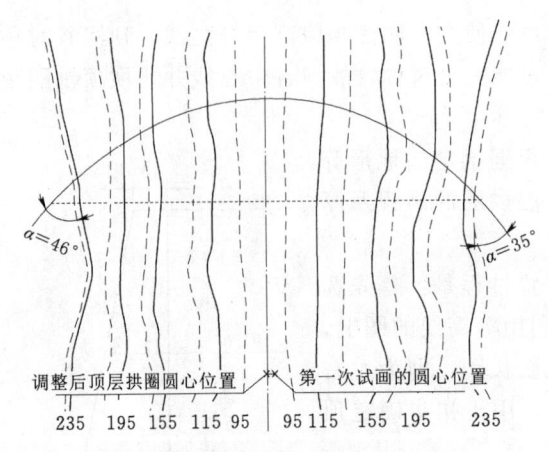

图 5-30 调整后顶层拱圈的圆心位置(单位:m)

将内拱圈和外拱圈的左右端点用直线连接,完成顶层拱圈绘制。还需要检查拱轴线与基岩等高线的交角 α,如图 5-30 所示,要求 $\alpha\geqslant30°$,以满足坝肩岩体的稳定性。

(4) 布置其他各层拱圈。进行其他各层拱圈的布置时,首先在河谷对称中心线上,假定各层拱圈圆心位置,再根据各层拱圈的厚度,画出相应拱圈,测量出相应半径和半中心角 Φ_A,并需要检查各层拱轴线与相应等高线的交角 α,要求 $\alpha\geqslant30°$。

1) 根据各层拱圈的厚度,确定其他各层拱圈的内拱圈在河谷对称中心线上的位置。

其他各层拱圈的内拱圈在河谷对称中心线上交点的位置,可以根据各层拱圈的厚度,以及各层拱圈的内拱圈在拱冠处和顶层拱圈在拱冠处的相对位置来确定。

选择绘制"点"命令,将起始点置于顶层拱圈的外拱圈与河谷对称中心线的交点上,开启状态行中的"极轴追踪""对象捕捉""对象捕捉追踪"选项,为其他各层拱圈的内拱圈在河谷对称中心线上交点的位置定位,如图 5-31 所示。命令执行过程如下:

命令:_point
当前点模式: PDMODE=35 PDSIZE=0.0000
指定点:40(输入底层拱圈的厚度,为底层拱圈的内拱圈在河谷对称中心线上的位置定位)

同底层拱圈一样,可为其他各层内拱圈在河谷对称中心线上交点的位置定位,在命令执行过程中,右手拖动鼠标以确定点移动的方向(为竖直向下的方向),借助定位辅助线进行定位,如图 5-31 所示中的"点追踪示意图"。还可用 45°的反射线,将拱冠梁剖面的各层拱圈的水平相对位置转换为竖直相对位置,这样不必量出具体数值,精确度也更高。

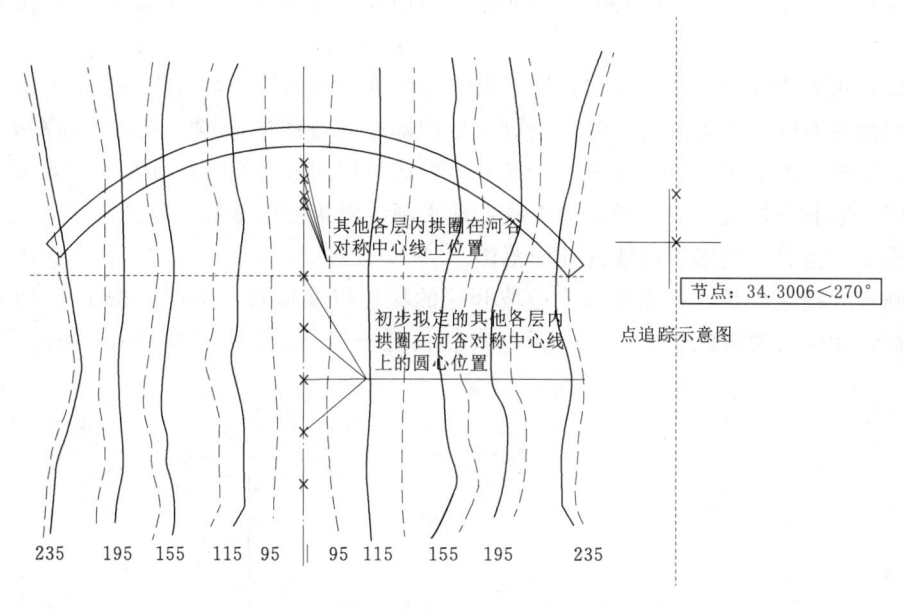

图 5-31 初步拟定的其他各层拱圈的圆心位置（单位：m）

2）在河谷对称中心线上，假定各层拱圈圆心位置。为保证底层拱圈的半中心角 Φ_A 不至于太小，首先通过试画，确定底层拱圈的圆心位置，中间各层拱圈圆心位置在底层拱圈和顶层拱圈的圆心位置之间，如图 5-31 所示。

3）绘制其他各层拱圈。绘制其他各层拱圈时，首先绘制内拱圈。每层内拱圈圆弧上有两个确定的点：圆心点和内拱圈在河谷对称中心线上的点。选择"圆心—起点—角度"绘制圆弧，根据内拱圈圆弧的端点要交到相应等高线上的原则，以每层基岩可利用等高线为边界，将多余圆弧修剪掉，余下即为内拱圈圆弧。

外拱圈圆弧的绘制同样应用"偏移"工具完成，如图 5-32 所示。

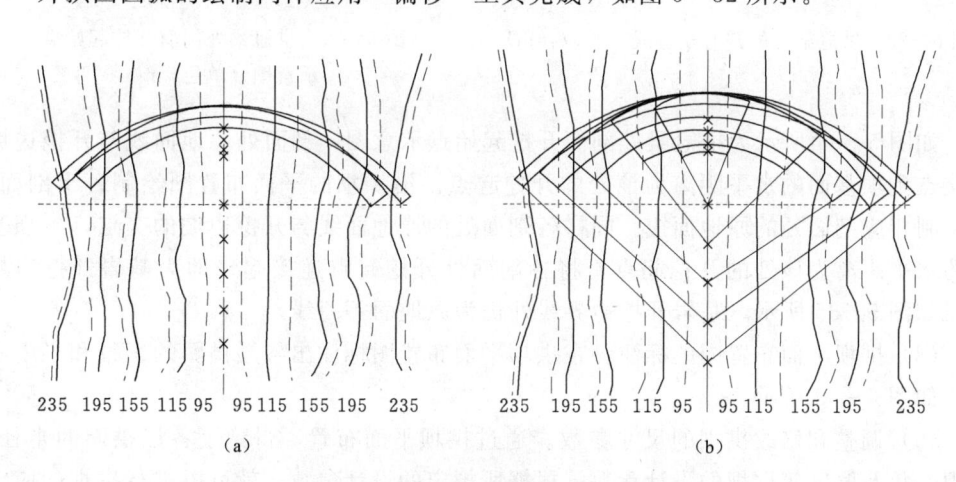

图 5-32 其他各层拱圈的绘制（单位：m）

4）检查各层的拱轴线与基岩等高线的交角 α 是否满足要求。

（5）将各层拱圈的外拱圈圆弧的端点和内拱圈圆弧的端点分别相连，形成坝基面。

（6）坝面检查。各层拱圈布置完毕后，需要进行坝面检查，看坝面是否平顺、光滑。坝面检查的主要标准之一为：拱冠梁处的圆心轨迹线应平顺、光滑。如图5-33所示，拱冠梁处的圆心轨迹线平顺、光滑，可认为坝面的平顺光滑度基本满足要求。

（7）绘制开挖边界线。开挖边界线，即大坝在浇筑前的基坑开挖边界线，也就是前面提到的基岩可利用等高线的开挖范围。

确定开挖边界线，首先要确定边坡开挖的坡比以及形式，本例题按1∶0.5的坡比开挖，为维持边坡的稳定，10m垂直高度设置一级马道，马道宽2m，如图5-34所示。

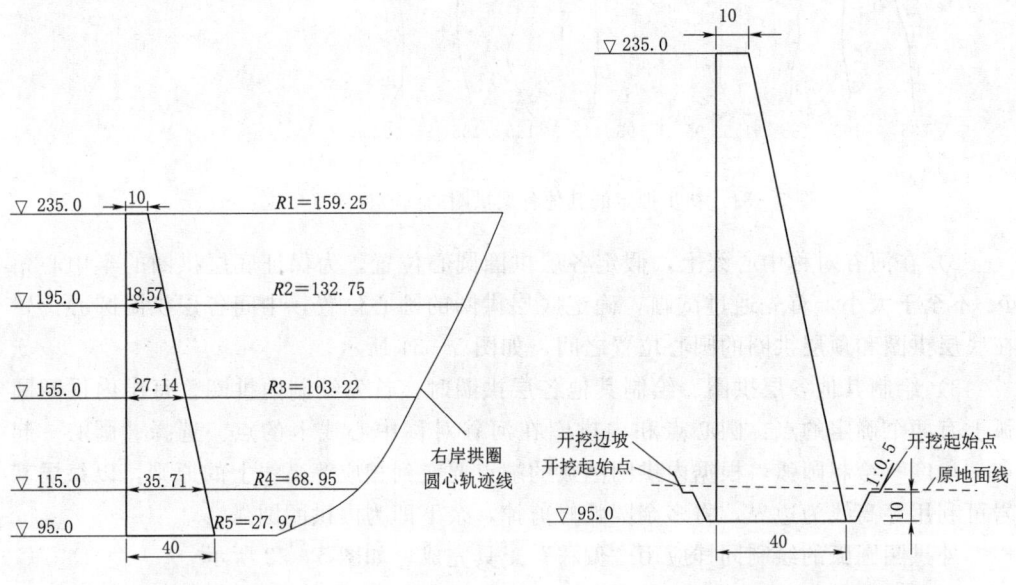

图5-33 拱冠梁处的圆心轨迹线（单位：m）

图5-34 拱冠梁处剖面开挖起始点示意图（单位：m）

如图5-34所示为拱冠梁处剖面开挖起始点示意图，剖面处原地面线与开挖边坡的交点到坝基面的水平距离为该处的开挖起点。沿拱坝的平面布置图绘制若干剖面，并绘制相应剖面处的原地面线。同样各剖面处的原地面线与开挖边坡的交点，到坝基面的水平距离为该处的开挖起点，将各剖面处开挖起点连接起来即为基岩开挖边界线，如图5-35所示。基岩开挖边界线外仍为原地面等高线。

（8）拱坝平面布置图的标注。在拱坝平面布置图标注出各层拱圈的半径和半中心角，如图5-35所示。

（9）调整和修改拱坝的尺寸参数。通过拱坝平面布置，得到了各层拱圈的半径、半中心角及厚度等拱坝的设计参数。根据所拟定的设计参数，就可以进行拱坝的应力及稳定计算。通过对计算结果的分析和根据设计规范的要求，可进一步调整、修改拱坝的设计参数，从而达到优化拱坝设计参数的目的。

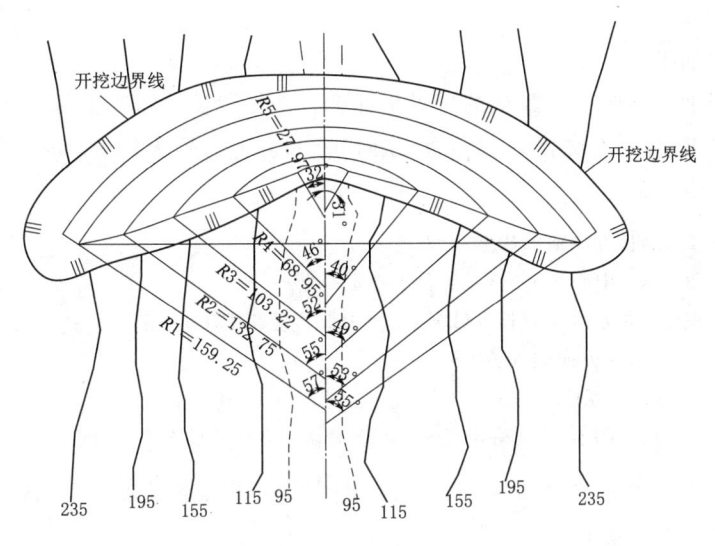

图 5-35 拱坝平面布置图（单位：m）

第三节 三维图形绘制示例

【例 5-14】 绘制三维轴承图形，如图 5-36 所示。

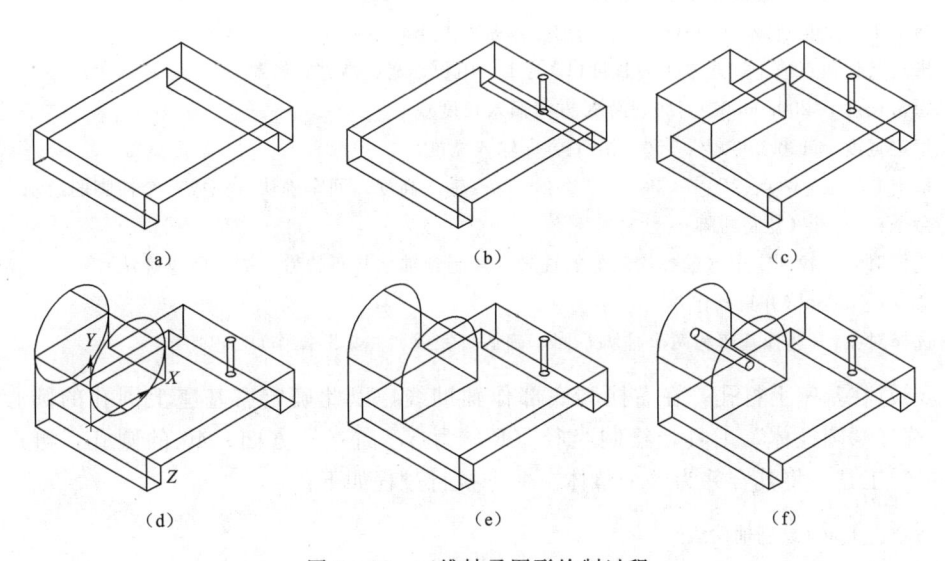

图 5-36 三维轴承图形绘制过程

该轴承由 6 个部件组成：①轴承基座，长（X 方向）200，宽（Y 方向）150，高（Z 方向）20；②基座柱脚，长（X 方向）20，宽（Y 方向）150，高（Z 方向）20；③右基座圆孔，半径（R）5，高（Z 方向）40；④基座上部结构中的长方体，长（X 方向）100，宽（Y 方向）75，高（Z 方向）40；⑤基座上部结构中半圆体，半径（R）25，高（Z 方向）75；⑥基座上部结构中的圆孔，半径（R）5，高（Z 方向）75。

绘制步骤如下：

（1）绘制轴承基座。在默认的世界坐标下，选择"长方体"工具，在屏幕上确定轴承基座一个角点，依次输入长（X 方向）200，宽（Y 方向）150，高（Z 方向）20。命令执行过程如下：

命令：_box（绘制长方体轴承基座）

指定第一个角点或 [中心(C)]：（在屏幕上指定一点）

指定其他角点或 [立方体(C)/长度(L)]：L（用长、宽、高方式绘制）

指定长度：200（沿 X 方向输入长度）

指定宽度：150（输入宽度）

指定高度或 [两点(2P)]：20（输入高度，回车确认，完成"长方体"的绘制）

选择下拉菜单中的"视图"→"三维视图"→"西南等轴测"，改变视图方向，以便进行后面图形的绘制。

（2）绘制基座柱脚。选择"长方体"工具，以轴承基座左下角点为长方体柱脚的角点，依次输入长（X 方向）20，宽（Y 方向）150，高（Z 方向）-20，绘制出一个柱脚，选择"复制"工具，将绘制出的柱脚复制到轴承基座的另一端。选择"并集"工具，将基座和两个柱脚合并为一个整体。命令执行过程如下：

命令：_box（绘制长方体基座柱脚）

指定第一个角点或 [中心(C)]：（选取轴承基座左下角点）

指定其他角点或 [立方体(C)/长度(L)]：L（用长、宽、高方式绘制）

指定长度 <200.0000>：20（沿 X 方向输入长度）

指定宽度 <150.0000>：150（沿 Y 方向输入宽度）

指定高度或 [两点(2P)] <20.0000>：-20（输入高度，回车确认，完成一个柱脚的绘制）

命令：_copy（复制柱脚）

选择对象：找到 1 个（选择绘制好的柱脚，复制到轴承基座的另一端，回车确认）

命令：_union（并集操作）

选择对象：（选择基座和两个柱脚，回车确认，完成"并集"操作）

（3）在基座上打孔。在右柱脚底部作辅助线，以此确定右基座上圆孔的圆心点置，选择"圆柱体"工具，绘制半径（R）为 5，高（Z 方向）40 的圆孔，再选择"差集"工具，将其合并为一个整体。命令执行过程如下：

命令：_line（绘制辅助线）

指定第一个点：（捕捉柱脚边线的中点）

指定下一点或 [放弃(U)]：10（往 X 负方向延长 10，绘制出一条辅助线）

命令：_cylinder（绘制圆孔）

指定底面的中心点或 [三点(3P)/两点(2P)/切点、切点、半径(T)/椭圆(E)]：（捕捉辅助线的端点作为中心）

指定底面半径或 [直径(D)]：5（输入半径值）

指定高度或 [两点(2P)/轴端点(A)] <20.0000>：40（输入高度值，完成圆孔的绘制）

命令：_subtract（差集操作）

选择要从中减去的实体、曲面和面域...

选择对象：找到 1 个（选择底座，回车确认）

选择对象： 选择要减去的实体、曲面和面域...

选择对象：找到 1 个（选择圆柱体，回车确认）

(4) 绘制基座上部结构中的长方体。选择"长方体"工具，以基座左边后端的角点为上部方体的起始角点，依次输入长（X 方向）100，宽（Y 方向）－75，高（Z 方向）40，再选择"并集"工具，将其合并为一个整体。命令执行过程如下：

命令：_box（绘制基座上部结构中的长方体）

指定第一个角点或 [中心(C)]：（指定基座左边后端的角点为上部长方体的起始角点）

指定其他角点或 [立方体(C)/长度(L)]：L（用长度、宽度、高度方法绘制）

指定长度 <26.7646>：100（鼠标跟踪 X 轴正方向，输入长度）

指定宽度 <150.0000>：75（鼠标跟踪 Y 轴负方向，输入宽度）

指定高度或 [两点(2P)] <40.0000>：40（输入高度，完成基座上部结构中的长方体的绘制）

命令：_union（并集操作）

选择对象：（选择基座和上部结构中的长方体，回车确认，完成合并）

(5) 绘制基座上部结构中的半圆体。绘制基座上部结构中半圆体时，需要进行坐标变换，将 XY 平面变换到基座上部结构中的立方体的正面上来。以基座上部结构中的立方体的正面为 XY 平面，建立用户坐标系，以上部立方体正面上的前端中点为圆心，绘制圆柱体，半径（R）为 50，高（Z 方向）－75，再选择"并集"工具，将其合并为一个整体。命令执行过程如下：

命令：UCS（建立用户坐标系）

当前 UCS 名称：* 世界 *

指定 UCS 的原点或 [面(F)/命名(NA)/对象(OB)/上一个(P)/视图(V)/世界(W)/X/Y/Z/Z 轴(ZA)] <世界>：（指定上部结构中的长方体左下角点为新坐标原点）

指定 X 轴上的点或 <接受>：（指定长方体右下角点为 X 轴正向上一点）

指定 XY 平面上的点或 <接受>：（指定长方体左上角点为 Y 轴正向上一点，回车确认）

命令：_cylinder（绘制圆柱体）

指定底面的中心点或 [三点(3P)/两点(2P)/切点、切点、半径(T)/椭圆(E)]：（指定上部结构中的长方体前端上边的中点为圆柱体底面的中心点）

指定底面半径或 [直径(D)] <5.0000>：50（输入半径值）

指定高度或 [两点(2P)/轴端点(A)] <40.0000>：－75（高度值为负 Z 方向，完成圆柱体的绘制）

命令：_union（并集操作）

选择对象：（选择下部结构和圆柱体，回车完成合并）

(6) 绘制基座上部结构中的圆孔。绘制圆柱体，半径（R）为 5，高（Z 方向）－75，再选择"差集"工具，将其合并为一个整体。命令执行过程如下：

命令：_cylinder（绘制上部结构中的圆孔）

指定底面的中心点或 [三点(3P)/两点(2P)/切点、切点、半径(T)/椭圆(E)]：（捕捉已有圆柱底

面的中心点）

指定底面半径或［直径(D)］<50.0000>：5（输入半径值）

指定高度或［两点(2P)/轴端点(A)］<-75.0000>：-75（输入高度，完成圆孔的绘制）

命令：_subtract（差集操作）

选择要从中减去的实体、曲面和面域…

选择对象：找到1个（选择底座，回车确认）

选择要减去的实体、曲面和面域…

选择对象：找到1个（选择圆孔，回车确认，完成"差集"编辑）

这样就完成了三维轴承图形的绘制，可从各个视角观察是否正确，然后删除辅助线。

【例 5-15】 非溢流重力坝的剖面如图 5-37（a）所示，沿坝轴线方向长 100m，试绘制非溢流重力坝的三维图形，如图 5-37（b）所示，并进行主要尺寸的标注。

分析：从非溢流重力坝的剖面，如图 5-37（b）所示中分析可知，非溢流重力坝的三维图形实际是由一个立方体和一个楔体组成，其尺寸分别为：一个长方体尺寸为长（L）100m，宽（B）10m，高（H）100m；一个楔体尺寸为长（L）100m，宽（B）63.75m，高（H）85m。可以采用两种方法绘制非溢流重力坝三维图形。

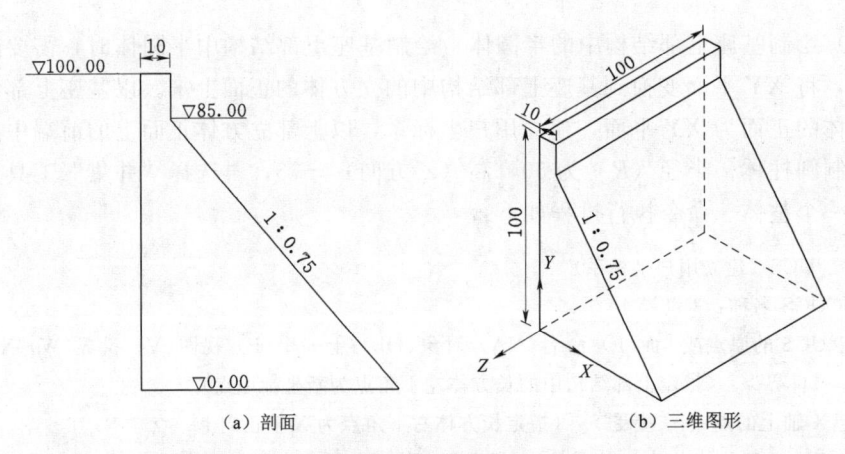

图 5-37 非溢流重力坝示例图（单位：m）

(1) 方法一。

1) 首先在默认的世界坐标系下绘制长方体。命令执行过程如下：

命令：_box（绘制长方体）

指定第一个角点或［中心(C)］：（在屏幕上指定长方体的一个角点）

指定其他角点或［立方体(C)/长度(L)］：L

指定长度 <0.0000>：100（输入长度）

指定宽度 <0.0000>：10（输入宽度）

指定高度或［两点(2P)］<0.0000>：100（输入高度）

可将视图设定为西南等轴测，便于后续绘图。

2) 再绘制楔体，由于楔体沿 X 轴方向变化，因此先建立新的用户坐标系，将默认的世界坐标系绕 Z 轴旋转－90°。命令执行过程如下：

命令： UCS（建立用户坐标系）
当前 UCS 名称：＊世界＊
指定 UCS 的原点或 [面(F)/命名(NA)/对象(OB)/上一个(P)/视图(V)/世界(W)/X/Y/Z/Z 轴(ZA)] <世界>：Z
指定绕 Z 轴的旋转角度 <90>：－90（世界坐标系绕 Z 轴顺时针旋转 90°得到新坐标系）
命令：_wedge（绘制楔体）
指定第一个角点或 [中心(C)]：（指定长方体的左下角点为楔体的第一个角点）
指定其他角点或 [立方体(C)/长度(L)]：L
指定长度 <100.0000>：63.75（沿 X 方向尺寸）
指定宽度 <10.0000>：100（沿 Y 方向尺寸）
指定高度或 [两点(2P)] <100.0000>：85（沿 Z 方向尺寸）

3）将立方体和楔体合并。命令执行过程如下：

命令：_union
选择对象：（选择长方体和楔体，回车确认，完成合并）

4）尺寸标注。AutoCAD 系统的尺寸标注只能在 XOY 平面上实现，因此在进行三维实体的尺寸标注时，需要变换坐标系，使得书写文本的方向为 X 轴正方向或 Y 轴正方向。

（2）方法二。
1）首先绘制非溢流重力坝的二维图形，如图 5-37（a）所示。
2）采用"面域"命令，将非溢流重力坝的二维图形对象转化为面域。
3）采用"拉伸"工具将面域拉伸为三维图形。

【例 5-16】 绘制正四面体桁架梁的基本结构图形，如图 5-38 所示。每条桁架梁的长度为 400cm，桁架梁横断面为圆形，圆半径为 $R=10$cm，在各个桁架梁的起点和终点处作半径为 20cm 的实体圆球，作为桁架梁在该点的焊点。

分析：要绘制一根桁架梁，需要运用 UCS 用户坐标系的使用技巧。首先需要调整 UCS 用户坐标，使 Z 轴与建造的桁架梁的轴线对齐，然后在桁架梁的任一端点绘制桁架梁的圆形截面，选择"拉伸"命令，选择该截面，拉伸的长度路径为每根桁架梁的起点到终点，即可完成一根桁架梁的绘制，再按上述方法进行下一根桁架梁的绘制。

绘制步骤如下（以 cm 为单位）：

（1）绘制一个在世界坐标系下的平面正三角形草图。命令执行过程如下：

命令：_line
指定第一个点：（在屏幕上可任意指定一点）
指定下一点或 [放弃(U)]：400（沿水平方向绘制一条 400cm 长的线段）
指定下一点或 [放弃(U)]：@400<120（逆时针 120°

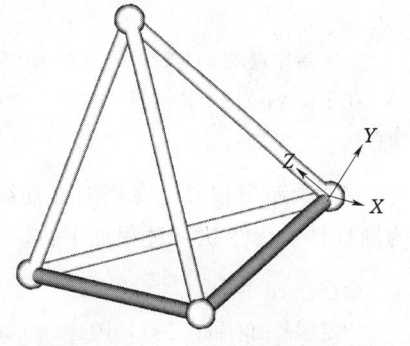

图 5-38 正四面体桁架梁

方向绘制一条 400cm 长的线段）

指定下一点或［闭合(C)/放弃(U)］：C（绘制闭合到起点的线段）

（2）绘制正四面体三维线框模型草图。为绘制正四面体中的空间线段，首先要计算空间线段的长度在 XY 平面中的倾角、与 XY 平面的夹角、空间线段的长度在 XY 平面中投影长度和在 Z 轴方向的投影长度。利用空间线段在 XY 平面的投影点正好是底面正三角形的重心，可推导计算出，该线段在 XY 平面上的投影线与 X 轴夹角为 30°，长度为 $400/2/\cot 30° = 400/\sqrt{3} = 230.94\text{cm}$，与 XY 平面的夹角为 $\arccos(1/\sqrt{3}) = 54.7°$，垂直高度为 $400 \times \sqrt{2/3} = 326.6\text{cm}$。捕捉 XY 平面上正三角形的左端点，输入空间线段端点与该端点的相对坐标，即得到正四面体中的一条空间线段，如图 5-39 所示。命令执行过程如下：

命令：_line

指定第一个点：（在屏幕上捕捉正三角形的左下角点）

指定下一点或［放弃(U)］：@230.94＜30，326.6（输入相对柱坐标，完成正四面体中一条空间线段的绘制）

选择"直线"工具，应用端点捕捉功能完成剩下两条空间线段的绘制，得到正四面体的线框草图，如图 5-39 所示。

（3）绘制桁架梁。

1）变换坐标系。首先建立用户坐标系，使得 Z 轴方向平行于该条桁架梁。选择 UCS 工具条中"Z 轴矢量"选项，捕捉任意一条桁架的一个端点，定义为新建坐标系的原点；再捕捉该条桁架的另一个端点，定义新建坐标系中 Z 轴的正方向，使得 Z 轴方向平行于该条桁架梁。命令执行过程如下：

命令：UCS（建立用户坐标系）

当前 UCS 名称：＊世界＊

指定 UCS 的原点或［面(F)/命名(NA)/对象(OB)/上一个(P)/视图(V)/世界(W)/X/Y/Z/Z 轴(ZA)］＜世界＞：ZA

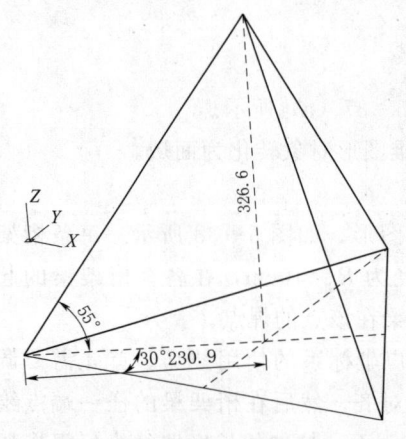

图 5-39 正四面体的绘制（单位：cm）

指定新原点或［对象(O)］＜0,0,0＞：（在屏幕上指定一条桁架梁的端点）

在正 Z 轴范围上指定点＜276.5620,1024.4799,1.0000＞：（在屏幕上指定该桁架梁的另一端点）

2）绘制桁架梁。在桁架梁轴线的端点处绘制圆，半径为 $R = 10\text{cm}$，并将其拉伸为圆柱体。命令执行过程如下：

命令：_circle

指定圆的圆心或［三点(3P)/两点(2P)/切点、切点、半径(T)］：（捕捉该桁架梁的一个端点为圆的圆心）

指定圆的半径或［直径(D)］：10（输入半径值）
命令：_extrude（选择实体拉伸命令）
当前线框密度： ISOLINES＝4，闭合轮廓创建模式 ＝ 实体
选择要拉伸的对象或［模式(MO)］：_MO
闭合轮廓创建模式［实体(SO)/曲面(SU)］＜实体＞：_SO
选择要拉伸的对象或［模式(MO)］：（选择半径为10cm的圆，回车确定）
指定拉伸的高度或［方向(D)/路径(P)/倾斜角(T)/表达式(E)］＜100.0000＞：（捕捉该桁架梁的另一个端点）

完成的一条桁架梁如图 5-40 所示。桁架梁也可以采用三维实体工具中"圆柱体"工具绘制。命令执行过程如下：

命令：_cylinder（绘制圆柱体）
指定底面的中心点或［三点(3P)/两点(2P)/切点、切点、半径(T)/椭圆(E)］：（捕捉该桁架梁的一个端点）
指定底面半径或［直径(D)］＜10.0000＞：10（输入半径值）
指定高度或［两点(2P)/轴端点(A)］＜400.0000＞：（捕捉该桁架梁的另一个端点）

（4）按照上述方法，分别绘制出各条桁架梁。

（5）绘制各桁架梁交点上的焊点。在各个桁架梁的起点和终点处绘制半径为20cm 的实体圆球，表示桁架梁在该点的焊点，如图 5-38 所示。

【例 5-17】 某建筑小品廊桥如图 5-41 所示，试绘制该廊桥三维图形。

图 5-40 桁架梁的绘制　　　图 5-41 建筑小品廊桥

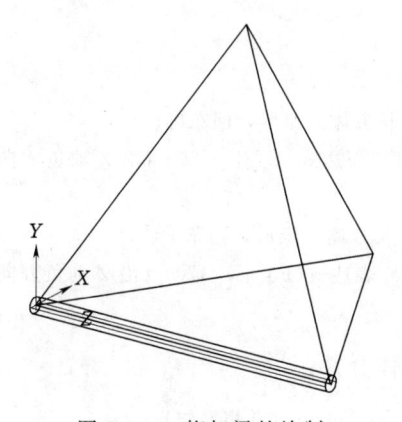

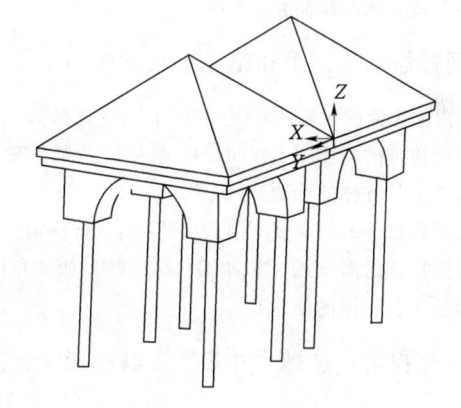

基本设计资料如下：

（1）廊桥拱顶顶部由 3 个长方体和顶部棱锥面组成，3 个长方体的尺寸（长×宽×高）从上向下分别为：4980mm×4980mm×200mm，4490mm×4490mm×200mm，4000mm×4000mm×1500mm。顶部棱锥面的顶点至上面第一个长方体顶面的高度为 2000mm。

（2）第三个长方体内有两个互相垂直相交的半圆柱体，半径为 1200mm。

（3）4 个与地面相连的圆柱的半径为 90mm，高度为 3300mm。

第五章 AutoCAD 绘图应用

绘制步骤如下：
(1) 绘制廊桥顶部三个长方体。

命令：_rectang（在世界坐标系下，绘制第一个长方体的矩形）
指定第一个角点或 [倒角(C)/标高(E)/圆角(F)/厚度(T)/宽度(W)]：0,0（可任意指定一个角点）
指定另一个角点或 [面积(A)/尺寸(D)/旋转(R)]：D（用尺寸方法绘制矩形）
指定矩形的长度 <10.0000>：4980（输入矩形长度）
指定矩形的宽度 <10.0000>：4980（输入矩形宽度）
指定另一个角点或 [面积(A)/尺寸(D)/旋转(R)]：（指定矩形另一个角点的位置方向）
命令：_offset（向第一个长方体的矩形内偏移，绘制出第二个长方体的矩形及第三个长方体的矩形）
当前设置：删除源＝否　图层＝源　OFFSETGAPTYPE＝0
指定偏移距离或 [通过(T)/删除(E)/图层(L)] <通过>：490（输入偏移距离）
选择要偏移的对象，或 [退出(E)/放弃(U)] <退出>：（选择第一个长方体的矩形，向内偏移490，绘制出第二个长方体的矩形）
选择要偏移的对象，或 [退出(E)/放弃(U)] <退出>：（选择第二个长方体的矩形，向内偏移490，绘制出第三个长方体的矩形）
命令：_extrude（拉伸生成实体）
当前线框密度：ISOLINES＝4，闭合轮廓创建模式 ＝ 实体
选择要拉伸的对象或 [模式(MO)]：_MO
闭合轮廓创建模式 [实体(SO)/曲面(SU)] <实体>：_SO
选择要拉伸的对象或 [模式(MO)]：（选择第一个长方体的矩形，回车确认）
指定拉伸的高度或 [方向(D)/路径(P)/倾斜角(T)/表达式(E)]：200（沿 Z 轴正方向拉伸，完成第一个长方体的绘制）

同样绘制第二个和第三个长方体：

选择要拉伸的对象或 [模式(MO)]：（选择第二个长方体的矩形，回车确认）
指定拉伸的高度或 [方向(D)/路径(P)/倾斜角(T)/表达式(E)]：－200（沿 Z 轴负方向拉伸，完成第二个长方体的绘制）
选择要拉伸的对象或 [模式(MO)]：（选择第三个长方体的矩形，回车确认）
指定拉伸的高度或 [方向(D)/路径(P)/倾斜角(T)/表达式(E)]：－1700（沿 Z 轴负方向拉伸，完成第三个长方体的绘制）

改变视角，选择"并集"工具将三个长方体合并：

命令：_union（并集操作）
选择对象：（依次选择第一个、第二个、第三个长方体，回车确认）

合并后的廊桥初步造型（一）如图 5-42 所示。

(2) 绘制位于第三个长方体内两个互相垂直相交的半圆柱体。

1) 在第三个长方体的一个侧平面上绘制一个圆柱体。

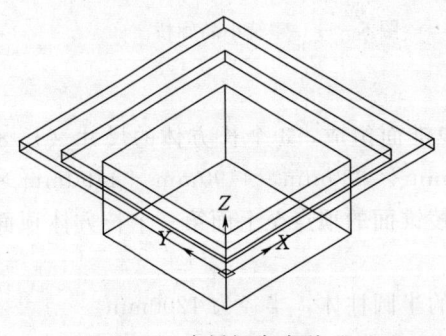

图 5-42　廊桥初步造型（一）

命令：UCS（变换坐标系，将 XY 平面变换到第三个长方体的一个侧平面上，以便绘制半圆柱体）

当前 UCS 名称：*世界*

指定 UCS 的原点或[面(F)/命名(NA)/对象(OB)/上一个(P)/视图(V)/世界(W)/X/Y/Z/Z轴(ZA)]＜世界＞：（在屏幕上指定第三个长方体上一个侧平面的一个角点）

指定 X 轴上的点或＜接受＞：（沿 X 轴正向上指定一点）

指定 XY 平面上的点或＜接受＞：（沿 Y 轴正向上指定一点，完成新建用户坐标系，如图 5-43 所示）

命令：_circle（绘制圆，采用先绘制平面圆再拉伸成圆柱体的方式）

指定圆的圆心或[三点(3P)/两点(2P)/切点、切点、半径(T)]：（指定第三个长方体上一个侧平面下边界中点为圆的圆心）

指定圆的半径或[直径(D)]：1200（输入圆的半径值，完成圆的绘制）

命令：_extrude（将所绘制的圆拉伸成圆柱体）

当前线框密度： ISOLINES＝4，闭合轮廓创建模式 ＝ 实体

选择要拉伸的对象或[模式(MO)]：_MO

闭合轮廓创建模式[实体(SO)/曲面(SU)]＜实体＞：_SO

选择要拉伸的对象或[模式(MO)]：（选择绘制的圆）

指定拉伸的高度或[方向(D)/路径(P)/倾斜角(T)/表达式(E)]＜－1700.0000＞：－4000（输入拉伸高度）

同样的方法完成另一个圆柱体的绘制。

2）采用"差集"工具，在第三个长方体中减除绘制的两个圆柱体。

命令：_subtract（差集操作）

选择要从中减去的实体、曲面和面域...

选择对象：找到 1 个[选择"廊桥初步造型(1)"]

选择要减去的实体、曲面和面域...

选择对象：找到 1 个，总计 2 个（选择所绘制的两个互相垂直相交的圆柱体，回车确认）

完成的廊桥初步造型（二），如图 5-43 所示。

(3) 绘制 4 个圆柱体支柱。廊桥初步造型（二）形成了 4 个底平面，如图 5-44 所示，每个底平面连接一个圆柱体，作为廊桥与地面的支撑。

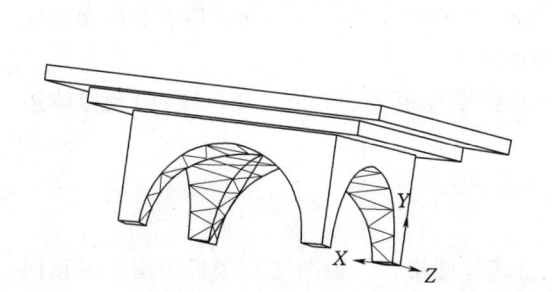

图 5-43 廊桥初步造型（二）

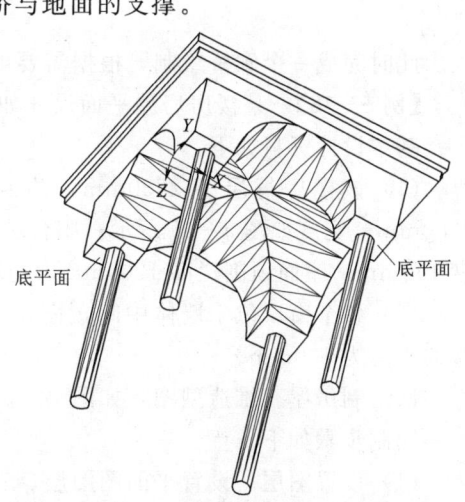

图 5-44 廊桥初步造型（三）

命令：UCS（变换坐标系，将 XY 平面变换到第三个长方体的四个底面中的任意一个上）

当前 UCS 名称：*没有名称*

指定 UCS 的原点或 [面(F)/命名(NA)/对象(OB)/上一个(P)/视图(V)/世界(W)/X/Y/Z/Z轴(ZA)]＜世界＞：（指定一个底平面的角点为新建坐标系的原点）

指定 X 轴上的点或 ＜接受＞：（指定 X 轴方向上的一点）

指定 XY 平面上的点或 ＜接受＞：（指定 Y 轴方向上的一点，完成新建用户坐标系）

命令：_cylinder（绘制圆柱体）

指定底面的中心点或 [三点(3P)/两点(2P)/切点、切点、半径(T)/椭圆(E)]：（追踪捕捉底平面的中心点为圆柱体的圆心）

指定底面半径或 [直径(D)]：90（输入圆柱体底面的半径）

指定高度或 [两点(2P)/轴端点(A)]＜10.0000＞：3300（输入圆柱体高度，完成一个圆柱体的绘制）

无需再变换坐标系，直接绘制圆柱体，可完成其他三个圆柱体的绘制，如图 5-44 所示。

（4）绘制顶部棱锥体。需要先建立合适的用户坐标系。

命令：UCS（建立新坐标系，将 XY 平面与第一个长方体的上表面平行）

当前 UCS 名称：*没有名称*

指定 UCS 的原点或 [面(F)/命名(NA)/对象(OB)/上一个(P)/视图(V)/世界(W)/X/Y/Z/Z轴(ZA)]＜世界＞：（选择第一个长方体上表面的一个角点）

指定 X 轴上的点或 ＜接受＞：（沿 X 轴正向指定一个点）

指定 XY 平面上的点或 ＜接受＞：（沿 Y 轴正向指定一个点，完成新建坐标系）

命令：_pyramid（绘制棱锥体）

4 个侧面 外切

指定底面的中心点或 [边(E)/侧面(S)]：（追踪捕捉第一个长方体的上表面的中心点）

指定底面半径或 [内接(I)]＜1.0000＞：（捕捉第一个长方体的上表面侧边的中点）

指定高度或 [两点(2P)/轴端点(A)/顶面半径(T)]＜10.0000＞：2000（输入棱锥高度，回车确认）

此时完成一个廊桥绘制，根据需要可复制出数个廊桥，如图 5-41 所示。

【例 5-18】 某楼房房屋平面尺寸如图 5-45 所示。

基本设计资料如下：

（1）该楼房每层高 2850mm，共四层，墙体厚 240mm；窗高 1200mm，门高 2000mm，宽度如图 5-45 所示；阳台墙体高 1200mm，厚 100 mm；楼板和屋面板厚度 150mm，屋面顶围栏高 1200mm，与墙体同厚。

（2）各个窗口位于墙体中间，窗口底部到楼板距离 800mm；门口与门侧墙体边缘的距离为 100mm。

试绘制房屋三维造型图，如图 A-5 所示。

绘制步骤如下：

（1）设置图层。设置平面图图层、三维墙体图层、门窗图层、楼板图层、屋顶图层、屋顶围栏图层等。

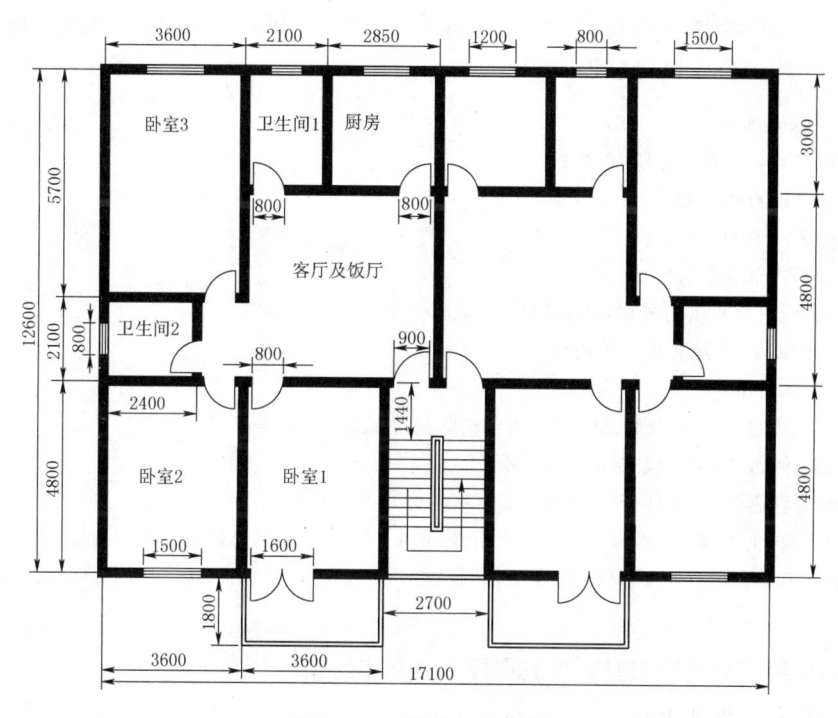

图 5-45 某楼房平面图

(2) 绘制墙体的平面图。根据房屋的对称性，在平面图图层上，应用"直线"工具，按如图 5-46 所示尺寸，绘制房屋轮廓平面。完成参考轮廓平面绘制后，选择"多线"命令，文本窗口出现提示：

命令：_mline
当前设置：对正 = 上，比例 = 20.00，样式 = STANDARD
指定起点或 [对正(J)/比例(S)/样式(ST)]：S
输入多线比例 <20.00>：240
当前设置：对正 = 上，比例 = 240.00，样式 = STANDARD
指定起点或 [对正(J)/比例(S)/样式(ST)]：J
输入对正类型 [上(T)/无(Z)/下(B)] <上>：Z
当前设置：对正 = 无，比例 = 240.00，样式 = STANDARD
指定起点或 [对正（J）/比例（S）/样式（ST）]：(按轮廓线依次绘制多线)

通过多线编辑或分解后再进行修剪，整理绘制的多线，得到实际的外墙线和内墙线，如图 5-46 所示。

(3) 生成墙体三维实体。在三维墙体图

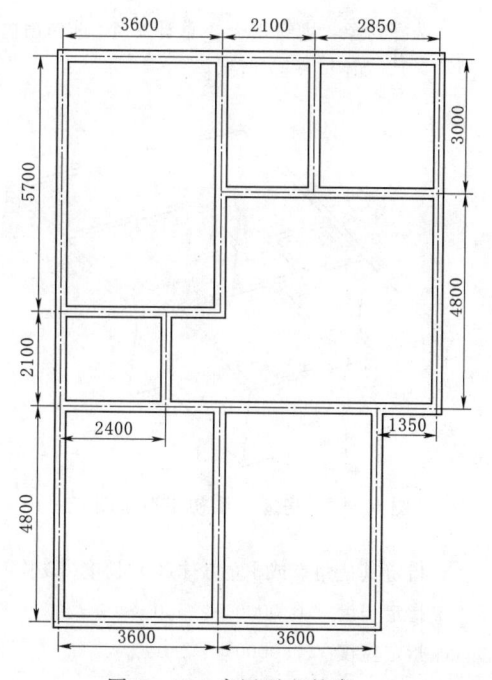

图 5-46 房屋平面轮廓

177

第五章 AutoCAD 绘图应用

层上，先将内外墙体线生成多段线，然后采用三维"拉伸"工具将外墙线、内墙线拉伸成三维实体。命令执行过程如下：

命令：_boundary
拾取内部点：正在选择所有对象…
正在选择所有可见对象…
正在分析所选数据…
正在分析内部孤岛…
拾取内部点：（点击内外墙体线间的任一点）
BOUNDARY 已创建 8 个多段线
命令：_extrude
当前线框密度： ISOLINES=4，闭合轮廓创建模式 = 实体
选择要拉伸的对象或［模式(MO)］:_MO
闭合轮廓创建模式［实体(SO)/曲面(SU)］<实体>:_SO
选择要拉伸的对象或［模式(MO)］:指定对角点：找到 8 个（选择外墙线和内墙线）
指定拉伸的高度或［方向(D)/路径(P)/倾斜角(T)/表达式(E)］：2850（指定拉伸高度，完成多段线拉伸）

(4) 采用"差集"工具，形成房屋三维初步造型。
命令执行过程如下：

命令：_subtract 选择要从中减去的实体、曲面和面域…
选择对象：找到 1 个（选择由外墙线拉伸的实体）
选择对象：选择要减去的实体、曲面和面域…
……
选择对象：找到 1 个，总计 7 个［选择由内墙线拉伸的实体，回车确认，形成房屋三维初步造型（一），如图 5-47 所示］

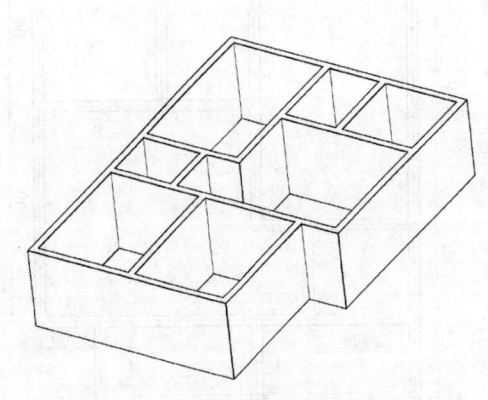

图 5-47 房屋三维初步造型图（一）

(5) 在门窗图层上，为房屋制作三维窗口。

1) 首先在前墙体的长度方向上布置窗口。命令执行过程如下：

命令：_box（在当前的坐标系下，绘制三维窗口的长方体）
指定第一个角点或［中心(C)］：fro（采用"捕捉自"确定长方体的角点）
基点：<偏移>：@1170,0,800（输入左边第一个窗口长方体的角点离前墙体左下角点的相对距离）
指定其他角点或［立方体(C)/长度(L)］：L（采用分别输入长度、宽度、高度的方式）
指定长度 <0.0000>：1500
指定宽度 <0.0000>：240
指定高度或［两点(2P)］<0.0000>：1200（回车确认，完成前墙体三维窗口的绘制）

2) 布置后墙体上的窗口。命令执行过程如下：

命令：_copy（用复制方法得到三维窗口）

选择对象：找到 1 个（选择前墙体上的三维窗口）

当前设置： 复制模式 = 多个

指定基点或 [位移(D)/模式(O)] <位移>：(指定三维窗口的一个角点)

指定第二个点或 [阵列(A)] <使用第一个点作为位移>：12600（沿 Y 方向移动的距离）

命令：_box

指定第一个角点或 [中心(C)]：fro

基点：<偏移>：@4370,0,800（输入后墙体上中间窗口的左下角点与墙体左下角点的相对距离）

指定其他角点或 [立方体(C)/长度(L)]：L

指定长度 <1500.0000>：800

指定宽度 <240.0000>：-240

指定高度或 [两点(2P)] <1200.0000>：1200

命令：_box

指定第一个角点或 [中心(C)]：fro

基点：<偏移>：@-825,0,800（输入后墙体上右边窗口的右下角点与墙体右下角点的相对距离）

指定其他角点或 [立方体(C)/长度(L)]：@-1200,-240,1200（窗口左上角点到右下角点的相对坐标）

3) 布置左边墙体上的窗口。

命令：_box

指定第一个角点或 [中心(C)]：fro

基点：<偏移>：@0,5570,800（输入左边墙体上窗口的左下角点与前墙体左下角点的相对距离）

指定其他角点或 [立方体(C)/长度(L)]：@240,800,1200（窗口右上角点相对左下角点的相对坐标）

4) 选择"差集"工具，将房屋和窗口形成三维实体。

命令：_subtract 选择要从中减去的实体、曲面和面域...

选择对象：找到 1 个 [选择所绘制的"房屋三维初步造型（一）"]

选择要减去的实体、曲面和面域...

选择对象：找到 1 个

......

选择对象：找到 1 个，总计 5 个（依次选择 5 个窗口，回车确认）

完成了 5 个窗口的布置。

(6) 在门窗图层上，为房屋制作三维门口。

1) 绘制进户门的长方体。

命令：_polysolid（采用"多段体"命令）

指定起点或 [对象(O)/高度(H)/宽度(W)/对正(J)] <对象>：H

指定高度 <2850.0000>：2000（指定高度）

指定起点或 [对象(O)/高度(H)/宽度(W)/对正(J)] <对象>：W

指定宽度 <240.0000>：240（指定宽度）

指定起点或 [对象(O)/高度(H)/宽度(W)/对正(J)] <对象>：J

输入对正方式［左对正(L)/居中(C)/右对正(R)］＜居中＞：L（指定对正方式）

高度 = 2000.0000，宽度 = 240.0000，对正 = 左对齐

指定起点或［对象(O)/高度(H)/宽度(W)/对正(J)］＜对象＞：fro（采用"捕捉自"确定长方体的角点）

基点：＜偏移＞：@−340,0,0（输入进户门长方体右前角点离右边墙右下角点的相对距离）

指定下一个点或［圆弧(A)/放弃(U)］：900（跟踪门的宽度方向输入宽度值）

2）绘制其他门口的长方体。

命令：_polysolid

高度 = 2000.0000，宽度 = 240.0000，对正 = 左对齐

指定起点或［对象(O)/高度(H)/宽度(W)/对正(J)］＜对象＞：fro

基点：＜偏移＞：@−100,0,0（输入厨房门长方体离边墙角点的相对距离）

指定下一个点或［圆弧(A)/放弃(U)］：800（跟踪门的宽度方向输入宽度值）

通过复制或同样绘制多段体的方法可得到其他门口的长方体。

3）选择"差集"工具，将房屋和门口形成三维实体。

命令：_subtract

选择要从中减去的实体、曲面和面域…

选择对象：找到 1 个［选择所绘制的"房屋三维初步造型图（一）"］

选择对象：选择要减去的实体、曲面和面域…

选择对象：找到 1 个

……

选择对象：找到 1 个，总计 8 个（选择 8 个门口长方体，回车确认）

按要求完成了 8 个门口的布置。

(7) 在门窗图层上，绘制阳台及围栏。阳台围栏由 3 个长方体合并而成，采用"多段体"命令比较方便。

1）绘制阳台。

命令：_polysolid

指定起点或［对象(O)/高度(H)/宽度(W)/对正(J)］＜对象＞：H

指定高度＜2000.0000＞：1200（指定高度）

指定起点或［对象(O)/高度(H)/宽度(W)/对正(J)］＜对象＞：W

指定宽度＜240.0000＞：100（指定宽度）

高度 = 1200.0000，宽度 = 100.0000，对正 = 左对齐

指定起点或［对象(O)/高度(H)/宽度(W)/对正(J)］＜对象＞：fro

基点：＜偏移＞：@−120,0,0（输入阳台右上角点与前墙体右下角点的相对距离）

指定下一个点或［圆弧(A)/放弃(U)］：1800（跟踪输入阳台外伸的宽度）

指定下一个点或［圆弧(A)/放弃(U)］：3600（跟踪输入阳台的总宽）

指定下一个点或［圆弧(A)/闭合(C)/放弃(U)］：1800（跟踪输入阳台返回到墙面的距离）

2）将所绘制的房屋三维初步造型图和阳台合并。

命令：_union

选择对象：找到 1 个

选择对象：找到 1 个，总计 2 个（回车确认合并）

得到如图 5-48 所示的房屋三维初步造型图（二）。

（8）绘制三维楼板图形。在楼板图层上采用"多段线"工具，根据房屋三维初步造型图（二），在墙体底部绘制楼板平面图形。

命令：_pline（绘制 150mm 厚楼板边界线）

指定起点：（捕捉楼板边界线上的一点）

当前线宽为 0.0000

指定下一个点或 [圆弧（A）/半宽（H）/长度（L）/放弃（U）/宽度（W）]：（捕捉楼板边界线上的相邻一点）

……，沿着后墙体线，绘制至起点结束。

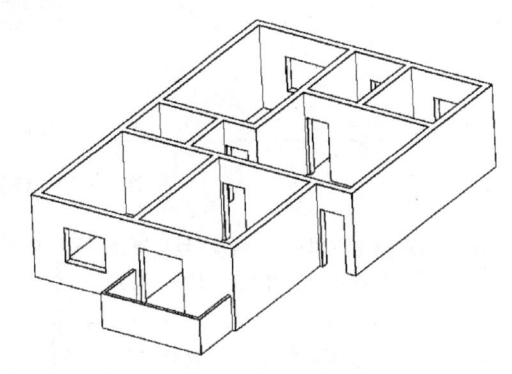

图 5-48 房屋三维初步造型图（二）

在当前的坐标系下将楼板线拉伸为三维实体（厚度 150mm）。命令执行过程：

命令：_extrude

当前线框密度：ISOLINES＝4，闭合轮廓创建模式 ＝ 实体

选择要拉伸的对象或 [模式（MO）]：_MO

闭合轮廓创建模式 [实体（SO）/曲面（SU）] ＜实体＞：_SO

选择要拉伸的对象或 [模式（MO）]：找到 1 个（选择采用"多段线"工具绘制的楼板线）

指定拉伸的高度或 [方向（D）/路径（P）/倾斜角（T）/表达式（E）] ＜1200.0000＞：-150（输入拉伸高度）

命令：_union [房屋三维初步造型图（二）和楼板三维图形合并]

选择对象：找到 1 个

选择对象：找到 1 个，总计 2 个 [回车确认，完成房屋三维初步造型图（三），如图 5-49 所示]

（9）绘制楼梯，楼梯踏步选取为高 150mm，宽 240mm，如图 5-50 所示。

1）绘制门前平台。

命令：_box（绘制长方体平台）

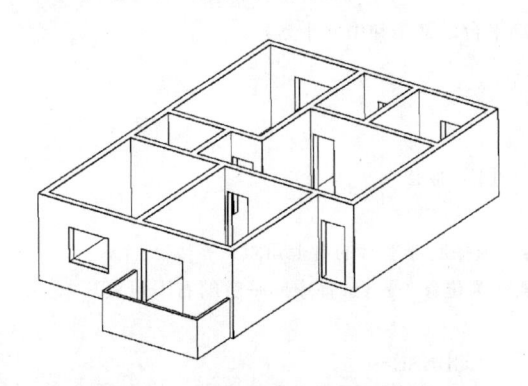

指定第一个角点或 [中心（C）]：fro

基点：＜偏移＞：@-120,0,0（输入平台右前角点与右墙体右下角点的相对距离）

指定其他角点或 [立方体（C）/长度（L）]：@-1230,-1370,150（平台另一个角点的相对距离）

2）绘制楼梯踏步。

命令：_polysolid（多段体绘制一个踏步）

高度 ＝ 1230.0000，宽度 ＝ 50.0000，对正 ＝ 左对齐

图 5-49 房屋三维初步造型图（三）

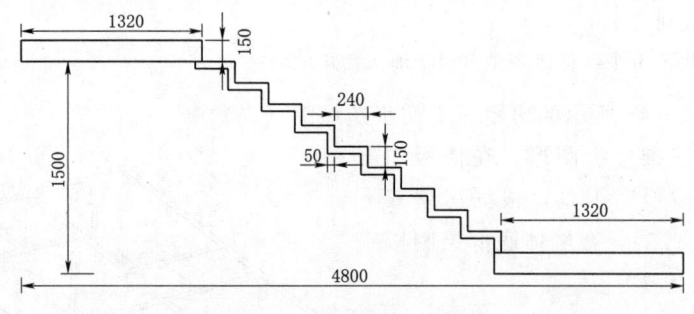

图 5-50 楼梯立面图

指定起点或［对象(O)/高度(H)/宽度(W)/对正(J)］＜对象＞：（选取平台的左前角点）
指定下一个点或［圆弧(A)/放弃(U)］：100（跟踪高度方向输入踏步高度，考虑厚度叠加，减少 50）
指定下一个点或［圆弧(A)/放弃(U)］：265（跟踪水平方向输入踏步宽度，增加厚度的一半）
命令：_copy（复制方法得到多级台阶）
选择对象：找到 1 个（选择刚绘制的多段体）
当前设置：复制模式 ＝ 多个
指定基点或［位移(D)/模式(O)］＜位移＞：（选取台阶底的外角点）
指定第二个点或［阵列(A)］＜使用第一个点作为位移＞：（选取台阶顶的外角点）
……，连续复制 8 个。

3）绘制楼梯中间平台。

命令：_polysolid
高度 ＝ 1230.0000，宽度 ＝ 150.0000，对正 ＝ 左对齐
指定起点或［对象(O)/高度(H)/宽度(W)/对正(J)］＜对象＞：（跟踪台阶顶的外角点往 Y 方向延伸 50）
指定下一个点或［圆弧(A)/放弃(U)］：1320（跟踪 Y 负方向并输入长度值）

4）合并平台和踏步。

命令：_union
选择对象：找到 1 个
……
选择对象：找到 1 个，总计 11 个（选择底部平台，踏步和中间平台）

5）复制并旋转得到另一半楼梯。

命令：_copy
选择对象：找到 1 个（选择合并的一半楼梯，回车确定）
当前设置：复制模式 ＝ 多个
指定基点或［位移(D)/模式(O)］＜位移＞：（选择底部平台的右上角点）
指定第二个点或［阵列(A)］＜使用第一个点作为位移＞：（选择中间平台的右下角点）
命令：_rotate
UCS 当前的正角方向：ANGDIR＝逆时针 ANGBASE＝0
找到 1 个（选择合并的一半楼梯，回车确定）

指定基点：（选择中间平台的右下角点）

指定旋转角度，或[复制(C)/参照(R)]<0>：180（旋转得到另一半楼梯，如图 5-51 所示）

（10）采用"三维镜像"工具，完成房屋另一半设计，如图 5-52 所示。

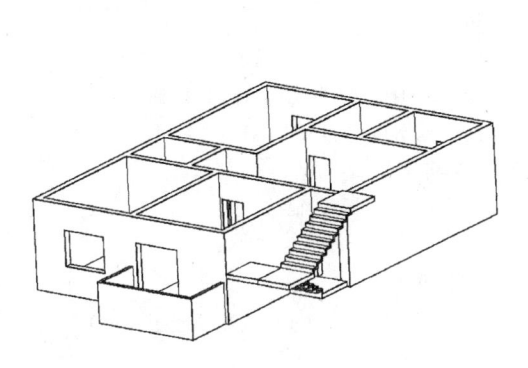

图 5-51 房屋三维初步造型图（四） 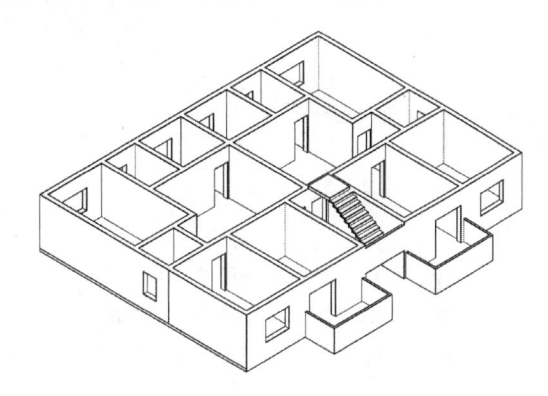　　　　图 5-52 房屋三维初步造型图（五）

命令：_mirror3d

选择对象：找到 1 个（选择不包含楼梯的房屋部分）

指定镜像平面（三点）的第一个点或[对象(O)/最近的(L)/Z 轴(Z)/视图(V)/XY 平面(XY)/YZ 平面(YZ)/ZX 平面(ZX)/三点(3)]<三点>：（选择楼梯底部平台右侧面上的三个点作为镜像面）

是否删除源对象？[是(Y)/否(N)]<否>：（保留原对象，回车确定）

命令：_polysolid（用多段体绘制楼梯栏杆）

高度 = 1200.0000，宽度 = 100.0000，对正 = 左对齐

指定起点或[对象(O)/高度(H)/宽度(W)/对正(J)]<对象>：（选择楼梯中间平台右上角点）

指定下一个点或[圆弧(A)/放弃(U)]：2460（输入楼梯栏杆延伸方向长度）

命令：_union

选择对象：找到 1 个

选择对象：找到 1 个，总计 5 个（选择房屋一楼所有部分进行合并）

（11）采用"复制"或"阵列"命令，将典型楼层建造 4 层，完成房屋三维初步造型图（六）设计，如图 5-53 所示。

（12）绘制屋面及屋面顶围栏。根据基本设计资料，屋面厚度为 150mm，屋面顶围栏高 1200mm。在房顶图层上，绘制屋面及屋面顶围栏，如图 5-54 所示。命令执行过程如下：

1）屋面楼板。

命令：_pline（绘制 150mm 厚屋面）

指定起点：（在屏幕上指定左边墙体上端

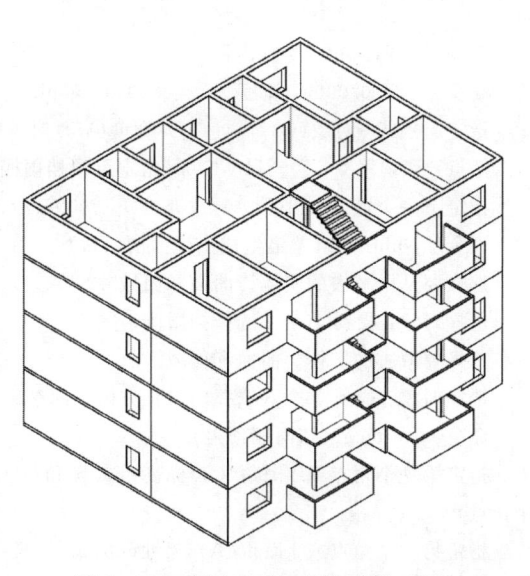

图 5-53 房屋三维初步造型图（六）

183

点为屋面线的起点）

当前线宽为 0.0000

指定下一个点或［圆弧（A）/半宽（H）/长度（L）/放弃（U）/宽度（W）］：（选择相邻的下一个外墙体角点）

……，沿着后墙体线，绘制至起点结束。

命令：_extrude（将屋面线进行拉伸）

当前线框密度： ISOLINES＝4，闭合轮廓创建模式 ＝ 实体

找到 1 个（选择屋面线）

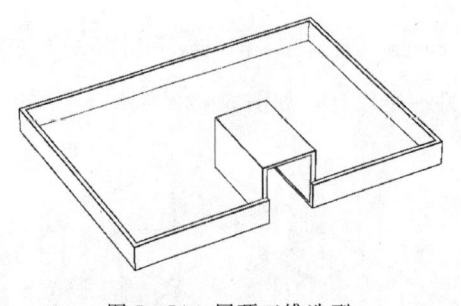

图 5-54　屋顶三维造型

选择要拉伸的对象或［模式（MO）］：_MO

闭合轮廓创建模式［实体(SO)/曲面(SU)］＜实体＞：_SO

指定拉伸的高度或［方向(D)/路径(P)/倾斜角(T)/表达式(E)］：150（输入屋顶楼板厚度）

2）屋面围栏。

命令：_polysolid（用多段体绘制屋面围栏）

高度 = 1200.0000，宽度 = 240.0000，对正 = 左对齐

指定起点或［对象(O)/高度(H)/宽度(W)/对正(J)］＜对象＞：（顺时针方向指定墙体外缘角点）

命令：_union（将屋面和屋面顶围栏合并）

选择对象：找到 1 个

选择对象：找到 1 个，总计 2 个（回车确认，完成屋面和屋面顶围栏的合并）

3）屋顶挡雨棚。

命令：_polysolid（用多段体屋顶挡雨棚墙体）

高度 = 2850.0000，宽度 = 240.0000，对正 = 左对齐

指定起点或［对象(O)/高度(H)/宽度(W)/对正(J)］＜对象＞：（逆时针方向指定屋顶楼梯间角点）

命令：_polysolid（绘制出屋顶的门）

高度 = 2000.0000，宽度 = 240.0000，对正 = 左对齐

指定起点或［对象(O)/高度(H)/宽度(W)/对正(J)］＜对象＞：fro

基点：＜偏移＞：@-110,0,0（指定屋顶挡雨棚墙体右上角点）

指定下一个点或［圆弧(A)/放弃(U)］：900（沿 X 负方向输入门的宽度）

命令：_subtract（差集生成出屋面的门口）

选择要从中减去的实体、曲面和面域…

选择对象：找到 1 个（选择挡雨棚）

选择要减去的实体、曲面和面域…

选择对象：找到 1 个（选择门口长方体，回车确定）

命令：_rectang（挡雨棚顶盖）

指定第一个角点或［倒角(C)/标高(E)/圆角(F)/厚度(T)/宽度(W)］：（选择挡雨棚外墙体一个角点）

指定另一个角点或［面积(A)/尺寸(D)/旋转(R)］：（选择挡雨棚外墙体对向角点）

命令：_extrude（拉伸生成长方体）

184

当前线框密度： ISOLINES=4，闭合轮廓创建模式 = 实体
选择要拉伸的对象或［模式(MO)］：_MO
闭合轮廓创建模式［实体（SO）/曲面（SU）］＜实体＞：_SO
选择要拉伸的对象或［模式(MO)］：找到 1 个（选择绘制的矩形）
指定拉伸的高度或［方向(D)/路径(P)/倾斜角(T)/表达式(E)］＜150.0000＞：150（输入拉伸高度）
命令：_union（合并挡雨棚墙体和顶盖）
选择对象：找到 1 个
选择对象：找到 1 个，总计 2 个（选择挡雨棚墙体和顶盖，回车确定）

将屋顶结构放置到房屋三维造型图（六）的顶部，即完成房屋三维造型图的绘制，如图 5-55 所示。

(13) 将房屋三维造型图形制作成二维图片（.jpg 或 .png），插入到 AutoCAD 图纸中。首先在图形界面上选择好三维观察视角，使房屋三维造型图表达正确、线条清晰，制作成图片后，将二维图片插入到 AutoCAD 图纸，再插入图框图块，如图 A-5 所示。

【例 5-19】 创建拱坝三维线框和实体模型。

根据［例 5-13］绘制的拱坝平面布置图和三维线框模型创建的原理，可以将该平面图修改为拱坝三维线框模型，这有助于用户观察所绘制的拱坝的体形及坝基面的形状。

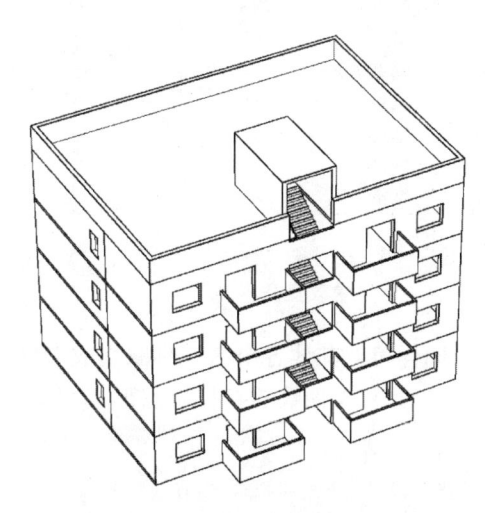

图 5-55 房屋三维造型图

绘制要点如下：

(1) 分层绘制出拱坝的各层拱圈平面布置图，如图 5-32 所示。

(2) 分别改变各层拱圈及对应等高线相应的 Z 坐标。

根据各层拱圈及对应等高线的高程，分别选择各层拱圈及对应等高线，在如图 5-56 所示对象"特性"对话框中改变其 Z 坐标与其对应的高程一致。

(3) 改变视图方向，观察拱坝三维线框模型，并将整个高程拱圈的上下游端点连接起来，形成坝基面，如图 5-57 所示。拱坝的三维线框模型有助于帮助用户观察所绘制拱坝的体形及坝基面形状。

(4) 通过放样生成拱坝三维实体，便于统计拱坝体积等。

1) 合并生成多段线。复制各个高程的拱圈，使用"合并"工具生成多段线。

命令：_join
选择源对象或要一次合并的多个对象：指定对角点：（选择某个截面的圆弧和线段，回车确定）
找到 6 个
6 个对象已转换为 1 条多段线（生成多段线）

图 5-56 在对象"特性"对话框中改变高程

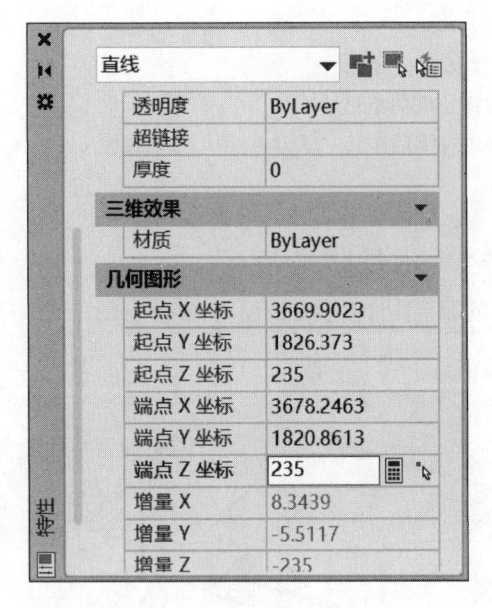

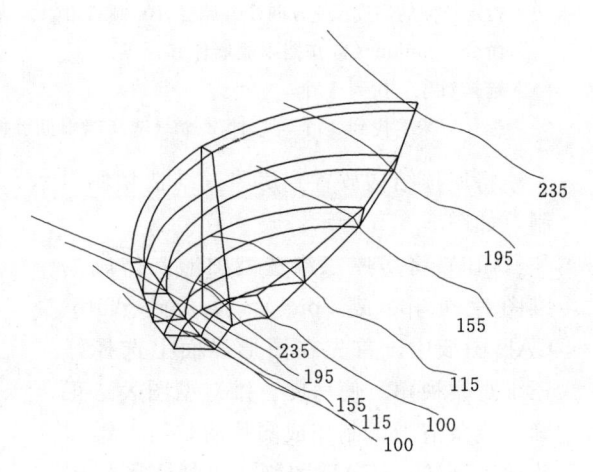

图 5-57 拱坝的三维线框模型（单位：m）

同样可对其他各个高程拱圈生成多段线。

2）用样条曲线连接拱端点形成坝基面。

命令：_spline
当前设置：方式＝拟合　节点＝弦
指定第一个点或 [方式(M)/节点(K)/对象(O)]：（依次选择每个拱圈的下游端点或上游端点进行连接）
……

对左右拱端的上下游坝基面共生成 4 条样条曲线。

3）对拱圈放样生成三维实体。

命令：_loft（对 5 个拱圈截面放样）
当前线框密度：ISOLINES＝4，闭合轮廓创建模式 ＝ 实体
按放样次序选择横截面或 [点(PO)/合并多条边(J)/模式(MO)]：_MO
闭合轮廓创建模式 [实体(SO)/曲面(SU)]＜实体＞：_SO
按放样次序选择横截面或 [点(PO)/合并多条边(J)/模式(MO)]：找到 1 个
……
选中了 5 个横截面（从低到高依次选择各个拱圈）
输入选项 [导向(G)/路径(P)/仅横截面(C)/设置(S)]＜仅横截面＞：G（用生成的样条曲线作为导向曲线）
……
选择导向轮廓或 [合并多条边(J)]：找到 1 个，总计 4 个（依次选择连接拱端的四条样条曲线，回车确定，生成三维实体，如图 5-58 所示，三维渲染图如图 5-59 所示）

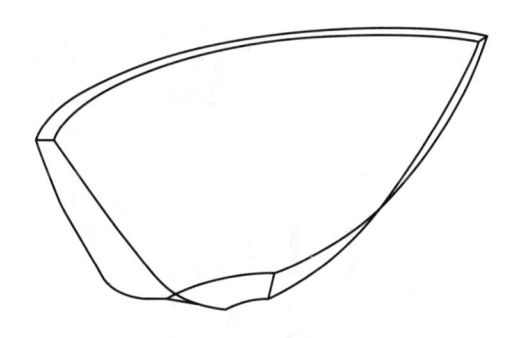

图 5-58　拱坝的三维实体模型　　　　图 5-59　拱坝的三维渲染图

4) 统计拱坝体积等三维数据。

命令：_massprop（查询面域/质量特性）

选择对象：找到 1 个（选择生成的拱坝实体，回车确定）

---------------　　实体　　---------------

质量：　　　　　　　　717044.5416

体积：　　　　　　　　717044.5416

……

可以看到，当前设计的拱坝体积为 71.7 万 m^3，如果调整拱圈尺寸参数，可进一步优化拱坝体积。

(5) 通过截面生成拱坝其他高程的拱圈，便于更准确地指导施工。

命令：section（切割实体得到截面）

选择对象：找到 1 个（选择拱坝三维实体，回车确定）

指定截面上的第一个点，依照［对象（O）/Z 轴（Z）/视图（V）/XY（XY）/YZ（YZ）/ZX（ZX）/三点（3）］＜三点＞：XY（用 XY 平面切割）

指定 XY 平面上的点 ＜0,0,0＞：0,0,215（输入 215m 高程上的任意一点确定截平面）

同样可以生成 175m 高程和 135m 高程的拱圈截面，和原有截面合并在一起，使得每隔 20m 高程就有一个截面，如图 5-60 所示。如果还需要其他高程截面，继续作该高程截面即可。

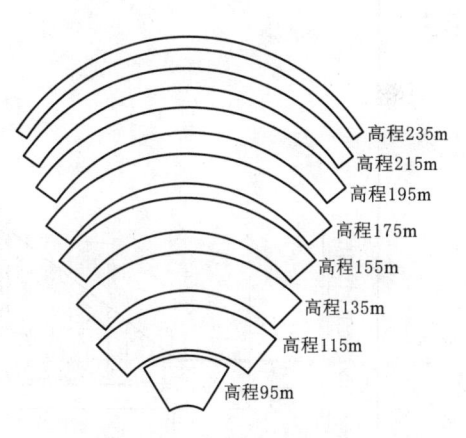

图 5-60　拱坝各高程截面

(6) 整理拱坝的各项设计数据及三维造型图，生成工程图纸如图 A-6 所示。

附 录

图 A-1 非溢流重力坝剖面图

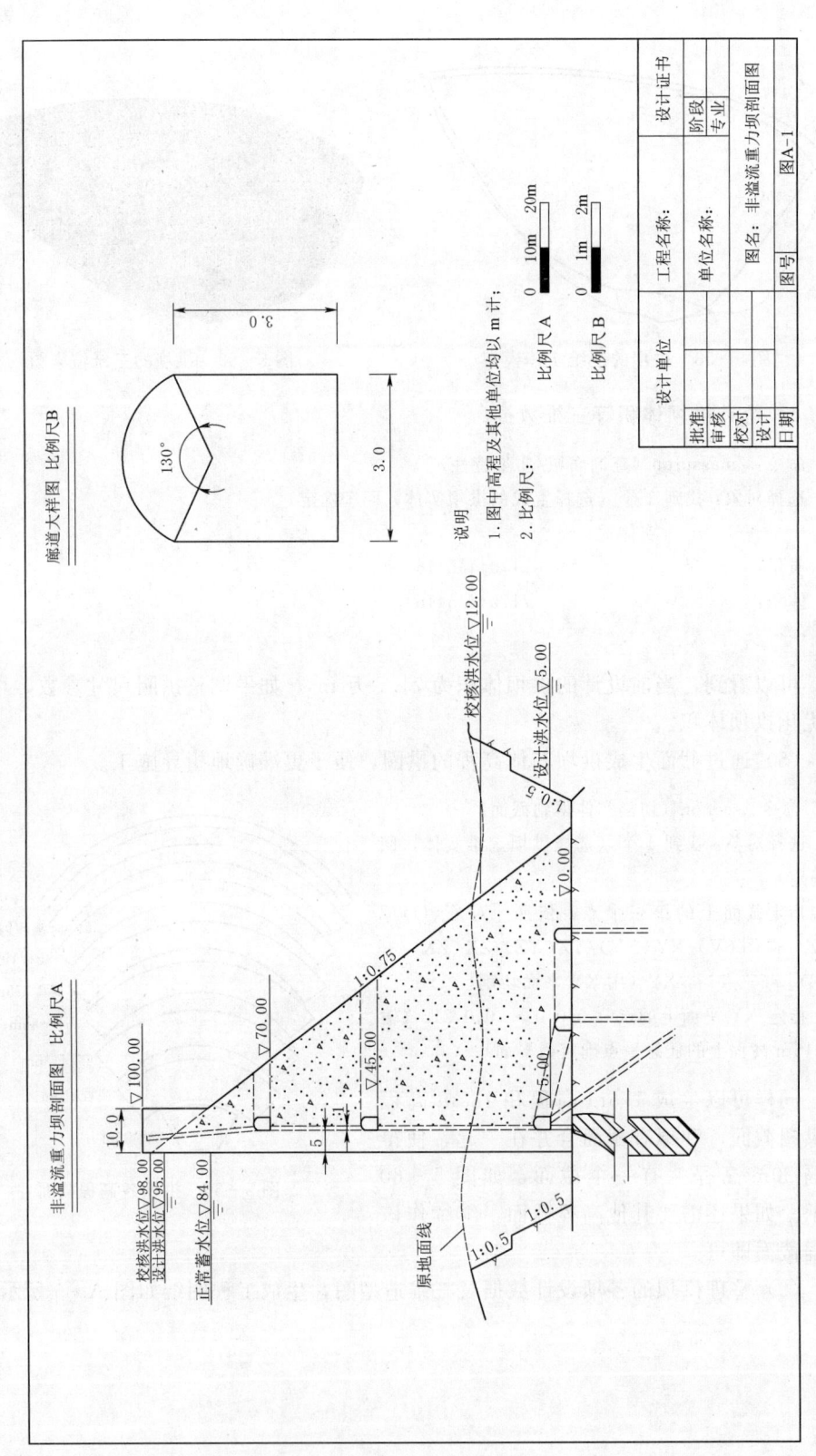

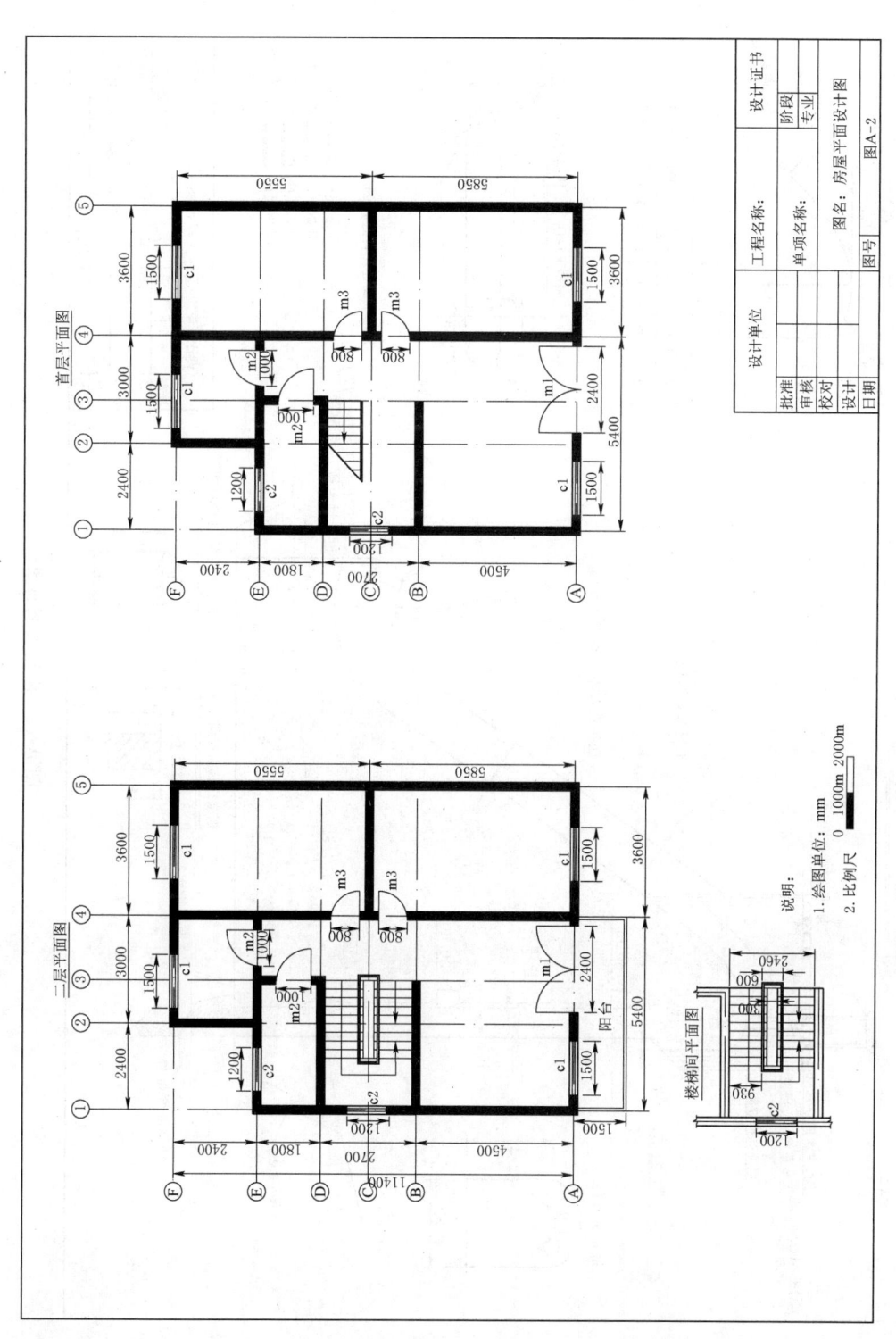

图 A-2 房屋平面设计图

图 A-3 溢流坝剖面图

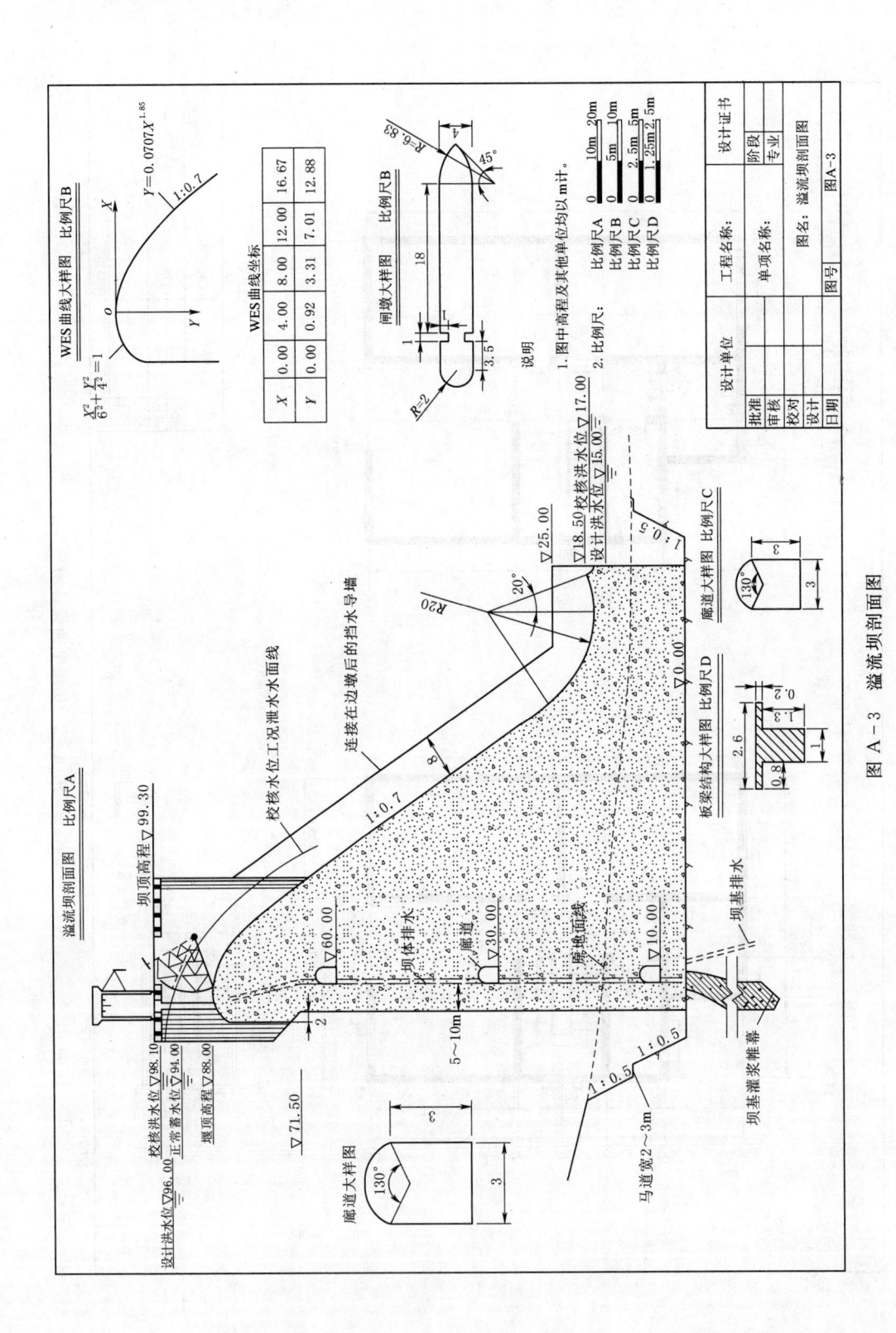

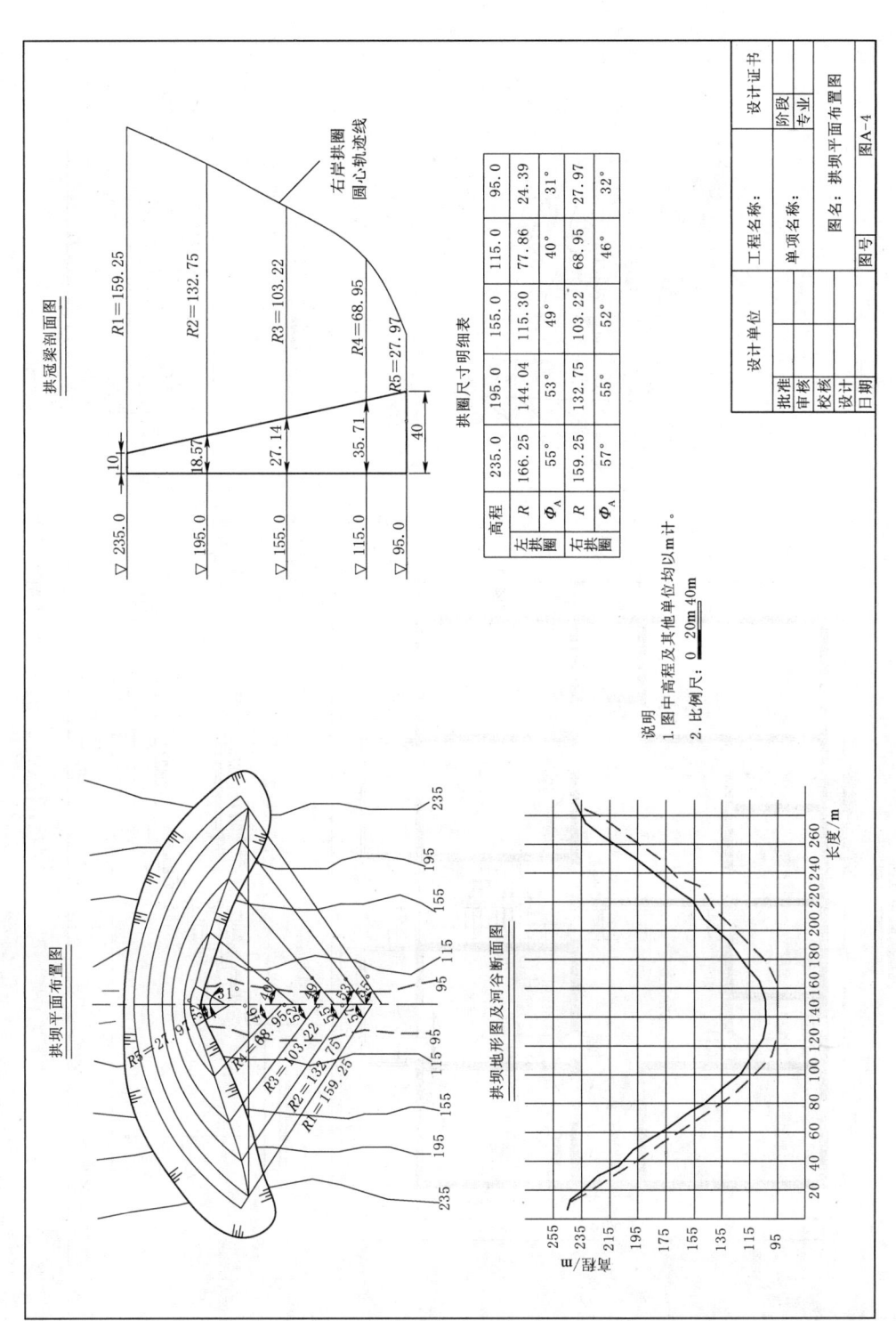

图 A-4 拱坝平面布置图

附录

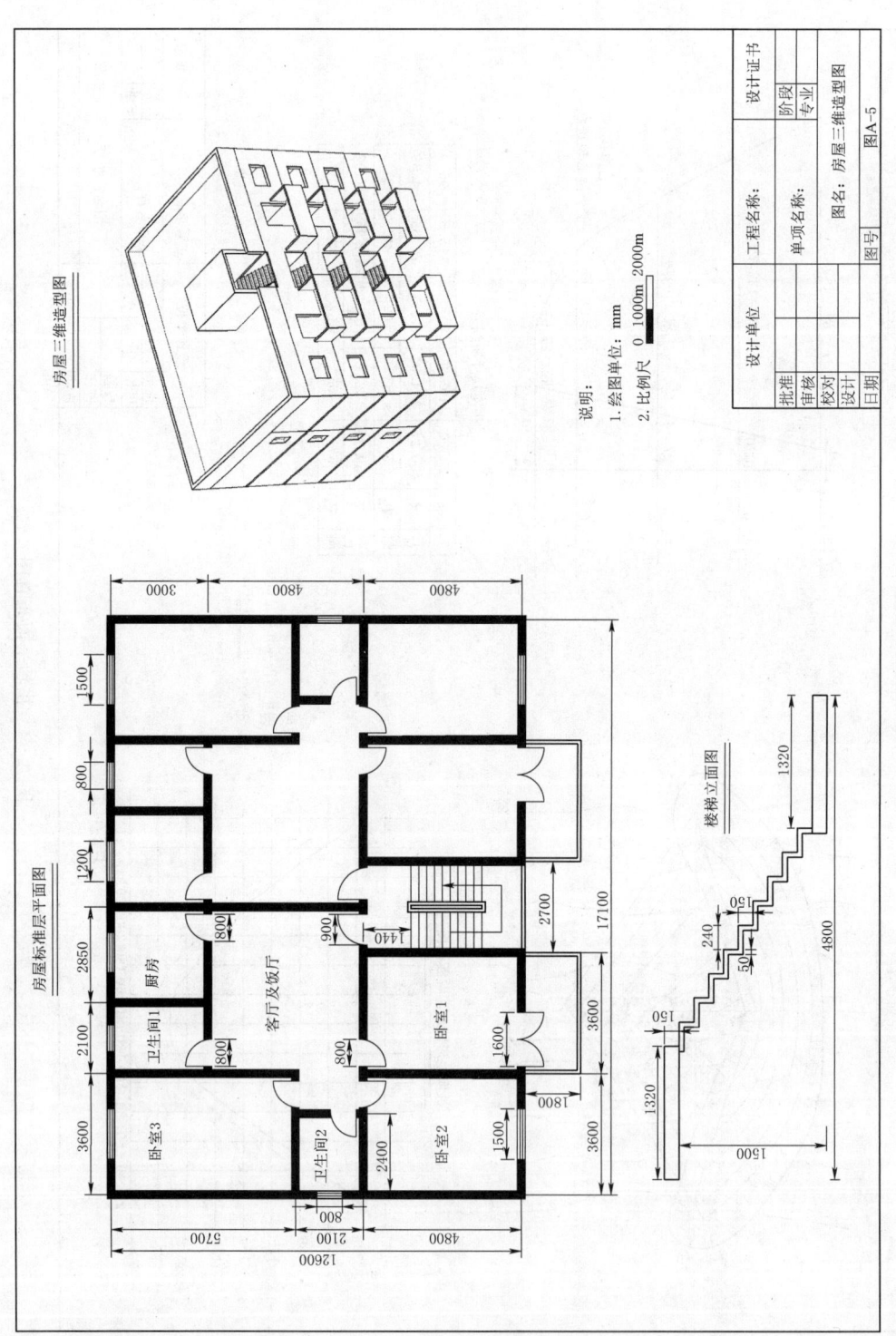

图 A-5 房屋三维造型图

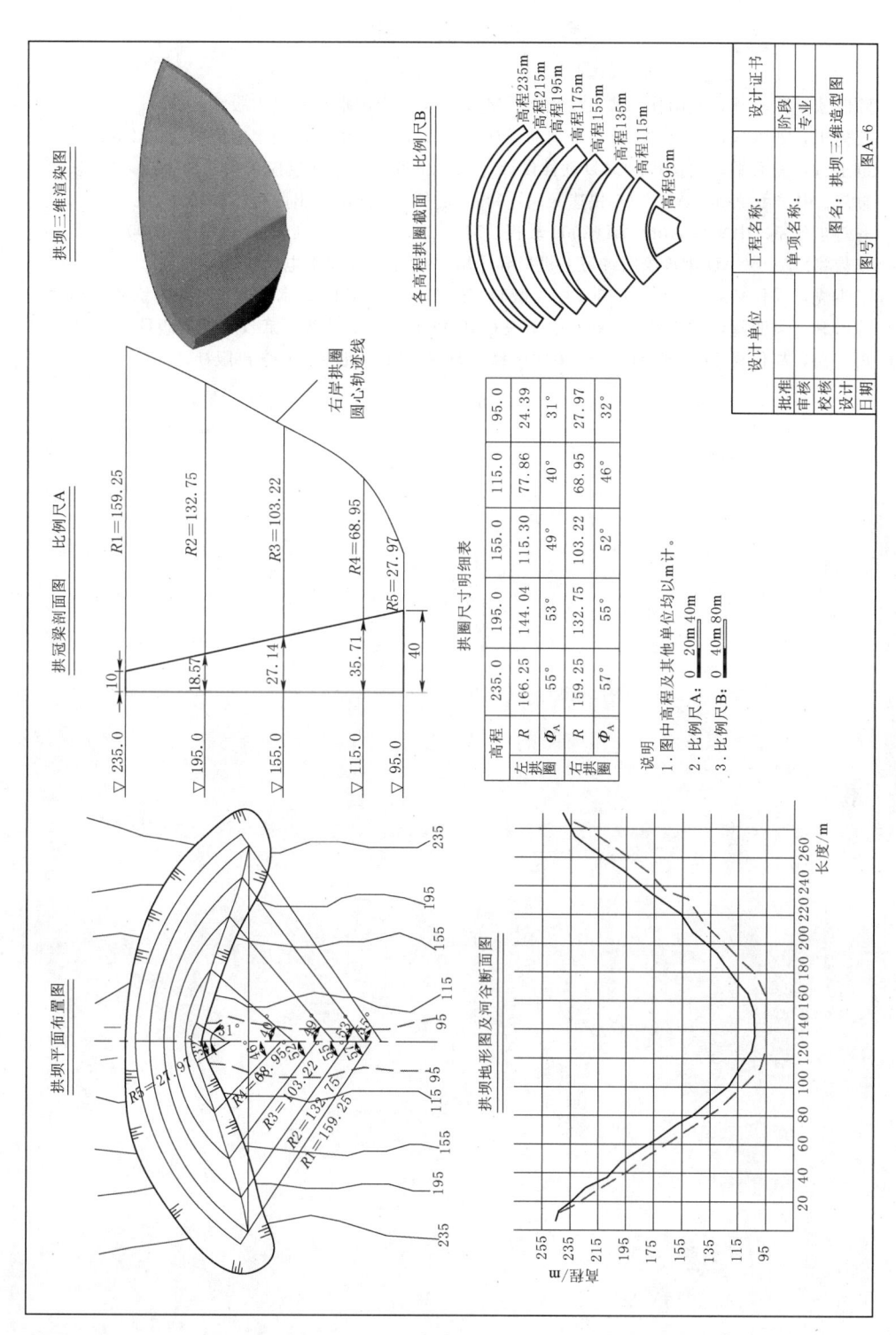

图 A-6 拱坝三维造型图

参 考 文 献

[1] 陈胜宏,陈敏林,赖国伟. 水工建筑物 [M]. 北京：中国水利水电出版社,2004.
[2] 汪树玉,刘国华,陈福林. 计算机辅助设计 [M]. 北京：中国水利水电出版社,1998.
[3] 范玉青,冯秀娟,周建华. CAD 软件设计 [M]. 北京：北京航空航天大学出版社,1996.
[4] 林广. 中文版 AutoCAD 2000 快速入门 [M]. 北京：人民邮电出版社,1999.
[5] 齐舒创作室. 中文版 AutoCAD 2000 教程 [M]. 北京：中国水利水电出版社,2000.
[6] 李俊雷. AutoCAD 建筑绘图练习上机指导 [M]. 北京：人民邮电出版社,2002.
[7] 王雪光,周佳新. AutoCAD 2004 中文版制图经典教程 [M]. 北京：电子工业出版社,2004.
[8] 陈敏林,余明辉,宋维胜. 水利水电工程 CAD 技术 [M]. 武汉：武汉大学出版社,2004.
[9] 田立忠,胡仁喜. AutoCAD 2012 中文版标准教程 [M]. 北京：科学出版社,2011.